Im Fadenkreuz des Schützenfischs

Markus Bennemann

IM FADENKREUZ
DES SCHÜTZENFISCHS

Die raffiniertesten Morde im Tierreich

Eichborn

1 2 3 4 09 08

© Eichborn AG, Frankfurt am Main, August 2008
Umschlaggestaltung: Christiane Hahn
Lektorat: Carmen Kölz
Layout: Susanne Reeh
Satz: Fotosatz Amann, Aichstetten
Druck und Bindung: Clausen & Bosse, Leck
ISBN 978-3-8218-5679-7

Eichborn Verlag, Kaiserstraße 66, D-60329 Frankfurt am Main
Mehr Informationen zu Büchern und Hörbüchern aus dem Eichborn Verlag finden Sie
unter www.eichborn.de

Inhalt

Vorwort

Die Natur bringt die erstaunlichsten Dinge hervor. Allein das menschliche Auge oder das menschliche Ohr, deren Aufbau wir alle in der Schule gelernt haben, sind solche Meisterwerke natürlicher Erfindungskunst, dass man kaum aus dem ehrfürchtigen Grübeln herauskommt, wenn man etwas länger darüber nachdenkt. Und wie viele andere wunderbare Werke der Natur wir mit diesen nützlichen Organen wahrnehmen können, besonders in der Tierwelt: die bunten Farben eines Korallenfischs oder das prächtige Kleid eines Pfaus, den schönen Gesang einer Nachtigall oder die auf seltsame Weise berückenden, sphärischen Laute, die bestimmte Wale von sich geben. Ganz verständlich eigentlich, dass manche Menschen da an dem Glauben festhalten, es könne nicht die Evolution gewesen sein mit ihrer einzigen strengen, kalten Regel »Überlebe!«, die so viel Wunderbares zustande gebracht hat. Sondern dass es einen göttlichen Schöpfer geben muss, der sich all diese erstaunlichen und wunderbaren Dinge ausgedacht hat.

Doch wenn es diesen Schöpfer tatsächlich gäbe, wäre er auch mit einer gehörigen Portion krimineller Energie ausgestattet. Und hätte seine schöpferische Fantasie nicht nur spielen lassen, wenn es um Nützliches und Schönes geht, sondern auch in Sachen Mord. Selbst ein schlichtes Spinnennetz, das jeder von uns schon einmal achtlos aus einer verstaubten Zimmerecke gewischt hat, ist im Grunde ein so clever ausgetüfteltes Mordwerkzeug, eine so hinterlistige tödliche Falle, dass einem ganz mulmig werden kann, wenn man sich zu lange damit beschäftigt. Gegen diejenigen Mordmethoden allerdings, mit denen Mutter Natur einige exotische Verwandte unserer heimischen Hausspinne auf die Jagd schickt, ist dieses Netz kaum mehr als ein plumper Trick – ein fast schon lächerlich einfacher Mordplan.

Um solche ungewöhnlichen tierischen Mordmethoden – und die sie ausführenden Mörder – geht es in diesem Buch. Um die südamerikanische Bolaspinne, die ihre Opfer mit dem Parfum fremder Frauen anlockt und sie dann mit einem Lasso fängt. Um den südostasiatischen Schützenfisch, der seine Beute mit seiner eigenen Spritzpistole von Uferpflanzen schießt. Um den griechischen Steinadler, der sich seine ganz eigene Strategie ausgedacht hat, um der unbezwingbaren griechischen Landschildkröte den Garaus zu machen. Um den Todesstich der Tarantelwespe, den Killerknall des Pistolenkrebses, den tödlichen Stromstoß des Zitteraals. Um tierische Mörderbanden, Serienmörder und Psychokiller, um heimliche und sogar um missverstandene Mörder.

Dabei ist »Mord« natürlich streng genommen das falsche Wort. Zum echten Mord sind nur wir Menschen fähig, denn nur wir haben die Wahl zwischen Gut und Böse. Zwar stellen neueste Untersuchungen der Hirnforschung infrage, ob wir wirklich einen freien Willen besitzen. Aber bei den Tieren zumindest ist die Fachwelt sich noch einigermaßen einig, dass sie rein instinktgeleitet handeln und deshalb für ihre eigenen Taten nicht verantwortlich sind. Auch geht es bei ihnen, anders als bei uns Menschen, immer ums Ganze, wenn sie töten. Von wenigen Ausnahmen abgesehen tun sie das nur, um Beute zu machen und so zu verhindern, dass sie selbst sterben, oder um sich im Kampf um Paarungspartner gegen ihre Rivalen durchzusetzen. Sie töten aus Hunger oder aus Leidenschaft. Und kein Richter der Welt würde sie des kaltblütigen, vorsätzlichen Akts bezichtigen, der im Gerichtssaal unter dem Wort »Mord« verstanden wird.

Trotzdem: Die in diesem Buch geschilderten »Tötungen« geschehen so planvoll und mit Bedacht, mit solch offenkundigem, kühl kalkulierendem Vorsatz, dass sich das Wort »Mord« geradezu aufdrängt. Und wenn man – wie ich es hier tue – etwas fahrlässig damit umgeht, ergeben sich die erstaunlichsten Parallelen zur Welt der Kriminalverbrechen.

1. Hausfriedensbruch

Täter: Tarantelwespe
Opfer: Tarantel
Tatort: USA

Pepsis formosa, die Tarantelwespe, gehört zur Familie der Wegwespen und ist sowohl in den feuchten Dschungeln Südamerikas als auch in den trockenen Wüsten der USA zu Hause. Sie bietet einen Anblick, den man nicht so schnell wieder vergisst. Mit bis zu fünf Zentimetern Länge wird sie für eine Wespe nicht nur besonders groß, sondern sie besitzt auch eine auffällige Warnfärbung, um potenzielle Fressfeinde wie Vögel oder Eidechsen davon abzuschrecken, sie anzugreifen. Ihr schlanker schwarzer Körper ist mit einem metallicblauen Schimmer überzogen und ihre großen, durchscheinenden Flügel sind leuchtend orange oder rot. Auffällig sind auch ihre langen schwarzen Beine, die sie lässig vom Rumpf baumeln lässt, wenn sie summend an einem vorbeifliegt, sowie ihr ungewöhnlich langer Stachel. Bei den insgesamt größer werdenden Weibchen der Spezies kann er eine Länge von mehr als einem Zentimeter erreichen.

Wie alle Wegwespen legt die Tarantelwespe ihre Eier zum Reifen unter der Erde ab und ihre Jungen schlüpfen jeden Frühling aus dem Boden, um den großen Kreislauf aus Nahrungsaufnahme, Paarung und Tod fortzusetzen. Die Wespen ernähren sich von Blütennektar, aber auch von faulenden Früchten, und werden in tropischen Gegenden oft dabei beobachtet, wie sie ihren Rüssel so lange in gegorene Orangen oder Mangos stecken, bis sie kaum noch fliegen können. Während der Paarungszeit kämpfen die Männchen erbittert um die höchsten Erdhügel, Sträucher und andere Aussichtsposten. Nur so können sie im Auge behalten, wo die jungfräulichen weiblichen Wespen aus der Erde schlüpfen, und ihnen vor ihren Rivalen ihre Aufwartung zu machen.

Ist die Paarung vollzogen, fliegt die weibliche Tarantelwespe davon und macht sich auf die Suche nach einer Tarantel. Besonders kurz nach Tagesanbruch stehen die Chancen gut, dass sie auf ein männliches Exemplar der großen, behaarten Gliederfüßer trifft. Dann nutzen die Tarantelmännchen die Kühle des Morgens oft, um selbst auf Brautschau zu gehen, und krabbeln mit stierem Blick auf dem Dschungelboden oder im Wüstensand umher.

Die Tarantelmännchen sind von ihrer verzweifelten Suche nach einer Partnerin jedoch oft schon so ausgezehrt und abgemagert, dass die Wespe lieber weiterfliegt und sich auf die Suche nach einem Tarantelweibchen macht. Diese leben gemütlich in einem Erdloch und haben sich das ganze Frühjahr über mit Käfern, Heuschrecken und anderen Insekten vollgefressen. Im Gegensatz zu den Spinnenmännchen, die mit der Paarung ihren Dienst getan haben, brauchen sie Energiereserven, um ihre Eier zu legen, sie in einen Kokon einzuspinnen und ihre Jungen nach dem Schlüpfen noch mehrere Wochen in ihrem Bau zu versorgen.

Vor ihrem Erdloch haben die Tarantelweibchen eine Art Bewegungsmelder. Er besteht aus einem ringförmigen Gebilde aus Spinnenseide und Grashalmen oder kleinen Stöckchen und über ihn bekommt die Spinne mit, wenn draußen ein leckerer Käfer oder Tausendfüßler vorbeiläuft. Auch die Spinnenmännchen klopfen an diesem empfindlichen Vorbau an, um ihre Angebetete auf ein Stelldichein aus ihrem Erdloch zu locken – haben dabei allerdings manchmal das Pech, mit Beute verwechselt und verspeist zu werden.

Man nimmt an, dass die Tarantelwespe die Tarantelweibchen hauptsächlich mithilfe ihres Geruchssinns findet. Hat sie einen Spinnenbau entdeckt, landet sie direkt davor und klopft höflich an. Sie zupft an dem Ring aus Gras und Spinnenfäden, der über weitere Fäden mit der unter der Erde lauernden Spinne verbunden ist, und hofft, dass diese sie für ein zufällig vorbeilaufendes Beuteinsekt hält. Obwohl manchmal das unglückliche Missverständnis mit den liebeshungrigen Männchen passiert, kann die Spinne jedoch im Allgemeinen die vielen verschieden Vibrationsmuster an ihrem Bewegungsmelder gut unterscheiden und riecht manchmal den Braten. Dann steht der Wespe eine unangenehme Aufgabe bevor: Sie muss in die enge Erdröhre kriechen und die Spinne herausholen.

Ist die Wespe erst einmal in den Bau gekrochen, entpuppt sich dessen Enge als Vorteil. Sie verhindert, dass die Spinne ihre langen kräftigen Beine richtig einsetzen kann, während die Wespe sie selbst mit ihren langen Beinen packt und aus dem Erdloch zerrt. Wie eine zur Faust geballte Hand, die plötzlich wieder ihre Finger spreizen kann, breitet sich draußen die Spinne jedoch sofort zu ihrer vollen Größe aus – und diese ist selbst im Vergleich mit der mehr als hornissengroßen Wespe noch beachtlich.

Ähnlich wie die Tarantelwespe vor allem in ihrem Herkunftsgebiet so genannt wird (auch »Spinnenwespe«, »Tarantelhabicht« oder »Pferdetöter«) und bei uns eher unter dem Namen »Wegwespe« bekannt ist, wird die Tarantel in Deutschland oft eher als »Vogelspinne« bezeichnet. Der Name ist wahrscheinlich auf eine alte Zeichnung der berühmten deutschen Naturforscherin Maria Merian (1647–1717) zurückzuführen, auf der eine große, behaarte Spinne zu sehen ist, die einen Kolibri frisst. Ebenso wie der Name »Tarantel«, der auf einer Verwechslung mit bestimmten europäischen Wolfsspinnen beruht, ist die Bezeichnung im Grunde aber irreführend. Wie die meisten Spinnen ernähren sich auch »Vogelspinnen« hauptsächlich von Insekten und nicht von Vögeln. Allerdings werden viele Taranteln tatsächlich so groß, dass sie durchaus in der Lage sind, einen jungen oder kranken Vogel zu überwältigen, und auch über Mäuse, Frösche und Eidechsen fallen manche Arten her, wenn sich die Gelegenheit bietet.

Auch Taranteln der im Südwesten der USA lebenden Art *Apho-nopelma chalcodes*, auf die die Tarantelwespen dort bei ihren Erkundungsflügen besonders häufig stoßen, sind in der Regel mindestens doppelt so groß wie die Wespen selbst. Kommt man zufällig an einem Kampf zwischen den beiden Tieren vorbei, ist man deshalb schnell geneigt, die Situation falsch einzuschätzen. Man nimmt automatisch an, dass die große, behaarte hässliche Spinne ein neues Opfer gefunden hat. Und fragt sich verblüfft, wie die hübsche kleine bunte Wespe so dumm sein kann, nicht einfach davonzufliegen.

Doch die Tarantelwespe weiß genau, was sie tut. Auch außerhalb des engen Baus erweist sie sich im Kampf mit der Spinne als geschickter und mehr als gleichwertiger Gegner. Die Tarantel stellt sich auf die Hinterbeine und greift nach dem metallisch glänzenden Angreifer. Sie streckt ihre Vorderbeine in die Höhe und wartet auf den richtigen Moment, um ihren geflügelten Widersacher zu packen, ihm ihre großen, gebogenen Fänge in den Leib zu rammen und eine Ladung ihres tödlichen Giftes einzuspritzen. Aber die Wespe weicht ihren Angriffen ein ums andere Mal aus, bekommt sie schließlich richtig zu fassen und wirft sie auf den Rücken.

Es kommt vor, dass die Wespe bei diesem Kampf unterliegt. Dann endet sie selbst als Mahlzeit, wird gebissen, gelähmt und nach und nach von den kräftigen Kieferwerkzeugen der Spinne zu winzigen mundgerechten Häppchen verarbeitet. Das große achtbeinige Monster aus seinem Bau zu holen, ist also nicht ohne Risiko für die kleine Wespe. Und unter den vielen erstaunlichen Morden, die die Natur sich für den ewigen Kampf ihrer Kreaturen ausgedacht hat, gehört der von *Pepsis formosa* an *Aphonopelma chalcodes*, der großen amerikanischen Wüstentarantel, sicherlich zu einem der mutigsten.

Bei dem Wurf, mit dem die Wespe die Spinne auf den Rücken legt, wuchtet sie das Vielfache ihres eigenen Körpergewichts von einer Seite auf die andere, und von den Größenverhältnissen her mutet das Ganze ungefähr so an, als versuche eine Balletttänzerin, einen Sumo-Ringer aufs Kreuz zu legen. Doch sieht die Spinne mit ihren acht auf der Oberseite des Kopfes gelegenen Augen erst einmal nur noch braunen Wüstensand unter sich, ist es um sie geschehen. Mit ihrem langen Stachel sticht die Wespe ihr in den Unterleib, dringt mit der harten, hohlen Nadel aus steifem Chinin in die weiche Haut auf der Unterseite des dicken, runden Körpersacks und injiziert der Spinne ihr Gift.

Das Gift der Tarantelwespe setzt sich aus verschiedenen Peptiden, Enzymen und Aminen zusammen. Die Peptide bewirken, dass die Muskeln der Spinne gelähmt werden und ihr Blutdruck sinkt. Die Enzyme sorgen dafür, dass die Organwände durchlässig werden und das Wespengift sich ungehindert überall im Körper verteilen kann. Und die chemisch von Ammoniak abstammenden Amine sind wohl hauptsächlich dazu da, um Schmerzen zu verursachen. Normalerweise sollen sie dafür sorgen, dass größere Tiere, die einmal von der Wespe gestochen worden sind, nie wieder versuchen, sie anzugreifen. Doch auch wenn die Wespe ihr Gift zu anderen Zwecken als der Verteidigung einsetzt, bleiben sie fester Bestandteil des Cocktails.

Über die kleinen verästelten Blutgefäße im Hinterleib der Spinne

12

dringt das Giftgemisch in ihr röhrenförmiges Herz und in ihre vier Lungen. Ihr Puls fällt von den etwa hundert Schlägen, auf die er während des lebensentscheidenden Duells hochgeschossen ist, auf winterschlafähnliche fünf Schläge pro Minute. Und durch die dicke Hauptschlagader, die den Hinterleib der Spinne mit ihrem Kopf verbindet, dringt das Gift in ihr Gehirn und sorgt auch dort für einen winterschlafartigen Dämmerzustand. Wie viel die Spinne jetzt noch mitbekommt, ist schwer zu sagen. Man kann nur hoffen, dass es wenig ist.

Denn obwohl die Tarantelwespe ihren Mord an der Tarantel mit einem schnellen Stich ihres geschickten Stachels ausgeführt hat, ist er damit noch lange nicht vorbei. Und ebenso wie der Wespe im Fall einer Niederlage ein langsamer und äußerst unappetitlicher Tod bevorgestanden hätte, muss diesen jetzt die Tarantel über sich ergehen lassen.

Liegt die große Spinne mit gelähmten und jämmerlich über ihrem Leib zusammengekrümmten Beinen im Sand, packt die Wespe sie und zerrt sie zurück in ihren eigenen Bau – dorthin, wo die Tarantel irgendwann einmal ihre Brut austragen wollte (vorausgesetzt, sie hätte es schließlich geschafft, ihre Verehrer nicht immer sofort aufzufressen). Jetzt wird aus ihrer Brutkammer ihre eigene Grabkammer und gleichzeitig die Brutkammer ihres Mörders. In der Dunkelheit des etwa zehn Zentimeter unter die Erde hinabreichenden Gangs legt die Wespe ein Ei auf dem Hinterleib der Spinne ab, schüttet das von der Tarantel selbst gegrabene Erdloch mit ihren langen schwarzen Beinen wieder zu, tarnt es sorgfältig mit den einst in der Hoffnung auf fette Beute davor aufgestellten Halmen und Stöckchen und fliegt davon.

Von der Eiablage bis zu dem Zeitpunkt, an dem die Larve der Tarantelwespe schlüpft, sind es ungefähr zwei Wochen. Der erste Befehl, den die Natur der Larve an ihrem düsteren Geburtsort eingibt, lautet, ihre Beißwerkzeuge in die immer noch warme Spinnenhaut unter ihr zu bohren und die nährstoffreichen Körpersäfte der Spinne auszusaugen. Ist die Larve etwas größer, bohrt sie sich ganz in den Körper hinein und frisst die Spinne langsam von innen her auf. Achtet dabei aber darauf, die lebenswichtigen Organe ihres Wirtstieres als Letztes zu fressen, damit es möglichst lange frisch bleibt.

Ein amerikanischer Tierarzt hat einmal eine Tarantel in seine Praxis gebracht bekommen, die zwar von einer Tarantelwespe gestochen, aber nicht vergraben wurde. Er steckte sie in ein Einmachglas und stellte sie in seinem Behandlungszimmer auf ein Regal. Der Zeitraum, in dem sie vollkommen gelähmt, aber noch lebendig war, erstreckte sich über mehr als zwei Monate (danach erholte sich die Spinne offenbar so gut, dass der Arzt sie wieder aussetzen konnte). In dem Erdloch, in dem die Wespe die Spinne normalerweise vergräbt, dauert ihr Martyrium nur die Hälfte dieser Zeit, im Allgemeinen etwa 30 Tage. Danach ist nur noch eine trockene leere Hülle von der Spinne übrig und neben ihr liegt ein spindelförmiger, etwa fünf Zentimeter langer Kokon. Aus dem im folgenden Frühjahr die nächste Generation von *Pepsis formosa* schlüpft, um sich zur Erdoberfläche zu graben, sich zu paaren – und sich wieder auf die Suche nach einer Tarantel zu machen.

Wenn auch keineswegs von ähnlich grauenhaften Folgen begleitet wie bei der Tarantel, ist der Stich der Tarantelwespe auch für den Menschen nicht gerade angenehm. In Nordamerika gilt er als einer der schmerzhaftesten Insektenstiche überhaupt, und auf dem von dem amerikanischen Insektenforscher Justin Schmidt eigens für solche Stiche erfundenen *Schmidt Sting Pain Index* erreicht er die Höchstpunktzahl von 4,0. Als »die Sicht vor Schmerz raubend, brutal, wie ein elektrischer Schlag« wird die Empfindung von dem Entomologen beschrieben, der seinen eigenen Angaben zufolge im Laufe seiner Karriere schon von so ziemlich jeder Art von Wespe, Biene und Ameise gestochen wurde, die es gibt: »Als ob dir jemand einen Fön in die Wanne schmeißt.« Trotzdem – und trotz der gräulichen Morde, die ihre Spezies jedes Jahr zu Tausenden an den Taranteln des Landes begeht – hat die Tarantelwespe es geschafft, zum offiziellen Wappentier des US-Bundesstaats New Mexico erklärt zu werden. Dazu gewählt wurde sie 1989 in einem landesweiten Wahlverfahren von Grundschulkindern.

Täter: Fingertier
Opfer: Schusslochbohrer
Tatort: Madagaskar

Madagaskar ist die viertgrößte Insel der Welt und wird unter Naturforschern gerne der »achte Kontinent« genannt. Nicht nur weil die Insel so groß ist, sondern auch aufgrund ihrer einzigartigen naturgeschichtlichen Entwicklung. Ihre Landmasse hat sich vor etwa 150 Millionen Jahren von Afrika und vor etwa 90 Millionen Jahren vom weiter Richtung Osten driftenden indischen Subkontinent gelöst. Durch diese Isolation ist dort im Laufe der Zeit eine einzigartige Flora und Fauna entstanden: Pflanzen und Tiere, wie es sie sonst nirgendwo auf der Welt gibt.

Daubentonia madagascariensis, auch Aye-aye oder Fingertier genannt, ist ein solches Tier. Es lebt hauptsächlich in den Tieflandregenwäldern an der Ostküste der Insel, wird aber auch dort nur äußerst selten gesichtet. Es kann knapp einen Meter groß werden und gehört biologisch zur Ordnung der Affen, sieht jedoch eher aus wie eine Mischung aus Koalabär und Eichhörnchen. An den Koalabär erinnert der Kopf mit seiner stumpfen Schnauze, nur die Ohren sind beim Fingertier größer. Dem Eichhörnchen ähnelt der mit schlanken, klettertauglichen Gliedmaßen und einem langen, buschigen Schwanz ausgestattete Körper. Der Schwanz macht über die Hälfte der Körperlänge des Fingertiers aus und wie beim Eichhörnchen hilft er ihm das Gleichgewicht zu halten, wenn es auf der Suche nach Nahrung von Baum zu Baum springt.

Das Fingertier hat viele skurrile körperliche Eigenheiten, darunter tiefschwarze Augenringe, die es aussehen lassen, als habe es einen anstrengenden Nachtjob (was auch stimmt), mit Warzen übersäte Fußsohlen und riesige Schneidezähne, die in großem Abstand von den übrigen Zähnen weit vorne im Maul stehen, fast wie bei einem Nagetier. Die bei Weitem auffälligste Besonderheit des Fingertiers hat jedoch, wie bereits der Name vermuten lässt, mit seinen Fingern zu tun.

Die Finger von *Daubentonia madagascariensis* sind an sich schon auffallend lang und dünn, beinahe ebenso lang wie seine Unterarme und mager und sehnig wie die Klauen einer Echse. Der von Heimweh geplagte Außerirdische E. T., dessen Geschichte Anfang der Achtzigerjahre Kinogänger auf der ganzen Welt zu Tränen rührte, hatte fette Stummelfinger dagegen.

Der dritte und der vierte Finger des Fingertiers jedoch überragen die anderen noch einmal um ein ganzes Glied und besonders der dritte, der Mittelfinger, ist auch noch um einiges dünner. Haut und Muskeln sehen an diesem Finger wie eingetrocknet aus, er ist kaum dicker als ein dürres Stöckchen und an der Spitze mit einem schmalen, hakenförmigen Nagel versehen. Es ist der Finger einer besonders zerbrechlich gebauten Mumie, eines in die Länge gezogenen Skeletts, eines gespenstisch dünnen Knochenmanns. Würde das Fingertier wie Hänsel in Grimms Märchen von einer bösen Hexe gefangen und müsste jeden Tag einen Finger aus dem Käfig strecken, damit die Hexe sehen kann, ob es schon fett genug für den Ofen ist, es müsste sein Ende nie fürchten. Doch für diesen Zweck braucht das Fingertier seinen seltsamen Finger natürlich nicht. Sondern für etwas ganz anderes.

Der Regenwald, die Heimat von *Daubentonia madagascariensis*, sieht auf den ersten Blick aus wie eine ganz normale Ansammlung von Bäumen, feuchter, vielfältiger und dichter verwachsen, als wir Europäer es gewohnt sind, aber ansonsten nicht weiter spektakulär. Doch aus einer anderen Perspektive entpuppt er sich als eine Art grüne Megacity, eine sich über Hunderte von Quadratkilometern erstreckende Zusammenballung gigantischer Wohntürme, wie es sie weder in New York, Tokio noch in irgendeiner anderen Mammutstadt des 21. Jahrhunderts gibt.

Schon das Blätterdach des Regenwaldes, die durch Lianen und andere Schlingpflanzen verwachsene Region der Baumkronen, bildet eine Art riesige Wolkenstadt. Nicht 40 Meter tiefer, auf dem Waldboden, leben die meisten Tiere des Dschungels, sondern hier oben, nahe dem Licht und der sprießenden Vegetation: Affen, Vögel, Schlangen, Mäuse sowie unzählige Arten von Käfern, Spinnen und anderem Wimmelgetier. Besonders die Insektenwelt ist in den Baumkronen in schier unermesslicher Vielfalt vertreten, und die einzige Möglichkeit, sie näher zu erforschen, besteht darin, einen einzelnen Baum mit Insektizid einzunebeln, unten jede Menge Eimer aufzustellen und abzuwarten, was hineinfällt. Das Ergebnis bestätigt normalerweise die Faustregel der Tropenforscher, dass gut zwei Drittel der Tiere des Dschungels in seinen Wipfeln wohnen, und liefert ihnen auf einen Schlag genug unbekannte Spezies, um eine ganze wissenschaftliche Bibliothek mit ihrer Beschreibung zu füllen. Doch auch zwischendrin, in der Mittelregion zwischen Himmel und Erde, steckt der Dschungel voller Leben. Ameisen haben ihre Nester in Astgabeln gebaut, winzige Baumfrösche bewohnen die kleinen Pfützen, die sich dort bilden, wo die mächtigen Stämme sich teilen. Und auch die Stämme selbst haben es in sich, beherbergen unter ihrer Rinde ein ganzes Bestiarium kleiner Tiere, die Larven von Borken-, Bock- und Bohrkäfern zumeist, verteilt auf Tausende winzige Tunnel und Holzlöcher, in denen sie ihre fürsorglichen Eltern bei der Eiablage untergebracht haben und die sie – sich in aller Ruhe immer weiter in den Stamm hineinfressend – bis zu 15 Jahre lang bewohnen.

Einer der größten und erfolgreichsten Vertreter dieser vielköpfigen tropischen Mieterschaft ist *Apate terebrans*, der Afrikanische Schusslochbohrer. Er gehört zur Gruppe der Bohrkäfer, einer Familie von Holzschädlingen, die auch in Europa jährlich große Waldschäden anrichten, und hat seinen Namen aufgrund des wie von einer Schrotkugel stammenden Lochs, das er nach seiner Verpuppung beim Austritt aus dem Baum hinterlässt. *Apate* ist ein Allesfresser, der sich sowohl über frisches wie totes Holz hermacht; und auch deutsche Urlauber machen ab und zu mit dem kleinen afrikanischen Schädling Bekanntschaft – allerdings meist erst eine ganze Weile nach ihrem Urlaub, wenn sie plötzlich feststellen, dass die hübsche afrikanische Holzskulptur, die sie sich mitgebracht haben, aussieht, als hätte jemand eine Flinte darauf abgefeuert. (Wenn sie Pech haben, sieht dann bald auch der ganze Dachstuhl so aus.)

Die Eltern des Schusslochbohrers legen ihn als Ei in einem winzigen Riss in der Rinde seines Wirtsbaums ab und von dort frisst er sich als Larve in das Holz des Stammes hinein. Im ausgewachsenen Käferstadium wird er zwei bis drei Zentimeter groß, aber bis es erst einmal so weit ist, muss er eine ganze Menge Sägemehl in sich hineinstopfen. Sein größter Feind in diesem Lebensstadium wäre in den meisten anderen Teilen der Welt der Specht, jener spitzschnablige, gegen jede Form von Kopfschmerzen gefeite Waldvogel, der sich bevorzugt von unter der Baumrinde lebenden Insekten ernährt – von außen die Fassade ihrer hölzernen Apartmentgebäude aufhämmert und sie praktisch mitten aus ihrem Wohnzimmer herauspickt. Doch mit der Übersiedlung auf den »achten Kontinent« hat der afrikanische Schusslochbohrer in dieser Hinsicht einen unverhofften Glücksgriff getan. Denn genauso wie in Australien, Neuseeland und Neuguinea gibt es auf Madagaskar keine Spechte. Bis hierhin hat sich der von Baum zu Baum fliegende Vogel, dessen charakteristisches Klopfen anderswo ganze Mieterschaften auf einen Schlag zur Salzsäule erstarren lässt, nie ausgebreitet.

Trotzdem – vielleicht aus altem Instinkt – bohrt sich die Larve des Schusslochbohrers auch auf Madagaskar noch tief in ihren Wirtsbaum hinein und fühlt sich erst sicher, wenn sie zehn bis zwölf Zentimeter von der Rinde entfernt im Innern des Stammes angekommen ist. Hier richtet sie sich dann häuslich ein, und während draußen der madagassische Winter den Regen in Strömen auf die Blätter niederplatschen lässt, gibt sie sich in ihrer warmen Kammer ganz dem hin, was in dieser Lebensphase das Wichtigste und Schönste für sie ist: Holz fressen – und glücklich spüren, wie ihr fetter, weicher Madenleib immer weiter wächst und anschwillt.

Einzig die Angst vor dem Erwachsenwerden mag manchmal in ihrem dumpf vor sich hin verdauenden Larvenkörper aufsteigen: die Furcht vor dem Zeitpunkt, wenn sie wieder näher an die gefährliche Oberfläche des Stammes kriechen muss, um sich zu verpuppen und dann als fertiger Käfer ganz ins Freie hinauszustoßen. Doch bis dahin ist es noch lange hin, und so regelmäßig sich diese Sorge auch in ihr regt: stark genug, um ihr den Appetit zu verderben, ist sie nicht.

Eines Nachts jedoch, der Frühling hat gerade eingesetzt und um sie herum beginnt das Holz wieder stärker zu arbeiten, spürt die Larve etwas Seltsames. Es fängt mit einer ganz alltäglichen Wahrnehmung an: einer plötzlichen Landung irgendwo tiefer auf ihrem Baum und dem kratzenden Klettern irgendeines nachtaktiven Nagetiers. Doch kaum hört das Kratzen kurz auf, schickt eine andere, wirklich eigenartige Bewegung ihre Schwingungen durch den Stamm. Es handelt sich nicht um das harte Hämmern des schrecklichen Spechts, das der jungen afrikanischen Käferlarve vielleicht noch aus ihrem genetischen Gedächtnis vertraut ist, sondern eher um ein sanftes, forschendes Anklopfen – ein Klopfen, so schwach und zaghaft, dass die Larve die dazugehörigen Vibrationen kaum an ihrem aufgedunsenen Leib spüren kann. Doch wechselt auch dieses Klopfen immer wieder mit nach und nach näher kommenden Kletterbewegungen ab: genau wie bei dem spitzschnabligen Mördervogel, der auf dem afrikanischen Festland die daheimgebliebenen Vettern des jungen Schusslochbohrers terrorisiert.

Die Larve versucht sich zu beruhigen. Das seltsame Klopfen an der Rinde kann schließlich von allem Möglichen stammen. Von einem madagassischen Baumgecko vielleicht oder einer der vielen auf den Bäumen lebenden Madagaskarratten, die eine hilflos mit den Beinen gegen die Rinde strampelnde Stabheuschrecke im Maul hat. Doch warum bewegt sich die Ratte immer nur Stück für nervtötendes Stück aufwärts? Krabbelt mit ihrer Beute nicht einfach schnell den Stamm hinauf und verschwindet in ihrem Nest im Blätterdach – wie es normal wäre?

Auch als das Klopfen schließlich genau ihre Höhe erreicht, kurz aufhört und sich dann an derselben Stelle noch ein-, zweimal prüfend wiederholt, könnte die kleine Larve noch mit gutem Grund glauben, sich keine ernsthaften Sorgen machen zu müssen. Großzügige zehn Zentimeter unter der Rinde, welches Tier sollte sie hier schließlich schon erreichen? Zehn Zentimeter tief das Holz aufhacken, nur um an eine einzige Käferlarve zu kommen? Sich so weit in einen harten Tropenholzbaum hineinarbeiten, nur für diese eine winzige Mahlzeit? Nein, das passt nicht in die übliche Rechnung von Aufwand und Ertrag, die die Natur für jedes ihrer Geschöpfe aufstellt. Das könnte keine Spezies auf Dauer durchhalten.

Doch verunsichert genug, um sich unbehaglich in ihrem Gang zu winden, ist die junge Käferlarve trotzdem – und genau das wird ihr zum Verhängnis. Als hätte der nächtliche Besucher nur auf ein solches Zeichen gewartet, beginnt er sofort, direkt über ihr die Rinde aufzubeißen, die Fassade ihres hölzernen Apartmentgebäudes einzureißen wie mit den harten Stahlschaufeln eines Abrissbaggers. Gleich darauf spürt die Larve, die jetzt schließlich doch in heller Aufruhr zappelt, etwas Langes, Hartes, Tastendes – mitten in ihrem Gang. Sie stand schon kurz vor der Verpuppung, dem einzigen Ziel ihrer in einem fort Sägemehl in sich hineinstopfenden Existenz. Doch jetzt wird sie ihre Verwandlung zum Käfer nicht mehr erleben.

Die Larve wird von einer spitzen Kralle gepackt wie von einem Enterhaken, unter verzweifelten Krümmungen und Windungen aus ihrer eigenen Wohnung gezerrt und – kaum hat sie die warme Luft des madagassischen Urwalds zum ersten Mal unmittelbar auf ihrem jungen Leib gespürt – in ein stumpfes, schmatzendes Maul gestopft. *Daubentonia madagascariensis*, das madagassische Fingertier, besetzt auf Madagaskar genau die Nische im Ökosystem des Waldes, die in anderen Teilen der Welt der Specht innehat. Es hat sich darauf spezialisiert, von Baum zu Baum springen, mit seinem taktstockartigen Mittelfinger das Holz auf verräterische Hohlräume und verdächtige Bewegungen abzuklopfen, die Rinde wegzubeißen und dann die wohlgenährten kleinen Larven von Holzkäfern und anderen Insekten mit demselben seltsamen, von der Evolution eigens zu diesem Zweck erfundenen Langfinger aus ihren Gängen zu pulen. Seine großen Ohren legt der kleine Baumaffe beim Klopfen an die Rinde wie ein Safeknacker an einen Tresor. Und jeder Bewohner der tropischen Hochhaussiedlung, der in diesem Moment die Nerven verliert, verliert damit auch sein Leben.

Nicht nur die Holzkäferlarven Madagaskars jedoch fürchten den gespenstisch dürren Finger des Aye-aye und den leisen, mörderischen Morsecode, den es nachts damit durch den Dschungel schickt. Auch viele Menschen auf der Insel fürchten ihn. Die Fingertiere sind selten, aber keineswegs scheu, und stößt man im nächtlichen Urwald auf eines von ihnen, springt es nicht davon, sondern bleibt an seinen Stamm geklammert hocken und starrt mit seinen großen schwarzgeränderten Augen neugierig in den Schein von Lampe oder Fackel. In dieser Situation fällt der Blick des nächtlichen Wanderers zwangsläufig auf den seltsamen langen Finger, den der großohrige kleine Dschungelkobold in der Mitte jeder Hand trägt – und sofort wird ihm klar, warum sich im Glauben der Einheimischen so viele unheimliche Mythen und Geschichten darum ranken.

Einem dieser Aberglauben zufolge ist das Schlimmste, was einem bei einer solchen Begegnung passieren kann, dass das Fingertier mit seinem gespenstischen Knochenfinger auf einen zeigt. Denn dann, heißt es, dauert es nicht mehr lange und der Tod kommt einen holen.

Täter: Steinadler
Opfer: Schildkröte
Tatort: Griechenland

Wann immer man auf einem Wappen einen Adler abgebildet sieht, ist es sehr wahrscheinlich, dass einst *Aquila chrysaetos*, der Steinadler, als Vorbild dafür diente, denn er gehört zu den größten und stattlichsten Vertretern der Gattung *Aquila*. Nur der Löwe ist als Wappentier noch beliebter, doch genau wie dieser stolze Jäger war auch der Steinadler lange Zeit selbst als Jagdtrophäe sehr begehrt und musste sich auf der Flucht vor seinen Bewunderern in unwirtliche Gebirgsregionen zurückziehen, um zu überleben. Heute ist er im Norden und Westen der USA zu Hause, in verschiedenen Regionen Asiens, in Russland, Skandinavien und Schottland sowie in einigen Felslandschaften Südeuropas und Nordafrikas. In Mitteleuropa kommt er nur noch in den Karpaten und in den Alpen vor; in Deutschland ist sein Bestand auf etwa 90 in den Bayerischen Alpen lebende Exemplare zusammengeschrumpft.

Steinadler erreichen eine Flügelspannweite von bis zu 2,30 Meter, und wenn sie mit ausgebreiteten, bewegungslosen Schwingen über einer Bergflanke schweben, ist es offensichtlich, warum man sie »Herrscher der Lüfte« nennt. Ihr Gefieder ist braun, am Nacken goldgelb, ihre Augen sind gelb mit dunkelbraunen Pupillen. Im Flug fallen an ihnen besonders die wie lange schwarze Finger abgespreizten und leicht nach oben gewölbten Endfedern der Flügel auf; aus der Nähe der breite, wie ein Krummdolch gebogene graue Schnabel und die kräftigen gelben Klauen mit den ebenfalls aus dunklem grauen Horn geformten Krallen.

Aquila chrysaetos ist ein sehr geschickter und vielseitiger Jäger. Er sichtet seine Beute aus großer Höhe, nähert sich ihr aber, indem er knapp über dem Boden über Hänge und Hügel gleitet, und schlägt dann blitzschnell zu. Kleinere Tiere wie Hasen und Murmeltiere tötet er mit einem plötzlichen Griff in den Rücken, größere wie die Kitze von Steinböcken oder Rehen packt er am Kopf und schlägt ihnen seine scharfen Krallen durch die Schädeldecke. Auch mit ein oder zwei anderen Artgenossen gemeinsam jagt der Steinadler manchmal, wobei meistens ein Teil der Vögel eine Gruppe Beutetiere ablenkt, damit der andere aus dem Hinterhalt angreifen kann. Im Flug kann der Adler sich auf den Rücken legen, um einen Beutevogel zu packen. Am Boden geht er mit seinen scharfen Krallen und seinem spitzen Schnabel auch auf Füchse los, und wenn er von Jägern dazu abgerichtet ist, sogar auf Wölfe.

Im Allgemeinen macht der Steinadler Jagd auf alles, was kleiner ist als ein ausgewachsenes Reh und bei seinem Auftauchen nicht rechtzeitig in irgendeinem Versteck verschwindet. Im Schweizer Kanton Graubünden müssen hauptsächlich die Murmeltiere vor ihm zittern, die zur Brutzeit 50 Prozent seines Speiseplans ausmachen, aber auch Schneehasen und Birkhühner lässt er nicht in Ruhe ihrem Tagwerk nachgehen. Im schweizerischen Alpenvorland stellt er vor allem Feldhasen, Rehkitzen und Hauskatzen nach, im französischen Zentralmassiv verbreitet er unter Wildkaninchen Angst und Schrecken. In Schottland fürchtet ihn ebenfalls alles, was halbwegs nach Hase aussieht, aber auch Ziegen und Schafe kostet er dort jede Menge Nerven und oft genug das Leben.

Heimisch ist der Steinadler auch auf der griechischen Insel Kreta und regiert hier ebenfalls in viel gefürchteter Schreckensherrschaft. In den schroffen, steinigen Gebirgszügen, die sich über die Insel ziehen, lebt jedes Tier in ständiger Furcht vor dem großen Vogel mit dem scharfen Blick, der auf antiken Fresken stets auf dem Arm des mächtigsten aller griechischen Götter abgebildet wurde, des großen Göttervaters Zeus, welcher einem Mythos zufolge in den Bergen Kretas zur Welt kam. Steht die seltene kretische Wildziege auch schon seit vielen Jahren unter Naturschutz, kann sie doch bis heute nicht an einem kretischen Minzstrauch knabbern, ohne immer wieder einen nervösen Blick gen Himmel zu werfen. Die kretische Wildkatze muss stets aufpassen, bei ihrer Jagd nach der kretischen Stachelratte nicht selbst als Beute zu enden. Auch die vielen verwilderten Hauskatzen und Hunde der Insel haben den scharfsichtigen Tyrannen bereits fürchten gelernt, der so plötzlich aus dem Himmel herabstürzt wie ein Blitz des Göttervaters selbst. Und sogar die Schlangen und Eidechsen auf Kreta – die Kreuzottern, Smaragdeidechsen und kleinen Mauergeckos – sind es gewohnt, den blauen Himmel über ihnen nicht nur als Quell lebensspendender Sonnenwärme zu betrachten, sondern auch als unergründlichen Schicksalsort, aus dem jeden Moment das Unheil auf sie niederstürzen kann.

Es gibt nur ein Tier, das keine Angst vor dem Adler hat: *Testudo hermanni*, die Griechische Landschildkröte. Denn während die meisten anderen Bewohner der Insel im Laufe der Evolution auf Schnelligkeit und Beweglichkeit gesetzt haben, um sich vor Feinden zu schützen, hat sie die entgegengesetzte Richtung eingeschlagen. Jetzt läuft sie zwar langsam, aber so gut wie unangreifbar in einer mobilen Festung umher und kann den anderen eine Nase drehen.

Testudo hermanni gehört zu genau jener Gattung von Landschildkröten, die auch am häufigsten in deutschen Zoohandlungen und Haushalten anzutreffen ist. Sie ist besonders wegen ihres hoch aufgewölbten, kontrastreich gemusterten Panzers beliebt, und wer sich schon einmal den Spaß gemacht hat, sie auf den Rücken zu drehen, wird bemerkt haben, dass ihr Brustpanzer beinahe ebenso hart ist wie ihr Rückenschild. Selbst wenn der Steinadler sie umwirft, hackt er sich an den dicken Hornplatten auf ihrer Unterseite den Schnabel stumpf. Auch in die Öffnungen für Kopf, Schwanz und Gliedmaßen kommt er mit seinem gebogenen Schnabel nicht weit genug hinein, um der Schildkröte ernsthaft Schaden zuzufügen.

Testudo hermanni hat also allen Grund, sich sicher zu fühlen. Außer vielleicht dem einen oder anderen besonders aggressiven streunenden Hund kann ihr kein Tier auf Kreta gefährlich werden, und wenn sie sich morgens auf den Weg macht, um unter der warmen griechischen Sonne nach essbaren Blumen und Blättern zu suchen, kann sie das in dem Bewusstsein tun, dass ihr noch viele ähnlich friedliche Tage in ihrem Leben bevorstehen. Unter günstigen Umständen wird sie über hundert Jahre alt.

Schon in der Antike jedoch war es eine viel beschworene Tatsache des Lebens, dass das letzte Wort immer von den Göttern gesprochen wird. Und diejenigen, die sich ihrer Sache zu sicher waren, machten sich einer besonders riskanten Untugend strafbar: der Hybris.

Auch bei der Griechischen Landschildkröte ist es nicht anders. Sie mag in aller Ruhe in der hellen Mittagssonne an einem Büschel wilder Rauke knabbern und sich nicht um den großen dunklen Schatten scheren, der schon seit einer Weile seine Kreise um sie zieht. Doch währenddessen wird im griechischen Himmel längst über ihr Schicksal entschieden.

Der Steinadler stürzt auf die Schildkröte hinab; aber anstatt überhaupt auch nur zu versuchen, mit seinem Schnabel in ihren Panzer zu dringen, packt er sie kurzerhand mit einer seiner großen Klauen und trägt sie mit sich davon.

Immer höher steigt er mit ihr auf, und sollte die Schildkröte vor Schreck oder Überraschung den Kopf aus ihrem Haus strecken, wird sie zum ersten Mal die schroffe Berglandschaft Kretas von oben sehen, ihre Heimat, in der sie hundert Jahre alt werden wollte. Dann lässt der Adler los und sie zerschellt auf einem Felsen. Zeus hat ihr zwar ihren Panzer geschenkt und damit einen wirksamen Schutz gegen fast alle ihre Feinde. Aber dem Adler, seinem Begleiter und Maskottchen, hat er die Erfindungsgabe gegeben – und damit eine noch weitaus wirksamere Waffe.

Nicht nur auf Kreta, sondern in der ganzen Mittelmeerregion beherrschen die Steinadler den mörderischen Trick, mit dem der scheinbar nicht zu knackende Panzer von *Testudo hermanni* doch zu knacken ist. Und der Legende nach soll der antike griechische Dichter Aischylos seinen Tod gefunden haben, indem er von einer vom Himmel fallenden Landschildkröte erschlagen wurde.

2. Tödliche Tarnung

Täter: Livingstonebuntbarsch
Opfer: Schabemundbuntbarsch
Tatort: Malawisee

Nimbochromis livingstonii, der Livingstonebuntbarsch, ist ein Vertreter der großen Buntbarschfamilie, die den afrikanischen Malawisee bewohnt. Der See zieht sich etwa auf der Höhe von Madagaskar die südöstliche Flanke des afrikanischen Kontinents hinab und wird von den Ländern Tansania, Malawi und Mosambik umschlossen. Er ist Teil des sogenannten Ostafrikanischen Grabenbruchs, einer riesigen, verästelten geologischen Falte, die auch den Kilimandscharo und den Viktoriasee hat entstehen lassen, und gehört zu den größten Seen der Welt. Das schmale, lang gezogene Gewässer erstreckt sich über ziemlich genau die Länge, die man zurücklegen muss, wenn man von Berlin nach Frankfurt fährt, ist teilweise bis zu 700 Meter tief und jedem deutschen Zierfischhalter ein Begriff.

Der Malawisee beherbergt etwa 1 000 verschiedene Fischarten und der überwiegende Teil davon kommt aus der Familie der Buntbarsche. Die Barsche sind ursprünglich Salzwasserfische, haben sich aber schon vor mehr als hundert Millionen Jahren in Afrikas Flüssen und Seen angesiedelt, als der Kontinent noch Teil des vorzeitlichen Riesenkontinents Gondwana war, und besiedelten schließlich auch den Malawisee. Dieser ist erdgeschichtlich gesehen relativ jung – gerade mal zwei Millionen Jahre alt – und unterlag in jüngster geologischer Zeit immer wieder extremen Wasserstandsschwankungen, weswegen der dort zu findende Artenreichtum allgemein als Beleg dafür gewertet wird, dass neue Arten sich wesentlich schneller herausbilden können, als Charles Darwin, der Vater der Evolutionstheorie, ursprünglich angenommen hat. Besonders die flachen Buchten des Sees sind in jüngster Vergangenheit immer wieder komplett ausge-

trocknet, und man nimmt an, dass die heute dort zu findenden Buntbarscharten sich zum Teil geradezu explosionsartig schnell herausgebildet haben – manche sogar innerhalb von nur 200 Jahren.

Die Buntbarsche, im zoologischen Fachjargon *Cichliden* genannt, besetzen jede erdenkliche ökologische Nische des Sees und kommen in so vielen verschiedenen Formen und Farben vor, dass es seit
1970 eine eigene Deutsche Cichliden-Gesellschaft gibt, die sich fast
ausschließlich mit Aufzucht und Haltung der ostafrikanischen Zierfische beschäftigt. In ihrer natürlichen Umgebung reicht die Größe der
Fische von drei Zentimetern bis zu fast einem Meter und es gibt sie
in Dick und Dünn, in Flach und Rund, in Rot, Orange, Gelb, Grün
und Blau, mit Quer- und mit Längsstreifen, mit Flecken und mit
Punkten, mit glänzenden Schuppen und mit matten. Sie haben mal
beträchtlichen Unter-, mal beträchtlichen Überbiss, mal dicke Mick-
Jagger-Lippen und mal den schmalen herabgebogenen Mund einer
protestantischen Pfarrersfrau und ungefähr genauso unterschiedliche
Lebensweisen.

Einige Buntbarsche leben in den offenen Tiefen des Malawisees
und werden von den Einheimischen »Utaka« genannt, andere leben
zwischen den Felsen und Wasserpflanzen der Uferregion und heißen »Mbuna«, wieder andere leben irgendwo dazwischen. Eine Art
hat sich darauf spezialisiert, Insekten von der Wasseroberfläche zu
schnappen, eine andere sucht den Seeboden nach Muscheln und Würmern ab, eine dritte macht Jagd auf Fische anderer Arten, eine vierte
auf Exemplare der eigenen. Eine Art mit seitwärts verschobenem
Maul hat ihren Futtererwerb ganz darauf ausgerichtet, anderen Buntbarschen die Schuppen vom Körper zu reißen, eine weitere darauf,
ihren Artgenossen die Augen aus dem Gesicht zu fressen. Fast alle
Arten sind Maulbrüter, ziehen also ihre Jungen in den ersten Wochen
nach dem Schlüpfen im eigenen Maul auf. Und manche Vertreter der
ostafrikanischen Blitzevolution bestreiten ihren Broterwerb fast ausschließlich dadurch, die mit prall gefüllten Backen herumschwimmen-
den Elternfische mutwillig zu rammen und sich den dabei aus dem
Maul gespülten Nachwuchs zu schnappen. Oder – noch grausiger –
sie docken direkt mit dem Maul an die verzweifelt zappelnden Fische an und saugen ihnen in einer Art Todeskuss alle Kinder aus dem
Mund.

26

So erstaunlich einige dieser Spezialisierungen aber auch klingen mögen, die erstaunlichste Spezialisierung unter den Buntbarschen des Malawisees hat doch *Nimbochromis livingstonii* hervorgebracht, der äußerlich eher unauffällig wirkende Livingstonebuntbarsch. Seinen fachlichen Namen hat dieser Buntbarsch von dem schottischen Forscher und Missionar David Livingstone, der Mitte des 19. Jahrhunderts als einer der ersten Europäer überhaupt den Malawisee bereiste. Die malawischen Fischer jedoch, die auf diesen wie auf viele andere Fische des Sees tagtäglich Jagd machen, haben einen treffenderen Namen für ihn gefunden.»Kaligono«, nennen sie ihn schlicht, aber immer mit einem Anflug von Bewunderung in der Stimme: den Schläfer.

Unter den Bewohnern der lang gestreckten Küste des Malawisees, die ihren Lebensunterhalt mit dem Fischfang verdienen, gelten die Buntbarsche als besonders schlaue Fische und der Schläfer als der schlauste von ihnen. Wenn er Gefahr läuft, in einem ihrer Netze zu landen, schwimmt er nicht wie andere Fische in heller Panik zur Wasseroberfläche, sondern lässt sich stattdessen auf den Seeboden sinken und legt sich flach auf den Boden, bis die Fischer vorbei sind. Und wenn er selbst auf Beutezug geht, benutzt er einen ganz ähnlichen Trick.

Barsche der Gattung *Nimbochromis* sind im gesamten Malawisee zu finden, kommen aber am häufigsten im südlichen Teil des Sees vor. Die Männchen werden bis zu 25 Zentimeter groß und nehmen zur Paarungszeit eine tiefblaue Färbung an. Bis dahin aber ist ihr Körper wie der der Weibchen weiß und trägt ein ineinanderfließendes Muster aus großen grünbraunen Flecken. Die Fische leben hauptsächlich in der Übergangszone zwischen dem offenen Wasser und den felsigen Buchten des Sees und ziehen auf Futtersuche in den ufernahen Felsbiotopen umher, um Ausschau nach Ansammlungen von Jungfischen der dort lebenden Mbuna-Arten zu halten. Jeder Schläfer beansprucht einen Uferabschnitt von etwa 40 Metern als sein Territorium, verteidigt ihn entschlossen gegen andere Räuber und geht dort jeden Tag auf Patrouille. Die räuberischen Buntbarsche werden manchmal dabei beobachtet, wie sie sich zwischen Seegras oder anderen Wasserpflanzen auf die Lauer legen und von dort Blitzattacken auf die Jungfische starten, wobei ihnen ihre grünen und braunen Flecken gut als Tarnung dienen. Doch meistens wenden sie bei der Jagd eine andere Strategie an, die den wahren Zweck ihrer schimmelbraunen, für einen Malawibuntbarsch so merkwürdig unschönen Musterung erst wirklich enthüllt.

Einer der am häufigsten vorkommenden Vertreter derjenigen Barsche, die vor allem die flachen Felsenbuchten des Malawisees bewohnen, ist *Labeotropheus fuelleborni*, der auch außerhalb der Paarungszeit bläulich gefärbte Schabemundbuntbarsch, den die Einheimischen schlicht »blauer Mbuna« nennen. Auch bei ihm erreichen die Männchen eine Körperlänge von gut 20 Zentimetern. Bis es so weit ist, müssen die Jungtiere jedoch jede Menge Rohkost zu sich nehmen, was sie tun, indem sie mit ihrer weit hervorstehenden Oberlippe die algenbewachsenen Felsen der Buchten abschaben. Die festen Bewohner der Felsenbuchten gelten unter Zierfischhaltern als besonders aggressiv gegenüber anderen Buntbarscharten – ein bisschen wie gestresste Städter mit kurzer Lunte und ruppigen Manieren –, und manchmal schließen sich die Tiere zu großen Schwärmen aus mehreren Hundert Fischen zusammen und fallen über die Algengärten anderer Fische her. Meistens jedoch grasen sie friedlich in kleinen Gruppen in Ufernähe und schwimmen im glasklaren, sonnendurchfluteten Wasser des Malawisees gemächlich von Fels zu Fels.

Stößt *Nimbochromis livingstonii* auf eine solche Gruppe, schwimmt er vorsichtig bis auf ein, zwei Meter heran und lässt sich dann unauffällig auf den Seeboden sinken. Er legt sich auf die Seite, vergräbt sich halb im Sand und hält ganz still. So still, als würde gerade ein Fischerboot über ihm vorbeifahren. So still, dass man meinen könnte, er sei tot.

Die jungen Schabemundbuntbarsche sind zwar eigentlich auf rein pflanzliche Kost spezialisiert. Aber wie fast alle Buntbarsche im Malawisee sind sie sogenannte Nahrungsopportunisten, verschmähen also auch Mahlzeiten ganz anderer Art nicht, wenn sie sich ihnen gerade bieten. Ein toter Fisch – und handelt es sich dabei auch um einen entfernten Cousin – ist für sie ein gefundenes Fressen.

Vollkommen arglos sind jedoch auch die Jungbarsche nicht. Wenn man sich mit anderen Barschen den Lebensraum teilt, die den eigenen Artgenossen die Augen ausbeißen oder die Kinder aus dem Maul saugen, wird man früh zum Misstrauen erzogen. Und die kleinen Jungfische nähern sich nur vorsichtig dem großen alten Barsch, der dort regungslos auf dem Sandboden liegt.

Doch jetzt erweist sich die wahre Klugheit der wenig schmückenden Tarnfarben, die *Nimbochromis livingstonii* statt des bunten Schuppenkleids trägt. Blass, weiß, mit ineinanderlaufenden braunen Flecken: So sieht nach Erfahrung der jungen Barsche nur ein toter Fisch aus, und schon schwimmt auch der erste Jungfisch näher heran, um sich ein schmackhaftes Stück von dem fauligen Fischkadaver abzubeißen – schon halb verwest, wie der Leichnam zu sein scheint, dürfte das schließlich auch für einen Schabemundbarsch wie ihn kein Problem sein. Allein das große, runde Auge des auf der Seite liegenden Toten lässt den Jungbarsch noch einmal kurz zögern. Es sieht nicht so trüb und leblos aus, wie man es bei einem Toten erwarten würde. Aber das könnte in dem hellen, von tanzenden Sonnenstrahlen durchspielten Wasser auch nur eine Täuschung sein.

Der kleine Mbuna-Barsch kann nicht ahnen, dass er gerade dabei ist, Kaligono auf den Leim zu gehen, dem schlauen ostafrikanischen Schläfer, der sich als verwesender Fischkadaver tarnt, um andere Fische anzulocken und zu fressen. Jede Bewegung des jungen Barschs hat er mit seinem vermeintlich toten Auge genau beobachtet. Und gerade als der mutige junge Fisch sich endlich dazu durchgerungen hat, sich eine kleine Zusatzmahlzeit von der verlockenden Fischleiche abzuknapsen, wird er selbst zur Mahlzeit. Der Schläfer erwacht und schnappt sich den vorwitzigen kleinen Schaber. Die anderen Jungfische erschrecken zu Tode und flitzen davon – was jedoch nicht unbedingt bedeutet, dass sie das nächste Mal nicht auf denselben Trick reinfallen.

Auch mancher deutsche Aquarianer hat sich schon gewundert, als er eines Tages seinen schönen großen Livingstonebuntbarsch tot auf dem Aquariumsboden liegend vorfand und von seinen anderen *Cichliden* plötzlich etliche Exemplare fehlten. Will man den listigen Raubfisch zusammen mit anderen Fischen halten, sollte man darauf achten, dass er immer schön satt ist. Vor allem aber darauf verzichten, junge und kleine Fische mit ins Aquarium zu setzen.

Um seinen eigenen Nachwuchs kümmert sich *Nimbochromis livingstonii* allerdings genauso hingebungsvoll wie alle anderen Maulbrüter. Damit sie keine Krankheiten bekommen, wechselt er für die

Kleinen regelmäßig das Wasser in seinem Maul und lässt sie nur raus zum Spielen, wenn draußen auch wirklich kein anderer kinderfressender Buntbarsch zu sehen ist. Und widersteht offenbar auch erfolgreich dem Impuls, sie einfach hinunterzuschlucken.

Täter: Kragenbär
Opfer: Kaschmirhirsch
Tatort: Himalaja

Ursus thibetanus, der Kragenbär, ist fast über die gesamte Südhälfte Asiens verbreitet. Sein Lebensraum beginnt im Westen in den Hügelregionen des Iran, verläuft in östlicher Richtung über die Gebirgszüge des Hindukusch und des Himalajas bis hinauf in den Süden Sibiriens, schließt auch die koreanische Halbinsel und Japan mit ein, umfasst den Norden Indiens, Nepal, Tibet sowie beinahe ganz China und reicht im Süden bis hinunter nach Birma und Thailand. Im nördlichen Teil seines Verbreitungsgebiets hält sich der Bär am liebsten in abgelegenen Bergwäldern auf. Im Süden kann man ihn auch in den tropischen Regenwäldern des Tieflands finden.

Der Kragenbär ist ein naher Verwandter des Amerikanischen Schwarzbärs, trägt wie dieser ein schwarzes Fell und wird auch manchmal Asiatischer Schwarzbär genannt. Auf der Brust hat er ein auffälliges weißes »V«, wodurch er stets ein bisschen wirkt, als käme er gerade in einem schicken Pulli mit V-Ausschnitt aus seinem Tennisklub. Seinen Namen hat er jedoch wegen der langen Zottelhaare, die ihm an Hals, Nacken und Schultern wachsen. Die männlichen Exemplare werden bis zu 1,70 Meter groß und 150 Kilo schwer, und insgesamt wirkt der Kragenbär etwas gedrungener und pummeliger als sein besser bekannter Vetter, der Braunbär. Er ist jedoch ein ausgezeichneter Kletterer, baut sich im Sommer sogar manchmal Schlafplätze auf Bäumen und findet dort auch einen großen Teil seiner Nahrung.

Kragenbären sind Allesfresser. Je nach Lebensraum und Jahreszeit ernähren sie sich von Nüssen, Beeren oder Obst, picken Insektenlarven aus morschen Baumstämmen oder rauben Bienenstöcke aus. Kaum ein Kragenbär, sagt der deutsche Tierforscher Markus Kappeler, tötet in seinem Leben jemals etwas Größeres als eine Ameise. Einige Bären jedoch entwickeln eine Art persönliches Talent dafür, Schafe, Ziegen und andere Huftiere zu reißen, und ein ausgewachsener Kragenbär ist stark genug, um selbst einem Wasserbüffel mit einem einzigen Prankenhieb das Genick zu brechen.

Auch Menschen greift der Kragenbär manchmal an. In einigen Gegenden Indiens wird er von der Bevölkerung sogar mehr gefürchtet als der als Menschenfresser berüchtigte Tiger. Die meisten Unfälle scheinen jedoch darauf zurückzuführen zu sein, dass der Bär tagsüber gerne mal ein Nickerchen macht, einen sehr tiefen Schlaf hat, weder besonders gut hören noch sehen kann und dementsprechend unwirsch reagiert, wenn man ihn zufällig im Dickicht überrascht. Viel öfter kommt es ohnehin vor, dass nicht der Bär den Menschen, sondern der Mensch den Bären jagt. Die Weltnaturschutzunion IUCN stuft die Kragenbären zwar nicht als vom Aussterben bedroht ein, aber immerhin als gefährdet; und besonders durch die in China, Korea und Japan verbreitete Praxis, sie in engen Käfigen zu halten, um ihnen über Jahre hinweg täglich einige Milliliter Gallenflüssigkeit abzuzapfen und diese als medizinischen Wirkstoff zu verkaufen, haben die Tiere in den vergangenen Jahren traurige Berühmtheit erlangt. Dabei sollen sie ausgesprochen schwer zu fangen sein und sind besonders in den schneereichen Gebieten des Himalajas dafür bekannt, sich manchmal mit einem verblüffenden akrobatischen Kunststück aus der Affäre zu ziehen, wenn man ihnen nachstellt. Mit einem Kunststück, das dem Kragenbär unter den Bewohnern der sagenumwobenen Bergregion Beinamen wie »Phantom« oder »Gespenst« eingebracht hat und manche Forscher sogar glauben lässt, durch ihn sei die Legende vom geheimnisvollen Schneemenschen Yeti entstanden. Und das der Bär nicht nur einsetzt, um seinen eigenen Jägern zu entfliehen – sondern gelegentlich auch, um selbst damit Beute zu machen.

Cervus elaphus hangul, der Kaschmirhirsch, ist eine Rotwildart, die ausschließlich im nördlichen Indien und im politisch umstrittenen Kaschmirgebiet vorkommt. Er sieht dem europäischen Rothirsch sehr ähnlich, die Männchen erreichen eine ähnliche Größe und haben ein ähnlich imposantes Geweih. Die Hirsche leben in den Wäldern und Hochtälern des vorderen Himalajas, in Gruppen von bis zu 20 Tieren, die sich in der Regel aus einem ausgewachsenen Hirschbullen, seinem

Harem aus Hirschkühen und mehreren Jungtieren zusammensetzen. Im Sommer steigen sie auf eine Höhe von bis zu 3 000 Metern auf, fressen Gras, wildes Obst und junge Zweige und Knospen. Im Winter kommen sie wieder in die Täler hinab, um unter dem Schnee nach Moos, Flechten, Eicheln und Bucheckern zu stöbern. Die größte zusammenhängende Population gibt es im Dachigam National Park im indischen Bundesstaat Jammu und Kaschmir. Ansonsten leben die Tiere nur noch in verstreuten Grüppchen über die Täler verteilt. Anfang des 20. Jahrhunderts haben noch etwa 5 000 Exemplare in der Region gelebt. Aber die Abholzung der Wälder, die wachsende Konkurrenz durch Weidevieh und die Bejagung durch Wilderer haben die Zahl der Hirsche drastisch dezimiert und sie gelten als stark gefährdet – eine Stufe dem Aussterben näher als der »nur« gefährdete Kragenbär.

Doch das weiß dieser natürlich nicht. Die in den schneereichen Bergregionen lebenden Exemplare der Bären halten zwar wie ihre europäischen Vettern Winterschlaf, wachen allerdings zwischendurch immer mal wieder auf und haben Hunger. Und wenn sie auf ihren einsamen Streifzügen durch die verschneiten Täler des Himalajagebirges dann auf eine Herde der seltenen Kaschmirhirsche treffen, ist das für sie ein höchst willkommener Glücksfall.

Sobald ein Bär eine Herde entdeckt, hält er ein beträchtliches Stück oberhalb des friedlich äsenden Wilds inne. Mit seinem schwarzen Fell ist er auf der weißen Schneedecke weithin sichtbar, da hilft ihm auch der kleine Streifen Eisbärfell auf seiner Brust nichts, und um im Angriffsspurt auf die Hirsche zuzurennen, ist das Gelände in der Regel zu steil und der Schnee zu hoch. Der Bär hat also ein Problem, und was er sich hat einfallen lassen, um das Beste aus dieser schwierigen Jagdsituation zu machen, wirkt wie ein über viele Jahre einstudierter Dressurakt und wird von dem Sachbuchautor Vitus Dröscher in seiner passend betitelten Sammlung *Geniestreiche der Schöpfung* beschrieben.

Der Kragenbär hat nicht nur einen dicken schwarzen Kragen, sondern darunter auch sehr dicke, stabile Nackenmuskeln, und als sei er kürzlich erst einem chinesischen Zirkus entflohen, rollt er sich jetzt zu einer Kugel zusammen und lässt sich den Hang hinunterkullern. Der Schnee haftet an seinem Fell. Wie in einem Trickfilm wächst der

Bär auf seinem Weg hinab zu einer immer größer werdenden Schneekugel an. Für die erschrocken aufschauenden Hirsche muss er aussehen wie ein kleine Lawine: ein in dicken Brocken auf sie zurutschen-
des Schneebrett, das sich über ihnen aus dem Hang gelöst hat.
Die Hirsche springen auseinander. Ein Tier jedoch kann sich nicht
rechtzeitig für eine Fluchtroute entscheiden und wird von der Lawine
erwischt. Der Bär springt aus seiner Schneekugel wie aus einer Über-
raschungstorte, stürzt sich auf den verdutzten Hirsch und lässt seine
Pranke auf den Rücken des unglücklichen Paarhufers niedersausen.

Die Technik, sich zusammenzukugeln und einen Hang hinunter-
rollen zu lassen, wurde auch schon bei Eidechsen und Raupen beobachtet. Aber diese Tiere benutzen das kuriose Kunststück ausschließlich
zur Flucht. Allein der Asiatische Kragenbär hat daraus eine Jagdmethode entwickelt, mit deren Hilfe er seine Beute überrumpelt. Als
Lawine getarnt überrascht er seine Opfer. Kein Wunder, dass die Bewohner des Himalajas da auf den Gedanken gekommen sind, sie seien
nicht die einzigen mit menschlicher Gerissenheit begabten Jäger, die in
den weißen Bergschluchten auf die Pirsch gehen. Und unter ihnen die
Legende vom zotteligen Yeti entstanden ist: vom listen- und erfin-
dungsreichen Schneemenschen, der sich mit ihnen die Jagdgründe teilt.

Täter: Mimikrykrake
Opfer: Gespensterkrabbe
Tatort: Indonesien

Im Oktober des Jahres 1998 macht sich Mark Norman, Biologe
an der Universität von Melbourne, auf die Suche nach einem geheimnisvollen Tier.
Norman ist in der Nähe von Melbourne aufgewachsen, hat mit
15 mit dem Tauchen angefangen und gleich bei seinem ersten Tauchgang einen großen bunten Kraken gesehen. Seitdem ist er so fasziniert
von den Tieren, dass er ihnen praktisch sein Leben gewidmet hat. Er
hat Meeresbiologie studiert und sich auf die Erforschung von Kraken,
Sepien und Kalmaren spezialisiert. Heute arbeitet er als meeresbiolo-
gischer Experte für das Landesmuseum des australischen Bundes-

staats Victoria und sitzt sogar als Tintenfischfachmann in einem Gremium der australischen Fischereibehörde.

Von dem mysteriösen Tier, das der Wissenschaftler in jenem Oktober suchen gehen will, hat er in den vorhergehenden Jahren immer wieder Fotos und Videoaufnahmen zugeschickt bekommen. Fast alle stammen aus den artenreichen Gewässern der indonesischen Inselwelt, einem unter Australiern sehr beliebten Tauchgebiet, und die Hobby- und Berufstaucher, die sich mit den Aufnahmen an ihn wenden, erzählen ihm dazu immer dieselbe Geschichte. Sie hätten bei ihren Tauchgängen ein bestimmtes Tier fotografieren wollen, sagen sie und nennen dabei so unterschiedliche Kreaturen wie eine Flunder oder eine Seeschlange. Doch als sie näher herangeschwommen seien, hätten sie plötzlich erkannt, dass es sich bei dem Tier um etwas ganz anderes handelte – hätte sich das Tier plötzlich wie auf magische Weise vor ihren Augen verwandelt: in einen Tintenfisch.

Kraken sind Meister der Tarnung und des Versteckens, und Norman kennt so ziemlich jeden Trick, den sie in dieser Hinsicht draufhaben. Ihre acht Arme und ihr mit ihren Organen gefüllter Körpersack sind verformbar wie Gummi, und wenn es sein muss, können selbst große Tiere in Löchern verschwinden, die nicht größer sind als ein Geldstück. Meistens haben sie das jedoch nicht nötig, denn in den Riffen und mit bunten Korallen bewachsenen Felsen, in denen sie leben, können sie auch so einfach unsichtbar werden. Ihre Haut ist mit speziellen Farbzellen gespickt, sogenannten Chromatophoren, die sie über feine Muskelringe nach Belieben ein- und ausschalten können. Ergänzt werden die Farbzellen durch winzige Spiegelzellen, die für die noch ausgefalleneren Lichteffekte im Repertoire der Kraken zuständig sind. Und zusammen sorgen diese Zellen dafür, dass die Kopffüßer mehr Farben und Muster im Programm haben als jedes Pariser Modehaus. Wissenschaftler gehen davon aus, dass sie ihre ständig wechselnden Körpermuster unter anderem dazu benutzen, miteinander zu kommunizieren und ihre Emotionen auszudrücken. Aber hauptsächlich setzen die Tintenfische sie ein, um sich wie auf Knopfdruck in ein Stück grauen Fels, eine rote Koralle oder einen grünen Flecken Seegras zu verwandeln. Die Tinte, von der sie ihren Namen haben, ist bei der Verteidigung ihre Ultima Ratio, sie spritzen sie nur dann zur Verwirrung ihrer Angreifer ins Wasser, wenn es nicht mehr anders geht – wenn ein Hai oder ein anderer Raubfisch ihnen so dicht auf den Fersen ist, dass sich zu verstecken sinnlos wäre. Im Allgemeinen jedoch verschmelzen sie lieber unauffällig mit dem Hintergrund, als sich mit einem aufwendigen James-Bond-Manöver aus dem Staub zu machen.

Norman kennt bereits eine Tintenfischart, die ein anderes Tier nachahmt, ähnlich wie die Taucher es ihm geschildert haben: eine vor allem in den Riffen der Karibik vorkommende Sepie, die in Gefahrensituationen einen Papageienfisch imitiert. Allerdings ist es auch in diesem Fall eher so, dass der Tintenfisch sich seinem Hintergrund anpasst, als dass er wirklich ein anderes Tier nachahmt. Er schwimmt in einen Schwarm der über dem Riff schwebenden bunten Papageienfische hinein und nimmt ihr Farbmuster an, um für seine Feinde unsichtbar zu werden. Seine Gestalt bleibt dabei jedoch dieselbe.

Was hingegen auf den Fotos und Videos aus den indonesischen Küstengewässern zu sehen ist und was die Taucher Norman dazu erzählen, deutet auf eine ganz andere Art von Verhalten hin, wirkt auf den jungen Meeresforscher, als spiele dieser unbekannte Tintenfisch in Sachen Tarnung und Mimikry in einer ganz neuen Liga. Und das käme, wenn es sich in der direkten Beobachtung bewahrheiten sollte, einer kleinen wissenschaftlichen Sensation gleich.

Norman fliegt zusammen mit zwei anderen Wissenschaftlern nach Sulawesi, einem zwischen Borneo und den Molukken gelegenen Inselkreuz, das mit seinen vier gewundenen Armen von oben selbst ein bisschen aussieht wie ein Tintenfisch. An der Spitze des nördlichsten Arms, in der Straße von Lembeh, startet das Team seine Expedition. Die anderen Taucher haben den geheimnisvollen Kraken in den flachen Buchten gesehen, die dem hügeligen, von tropischen Wäldern bedeckten Inselarm vorgelagert sind. Also suchen hier auch die Australier.

Das türkisfarbene Wasser ist warm und klar und am Grund wechseln sich bunte Riffe immer wieder mit den freien Sandflächen ab, die die Taucher beschrieben haben. Norman weiß auch genau, wonach er Ausschau halten muss: nicht nach den schnellen, hastigen Bewegungen, mit denen ein Fisch oder eine Krabbe vor einem potenziellen Angreifer wegflitzt, sondern nach dem anmutigen, fließenden Gleiten, das einem flüchtenden Kraken eigen ist. Doch er und sein Team haben kein Glück. Sie sehen zwar einen weißen Anglerfisch, der sich als Koralle ausgibt, ein rosafarbenes Zwergseepferdchen, das in den gewundenen Armen einer rosafarbenen Gorgonie untergetaucht ist, und eine Grundel, die mithilfe von großen dunklen Augenflecken auf ihren Flossen versucht, wie eine Krabbe auszusehen. Auch eine Seeschlange und einen Feuerfisch sehen sie, zwei der Tiere, von denen die anderen Taucher erzählt haben, der Krake ahme sie nach. Aber den Kraken selbst sehen sie nicht.

Auch 70 Kilometer weiter die Küste hinunter, vor der Insel Bentenan, hat das Team keinen Erfolg. Hier sichtet es zwar einen schönen großen Kraken im Riff. Aber es ist einer von der üblichen, ängstlich mit dem Hintergrund verschmelzenden Sorte, und als die Forscher ihm zu nahe kommen, wabert plötzlich nur noch eine große braune Tintenwolke durchs Wasser. Noch nicht einmal dieser unspektakuläre indonesische Achtarmer scheint sich näher von ihnen untersuchen lassen zu wollen.

Erst noch 20 Kilometer weiter südlich, in der Bucht von Tokok, scheint sich das Blatt für Norman und seine Kollegen endlich zu wenden. Hier mündet ein schmaler Fluss in die Bucht und der Boden ist genauso beschaffen, wie die anderen Taucher ihn beschrieben haben: eine karge Mondlandschaft aus vom Fluss ins Meer geschwemmtem und von den Gezeiten wieder mit Sand bedecktem Schlick, in dem die Tiere überall in kleinen Tunneln und Löchern hausen und sich nur die Mutigsten von ihnen hinaus ins offene Wasser wagen. Große Gartenaale ragen wie überdimensionale Grashalme aus dem Boden, wiegen sich sanft in der Dünung und fressen Plankton. Eine rot-weiß gestreifte Seeschlange schlängelt sich aus dem Schlick hervor. Ein Stachelrochen schüttelt den Sand von seinem flachen Rücken und gleitet davon. Und wie ein gutes Omen stolpert plötzlich eine laufende Kokosnuss über den Meeresboden: ein kleiner Geäderter Krake, *Octopus marginatus*, der mit seinem Verhalten den Wissenschaftlern zumindest schon einen Hinweis darauf gibt, dass der karge Lebensraum, auf den sie gestoßen sind, seine Bewohner dazu gezwungen haben könnte, ungewöhnliche Überlebensstrategien zu entwickeln.

Um sich vor Fressfeinden zu schützen, legen Geäderte Kraken normalerweise leere Muschelschalen an wie eine Rüstung (und benutzen dann ihre Arme, um sich auf dem Meeresgrund fortzubewegen, weil sie sich mit ihrer Wasserdüse die Schalen sofort wieder vom Leib pusten würden). Das Exemplar, auf das die Forscher jetzt stoßen, konnte in der kargen Ödnis jedoch offenbar nirgends auch nur eine einzige Muschelschale finden und musste deswegen mit ein paar leeren Kokosnusshälften vorliebnehmen. Überhaupt gibt es auf dem sandigen Meeresboden nichts, was einem Tintenfisch irgendwie Schutz bieten könnte: kein Riff, keine Felsen, noch nicht mal einen winzigen Flecken Seegras, mit dem er im Notfall schnell verschmelzen könnte. Und ein so weiches, wehrloses Tier wie ein Krake – ein dicker wabbeliger Fleischklumpen eigentlich nur, der Traum eines jeden Raubfisches – muss sich als sulawesischer Ritter der Kokosnuss zum Affen machen oder gleich unter der Erde bleiben.

Nicht so jedoch der Mimikrykrake, *Thaumoctopus mimicus*, den Norman und seine Kollegen schließlich tatsächlich in der Bucht von Tokok finden, nachdem sie ein Foto des Tiers bei einheimischen Fischern herumgezeigt haben (und den Norman kurz darauf zusammen mit einem anderen Forscher offiziell auf seinen Namen tauft und als Spezies neu beschreibt). Die knubbeligen Stielaugen und die Hälfte des Kopfes aus einem Erdloch erhoben, blickt der kleine Krake den Tauchern selbstbewusst entgegen. Auch als sie näher kommen, taucht er nicht einfach ab, sondern kommt aus seinem Loch hervor und liefert genau die schauspielerische Supershow ab, wegen der sie ihn so lange gesucht haben.

Auf den Fotos und Videos war es nur unvollkommen zu erkennen, aber es stimmt tatsächlich: Um Feinde abzuschrecken, ahmt der im Normalzustand braun-weiß gemusterte, etwa 60 Zentimeter große Krake andere Tiere nach. Er macht es mit seinen Farben, vor allem aber mit seinem biegsamen, mühelos jede beliebige Form annehmenden Körper und seinen Bewegungen – wie ein achtarmiger, unter Wasser lebender Marcel Marceau. Soweit es die australischen Forscher überblicken können, gehören vor allem drei Nummern zu seinem Standardprogramm.

Da ist zum einen die Seeschlange, eines der giftigsten Tiere der Welt. Um sie nachzumachen, steckt der Krake sechs seiner Arme in ein Erdloch, streckt zwei seitlich ab, sodass sie optisch einen einzigen langen ergeben, lässt die Arme dann das rot-weiße Ringelmuster der Schlange annehmen und ahmt damit ihre charakteristische Schlängelbewegung nach – wie ein kleiner, auf dem Meeresboden hockender

Breakdancer. Norman beobachtet, wie zwei Mönchsfische an den Kraken heranschwimmen, auf den ersten Blick nur in der Absicht, ihr Revier gegen ihn zu verteidigen, vielleicht aber auch, um sich bei der Gelegenheit ein Stück von seinem schmackhaften weichen Fleisch abzubeißen. Als er jedoch die Seeschlange imitiert, die ihrerseits gerne Mönchsfische frisst, drehen die beiden sofort ab und suchen das Weite.

Die zweite Standardnummer des Kraken ist die Flunder, die in diesen Breiten ebenfalls giftig ist und ein Sekret absondern kann, das bei ihren Angreifern Kieferstarre auslöst. Um sie zu imitieren, legt der Krake seine Arme so um seinen Körper herum, dass sie zusammen die typische ovale Form des Fisches ergeben, und gleitet wie dieser knapp über den Sandboden hinweg. Zwar benutzt er bei seiner Pantomime immer noch seine frei bewegliche Wasserdüse, um voranzukommen. Gleichzeitig ahmt er aber die sanfte Wellenbewegung der Flunder nach und legt auch ihr charakteristisches Körpermuster auf.

Auch den Rotfeuerfisch – sein drittes künstlerisches Alter Ego – imitiert der Krake nicht nur in Form und Farbe, sondern ebenso in Körperhaltung und Bewegungsablauf bis ins letzte Detail genau. Er biegt seine rot-weiß eingefärbten Arme und hält sie steif von sich, exakt so, wie von dem echten Fisch die giftigen Stacheln endenden schmalen Flossen abstehen. Dann schwimmt er los und gleitet in dieser Haltung majestätisch durchs Wasser – als könnte kein Feind der Welt auch nur auf die Idee kommen, sich an ihn heranzuwagen.

Auch als die Wissenschaftler zu Versuchszwecken mit einer Plastikmakrele auf ihn losgehen, verwandelt sich *Thaumoctopus mimicus* in den gefürchteten Rotfeuerfisch. Generell nimmt Norman an, dass der kleine Krake sich vor allem in giftige und gefährliche Tiere verwandelt – also in alles, womit sich in seinem Lebensraum niemand gerne anlegt. Er hält für jeden Fressfeind die passende Nemesis bereit, konfrontiert jeden Raubfisch mit seinen eigenen evolutionsspezifischen Urängsten und baut gleichzeitig auf ein breites Rollenrepertoire, damit keiner seiner Feinde ihm auf die Schliche kommt und irgendwann begreift, dass hinter all den Masken ein und derselbe harmlose Mime steckt.

Die Wissenschaftler glauben, dass sein eigenes Beuteverhalten den Kraken in seine ungewöhnliche Persönlichkeitsspaltung getrieben hat. Er ist tagaktiv und forscht mit seinen langen Armen in den unter dem Sand verlaufenden Erdtunneln nach kleinen Fischen und Krebsen. Um von einem Tunneleingang zum anderen zu gelangen, muss er jedoch über den offenen Sandboden schwimmen, wo es weit und breit kein Riff gibt, in dem er sich im Notfall verstecken könnte. Deswegen hat er die abschreckende Tarnmimikry entwickelt, die ihn zu so einem außergewöhnlichen Spektakel für jeden Taucher macht. Und gleichzeitig wohl einer der Hauptgründe dafür ist, warum er als eigene Spezies so lange unentdeckt blieb.

In ihrem Bericht an die ehrwürdige Royal Society in London sind die drei Wissenschaftler vorsichtig, was ihre Interpretation der verschiedenen von *Thaumoctopus mimicus* vorgeführten Tierimitationen angeht. Sie wollen nicht in Verdacht geraten, dass sie mehr in seine schauspielerischen Künste hineininterpretieren, als dort wirklich ist. Doch sie sind ziemlich sicher, ihn außer in seinen drei Standardrollen auch noch in ein paar anderen beobachtet zu haben. Mit in wildem Zickzack nach oben gestreckten Armen ahmt er ihrer Meinung nach zum Beispiel eine bestimmte Art von Seeanemone nach, die sich mit schmerzhaften Nesselstichen gegen ihre Feinde wehren kann. Einmal beobachtete das Team auch, wie der Krake sich von der Wasseroberfläche zum Grund hinabsinken ließ und dabei rhythmische Wellenbewegungen mit den Armen ausführte, genau wie eine Qualle. Und ein Mitglied des Expeditionsteams glaubt, dass der Mimikrykrake, von dem man mittlerweile weiß, dass er auch in den Küstengewässern Malaysias, vor den Philippinen und sogar im Roten Meer vorkommt – dass dieser verblüffende Krake seine meisterhaften pantomimischen Fähigkeiten nicht ausschließlich zu dem Zweck einsetzt, andere Tiere von sich fernzuhalten. Sondern im Gegenteil manche Tiere sogar absichtlich damit anzulocken versucht.

Der erfahrene Unterwasserfotograf hat sich noch einmal Aufnahmen von der Ruhestellung genau angesehen, in der der Mimikrykrake normalerweise aus seinem Loch guckt – derjenigen halb aus dem Sand aufragenden Position, in der ihn seine australischen Besucher damals zum ersten Mal in der Bucht von Tokok angetroffen haben. Dabei sind ihm die kleinen Zipfel aufgefallen, die der Krake oben auf den Augen trägt. Die kennt er von einem anderen Tier, der Gemeinen Gespensterkrabbe, *Ocypode cordimana*, die genau die gleichen seltsamen kleinen Spitzen auf ihren Stielaugen hat und wie alle

Krabben zur Leibspeise von Tintenfischen gehört. Deshalb ist er sicher, dass der vielseitige Mimikrykrake auch in seiner vermeintlichen Ruhestellung noch eine seiner Rollen spielt. Wenn eine Gespensterkrabbe ihn mit seinen Augenzipfeln aus dem Sand ragen sieht, hält sie ihn für eine in ihr Revier eingedrungene andere Gespensterkrabbe und stürmt wütend auf ihn zu – genau wie die aufgebrachten Mönchsfische, bei deren Näherkommen der Krake sich blitzschnell in eine Seeschlange verwandelt hat. Anders als die Fische jedoch kommt die Krabbe bei ihrer Begegnung mit dem Meister der Mimikry nicht mit dem bloßen Schrecken davon. Sondern muss zu ihrer tödlichen Überraschung feststellen, dass sich unter der vermeintlichen Krabbe noch ein ganzer Krake im Boden versteckt.

3. Tödliche Verlockung

Täter: Wüstentodesotter
Opfer: Blauzungenskink
Tatort: Australien

Acanthophis pyrrhus, die Wüstentodesotter, lebt in Australien und ist eine der giftigsten Schlangen der Welt. Sie kommt hauptsächlich in den extrem trockenen Wüsten- und Felslandschaften des westaustralischen Outbacks vor und wird knapp einen Meter lang. Ihr Körper ist auffallend flach und breit, ihr Kopf dreieckig und deutlich vom Körper abgesetzt wie bei einer Viper. Ihre Augen jedoch liegen weit oben und vorne am Kopf, sodass dieser aus einem bestimmten Blickwinkel fast wirkt wie der eines Frosches oder einer Kröte. Je nachdem, in welcher Umgebung die Wüstentodesotter lebt, variiert ihre Farbe von Rotbraun bis Sandbeige und ihr Rumpf ist mit dunklen oder hellen Querstreifen gemustert. Ihre Giftzähne werden zwar bei Weitem nicht so lang wie die mancher afrikanischer oder asiatischer Schlangenarten, aber mit sechs bis acht Millimetern länger als die aller anderen in Australien lebenden Schlangen. Sie benutzt sie, um damit kleine Vögel und Nagetiere zu erlegen. Doch auch Insekten, Frösche, Kröten, andere Schlangen sowie die zur selben biologischen Abstammungsgruppe gehörenden Eidechsen sind regelmäßig auf ihrem Speiseplan zu finden.

Todesottern werden in Australien auch »taube Ottern« genannt, weil sie es nie zu hören scheinen, wenn man sich ihnen nähert. Physisch sind sie dazu auch gar nicht in der Lage, da ihnen wie allen Schlangen die zum Hören nötigen Gehöröffnungen fehlen. Die Vibrationen, die ein Mensch beim Gehen im Boden verursacht, spüren sie allerdings sehr wohl, doch auch auf diese reagieren sie nicht.

Um auf Beute zu lauern, vergraben die Ottern sich im Sand oder verstecken sich unter dichtem Laub, und kommt man an einer von ihnen vorbei, sieht man höchstens den Kopf mit den hochliegenden Augen aus dem Boden ragen, in der Regel aber noch nicht einmal den. Die Schlange scheint das zu wissen und macht sich gar nicht erst die Mühe, vor der potenziellen Bedrohung zu fliehen, sondern bleibt still an ihrem Platz liegen und vertraut voll auf ihre Tarnung. Bewegen tut sie sich erst, wenn man schon mit einem Fuß auf ihr draufsteht, dann jedoch blitzschnell – fast genauso schnell wie eine Klapperschlange, die Schlange mit dem schnellsten Biss der Welt.

Die meisten Menschen, die in Australien durch Schlangenbisse getötet werden, sterben durch den Biss der berüchtigten Braunschlange, das heißt nach einem unglücklichen Zusammenstoß mit einer der vielen verschiedenen Giftnattern der Gattung *Pseudonaja*, die im Volksmund so genannt werden. Aber auch die taube Todesotter hat ihren Anteil an der jährlichen Statistik. Und sowohl für Einheimische als auch für Touristen wäre es angenehmer, wenn die Otter nicht nur den schnellen Biss, sondern auch den klappernden Schwanz der Klapperschlange besäße, die aus lose ineinanderhängenden Hornringen zusammengesetzte Rassel, mit dem dieses umsichtige Reptil auf sich aufmerksam macht, wenn man gerade dabei ist, einen falschen Schritt zu tun. Wenn die Todesotter schon keine Lust hat, Platz zu machen, könnte sie einen wenigstens vor ihrer Anwesenheit warnen.

Doch *Acanthophis* braucht ihren Schwanz für etwas anderes, für einen Trick, der noch weitaus raffinierter ist als das Klappern, das sich die Evolution für ihre amerikanischen Artgenossen ausgedacht hat, um zu verhindern, dass sie von jedem dahergelaufenen Büffel totgetrampelt werden. Im Laufe ihrer seit mehr als 300 Millionen Jahren andauernden Entwicklung haben die Reptilien ihre Schwänze schon für alles Mögliche benutzt: Alligatoren und Wasserschlangen als kraftvoll hin und her schlängelndes Antriebsruder, manche Dinosaurier als knochenbrechende und mit Stacheln besetzte Schlagpeitsche, das Chamäleon und andere auf Bäumen lebende Echsen als sich wie eine fünfte Hand um Zweige ringelnde Kletterhilfe. Doch welchen Zweck sich Mutter Natur für den Schwanz von *Acanthophis pyrrhus* ausgedacht hat, ist ihr Meisterstück: eine grausam genial ausgetüftelte mörderische Glanzleistung.

Auch *Tiliqua scincoides*, der Blauzungenskink, ist ein Reptil, das sich auf das entbehrungsreiche Leben in der australischen Wüste spezialisiert hat. Skinke sind Eidechsen mit langen Körpern und kurzen Beinen und manche von ihnen sind so schmal und lang, dass sie selbst fast aussehen wie eine Blindschleiche oder eine Schlange. Beim australischen Blauzungenskink ist jedoch genau das Gegenteil der Fall. Er schleppt einen dicken Bauch mit sich herum und kriecht mit ausladenden, schwerfälligen Schlingerbewegungen vorwärts, als käme er gerade von einem Festbankett, bei dem er sich zu gierig bedient hat. Überhaupt macht er den Eindruck, als würde er jeden Moment aus seiner braun gestreiften Schuppenhaut platzen, und wirkt mit seinen kleinen Äuglein, dem fehlenden Nacken und den kurzen, fetten Beinchen wie ein auf zweifelhafte Weise zu Wohlstand gekommener Vetter der schlankeren, glubschäugigen Geckos.

Und *Tiliqua scincoides* benimmt sich auch so – selbst noch in der kargen, ihre Bewohner nur eben so ernährenden Ödnis des australischen Outbacks. Der Blauzungenskink hält nichts davon, sich wie die Todesotter taub zu stellen oder wie ein Gecko blitzschnell davonzuflitzen, wenn jemand Größeres sich nähert. Nein, er streckt seinem Gegenüber stattdessen die Zunge heraus, das weit aus dem Maul reckbare Organ, von dem er seinen Namen hat, fett wie er selbst und tatsächlich tiefblau, als habe er sich gerade in einer Kiste Blaubeeren mal wieder nach Herzenslust den Magen vollgeschlagen.

Die Zunge hilft dem Skink auch bei der Nahrungssuche. Wie es bei einem so feisten Zeitgenossen kaum verwundert, ist er ein Allesfresser und seine blaue Zunge dient ihm als Tast- und Erkennungsorgan, wenn er in dunklen Felsritzen nach Käfern, Insektenlarven und Würmern forscht oder damit eine schreckensstarre kleinere Eidechse streift und sich den entfernten Verwandten ohne jeden Skrupel ebenfalls sofort einverleibt.

Doch auch außerhalb der schützenden Felsen geht der Blauzungenskink auf die Jagd, um seinen enormen Appetit zu stillen, und auf den hellbraun oder rötlich in der Sonne schimmernden Sandflächen sind es dann wieder mehr seine Augen, die ihm zur Nahrungssuche dienen. Und obwohl es eigentlich unwahrscheinlich ist – das kleine wirbellose Tier bei 50 Grad im Schatten eigentlich nicht aus seiner Fels- oder Baumritze hevorkriechen würde, aus Angst, innerhalb weniger Minuten zu vertrocknen –, stößt der Skink auch hier manchmal auf einen Wurm, der sich genau vor seiner Nase auf dem offenen Sand windet: wie eine appetitliche, extra für das verfressene Reptil hervorgezauberte Fata Morgana.

Das Leben in der australischen Wüste ist normalerweise zu erbarmungslos, um solche Geschenke zu machen, und ihre Bewohner sind durch viele unangenehme Erfahrungen zur Skepsis erzogen oder längst ausgestorben. Auch der Blauzungenskink hält zunächst inne, als er den sich lebhaft windenden Leckerbissen vor sich im Sand entdeckt, bleibt mit seinem dicken Bauch auf dem heißen Untergrund liegen und beäugt den gelbweißen kleinen Wurm argwöhnisch. Es könnte sich um die Larve eines australischen Sandlaufkäfers handeln, aber was macht sie außerhalb ihrer sicheren Erdröhre? Oder ist sie vielleicht irgendeinem Vogel aus dem Schnabel gefallen, der jeden Moment zurückkommt, um sie wieder aufzusammeln?

Doch am Himmel ist nirgendwo etwas zu erkennen und der Skink macht vorsichtig ein, zwei schwerfällige Bewegungen vorwärts. Vor ihm laufen lange, gewundene Spuren durch den Sand, die ihm nicht gefallen, und auch unmittelbar neben dem Wurm ist eine höckerige braune Erhebung zu erkennen, die ihm irgendwie seltsam und unheimlich vorkommt. Aber um sie genauer zu betrachten, müsste er seinen Blick einen Moment von dem verlockenden Schauspiel abwenden, das sich vor ihm abspielt – und das fällt ihm immer schwerer.

Denn je näher der Skink dem Wurm kommt, desto lebhafter windet sich dieser vor seinen Augen. Es könnte sich wirklich um eine Käferlarve handeln, denn sie sieht so aus, als würde sie panisch versuchen, zurück in ihr Erdloch zu verschwinden, es aber einfach nicht schafft. Als hätte sie sich hier draußen im Freien selbst gerade einen fetten Happen geschnappt und sei jetzt zu dick, um wieder in ihre Röhre zu kriechen – eine missliche Lage, für die der ebenfalls nicht gerade gertenschlanke Skink nur allzu viel Verständnis hat.

Und dort: Kann man nicht sogar die einzelnen Körpersegmente erkennen, in die der dralle Larvenleib aufgeteilt ist, die feinen braunen Hautfalten? Wenn der Skink nur nahe genug herankommen könnte, um kurz mit der Zungenspitze, dann …

Der Blauzungenskink streckt seine dicke blaue Zunge aus, macht noch einen Schritt vorwärts – und das ist sein letzter. Wie eine gespannte Feder schnellt die Todesotter aus ihrem Versteck unterm Sand hervor, wirft ihren Hals um ihn und packt ihn von hinten mit ihren

Fängen. Der Wurm, den der Skink so gerne fressen wollte, war gar kein Wurm, sondern das gelb gefärbte dünne Schwanzende der Schlange, das sie aus dem Sand gestreckt und geschickt hin und her bewegt hat, als handele es sich um eine hilflos zappelnde Insektenlarve. Durch die feinen Rinnen in ihren spitzen Zahndolchen pumpt sie ein, zwei Sekunden lang ihr tödliches Gift in die Eidechse. Dann zieht sie sich ein Stück zurück und sieht ihrem Opfer in aller Ruhe beim Sterben zu.

Im *Sydney Morning Herald* wurde vor Kurzem von einem Fall berichtet, bei dem ein Mann bei einer Attacke gleich fünfmal von einer Todesotter gebissen wurde und trotzdem überlebte. In etwa 15 Prozent der Fälle sterben die Opfer jedoch. Als es noch kein Antiserum gab, verlor sogar jeder zweite Gebissene das Leben.

Die Otter injiziert pro Biss 40 bis 100 Milligramm eines sehr starken Nervengifts, das nach und nach die Muskeln lähmt und innerhalb von ein bis zwei Tagen die Atmung eines Menschen vollständig zum Stillstand bringen kann, wenn kein Gegengift gespritzt wird. Ein australischer Schlangenforscher ließ sich nach einem Biss erst in ein Krankenhaus einliefern, als rote Verfärbungen seinen Arm hochwanderten, und bestand dann darauf, die Vergiftung über sich ergehen zu lassen, ohne ein Gegenserum verabreicht zu bekommen. Auch als seine Lebensfunktionen auf kritische 10 Prozent gefallen waren und er kaum noch sprechen konnte, war er im Kopf zu 100 Prozent klar, berichtete er nach seinem eigenwilligen Selbstversuch. Und hat eigenen Angaben zufolge auch keine bleibenden Schäden davongetragen.

Für *Tiliqua scincoides* sieht das natürlich anders aus. Die bei einem Biss durchschnittlich injizierte Giftmenge reicht, um mehr als 2 000 Mäuse zu töten, und der Blauzungenskink muss nicht lange leiden. Auch er beherrscht einen cleveren Trick mit seinem Schwanz: Wenn er von einem Vogel oder einem anderen Fressfeind angegriffen wird, kann er ihn zur Ablenkung abwerfen – und dann windet und krümmt sich das abgetrennte Körperende ebenfalls auf dem Sand wie ein lebendiger kleiner Wurm. Aber dass eine seiner entfernten Verwandten die Nummer so weit fortentwickelt hat, dass sie damit auf die Jagd gehen kann, davon hatte der Skink keine Ahnung.

Doch er ist nicht der einzige, der auf die mörderische Täuschung der Todesotter hereinfällt. Eine der besten Aufnahmen, die es von der raffinierten Jagdtechnik gibt, hat ein privater Schlangenhalter in seinem Terrarium gemacht und dann in das Internetvideo-Portal *YouTube* gestellt. Die ausführende Schlange ist in diesem Fall eine Gehörnte Puffotter aus Afrika, die die lockende Mimikry ebenfalls ziemlich gut beherrscht, das Opfer eine gewöhnliche weiße Laborratte. Der Moment, wenn die Schlange plötzlich aus dem Sand hervorschnellt und die Ratte packt, kommt völlig überraschend, und einer der *YouTube*-Benutzer war so beeindruckt von dem Clip, dass er einen begeisterten Kommentar dazu in das Portal stellte. Nur eines wollte ihm bei der Szene nicht klar werden:»Was«, fragte er verblüfft,»war das eigentlich für ein wurmähnliches kleines Ding, das da am Anfang im Sand zappelte?«

Täter: Teufelsangler
Opfer: Scheinwerferfisch
Tatort: Östlicher Pazifik

Wenn man einen gut schließenden Rollladen im Schlafzimmer hat, die Tür fest zuzieht und auch den letzten Lichtschlitz mit einem Handtuch oder einem Bettlaken abdichtet, bekommt man eine ungefähre Vorstellung davon, wie dunkel es in der Tiefsee ist. Schon als Hobbytaucher fällt einem auf, wie unter Wasser mit jedem abgestiegenen Meter die Umwelt an Farbe und Licht verliert; und für Meeresforscher, die mit ihren Tauchbooten in Tiefen vordringen, die kein Hobbytaucher je zu Gesicht bekommt, wird jede Tauchfahrt schnell zu einer Reise in ein düsteres Schattenreich. Bis in einer Tiefe von etwa 200 Metern, innerhalb der sogenannten epipelagischen Zone, gibt es noch genug Licht im Wasser, um pflanzlichem Plankton zu erlauben, Photosynthese zu betreiben. Ab diesem Punkt, der den Beginn der mesopelagischen Zone markiert, wird es zunehmend dunkler und ungemütlicher. Und ab etwa 1 000 Metern Tiefe beginnt die Tiefsee, mit der bathypelagischen, der abyssopelagischen und schließlich der hadopelagischen Zone, die bis in die tiefsten Gräben des Meeresgrundes in 11 000 Metern hinabreicht und nach dem Hades benannt ist, der Unterwelt der griechischen Mythologie. Hier ist es so dunkel wie auf dem Grund einer Teergrube.

Auch überall in der lichtlosen Tiefsee gibt es jedoch Leben, und ein Vorteil davon, in absoluter Dunkelheit sein Dasein zu fristen, besteht darin, dass es vollkommen egal ist, wie man aussieht. Hochseefischer, die mit ihren riesigen Netzen regelmäßig auch Fische mit an Bord hieven, die ihren Hauptwohnsitz eigentlich in der Tiefsee haben, können das bestätigen. Sobald das Licht aus ist, geht der Natur jeder Sinn für Ästhetik flöten und die Kreaturen, die vom plötzlichen Druckmangel aufgebläht in den Fischernetzen zappeln, sehen größtenteils tatsächlich aus wie direkt der dunkelsten Hölle entsprungen, wie die deformierten Fantasiegeschöpfe einer dämonischen Schattenwelt. Die Gesichter der Fische sind so platt und flach, als würden sie dort unten in der ewigen Nacht ständig irgendwo gegenschwimmen, trotz ihrer enormen Glubschaugen, und sie haben riesige Mäuler mit schaufelartigen, nach oben geklappten Unterkiefern. Insgesamt ähneln sie vom Kopf her ein bisschen schwimmenden Bulldoggen, und auch ihre Körper sind in der Regel nicht gerade hübsch anzusehen. Oft haben sie noch nicht einmal Schuppen, sondern nur eine unappetitliche Schleimhaut, braun, grau oder durchsichtig, sodass noch das letzte Mittagessen durchschimmert, auf jeden Fall aber wabbelig und weich wie bei einer Wasserleiche. Die ewige Dunkelheit gebiert Monster. Und für die Bewohner des Bathypelagials ist es ein Segen, dass sie einander nicht sehen können.

Paaren müssen sich allerdings auch sie und absolute Dunkelheit erleichtert natürlich nicht gerade die Partnersuche. Es ist egal, wie man aussieht, schön und gut – aber wie soll man einander überhaupt finden? Die Tiefsee ist nicht nur der dunkelste Lebensraum der Erde, sondern auch derjenige mit der größten räumlichen Ausdehnung. Sie bedeckt 62 Prozent der Erdoberfläche und nimmt über 90 Prozent des Gesamtvolumens der Weltmeere ein. Hier Single zu sein, ist ein hartes Los. Und wer auf Freiersfüßen wandelt, kann schnell sehr einsam werden.

Die männlichen Exemplare der Spezies *Linophryne lucifer*, des Tiefsee-Teufelsanglers, haben für dieses Problem eine einfache Lösung gefunden. Die Männchen der Teufelsangler werden nur etwa fünf Zentimeter groß, sind wie die meisten Tiefseefische optisch nicht gerade ein Knaller, haben aber zusätzlich zu ihren Glubschaugen, die bei ihnen sogar wie kleine Röhrchen aus dem Gesicht ragen, etwas, was man bei Fischen nicht oft sieht und womit auch die Weibchen der Gattung nicht aufwarten können: riesige Nasenlöcher. Man geht davon aus, dass diese dem kleinen Fischmann hauptsächlich zur Partnersuche dienen. In der vollkommenen Dunkelheit schnüffelt er sich einfach zu seiner Angebeteten durch. Und hat er sie einmal gefunden, lässt er sie auch so schnell nicht wieder los. Die Schwierigkeit des Paarungsgeschäfts in der Tiefsee fördert altmodische Tugenden, und zwei Teufelsangler, die in den lichtlosen Weiten aufeinandertreffen, schließen sofort einen Bund fürs Leben. Sie werden unzertrennlich – und man wagt kaum zu beschreiben wie sehr.

Das Weibchen der Teufelsangler ist nicht viel hübscher als das Männchen, aber wesentlich größer, etwa 20 bis 25 Zentimeter groß, und sobald das Männchen seine Angebetete findet, verbeißt es sich mit seinem breiten Maul in ihren großen, weichen, wogenden Körper. Man sagt, dass alle Ehepartner sich irgendwann ähnlich werden, aber diese beiden treiben es damit zu einem beängstigenden Extrem. Durch bestimmte darauf spezialisierte Enzyme verschmilzt das Gewebe des Männchens nach und nach mit dem des Weibchens, sodass es immer enger an den Körper seiner Braut anwächst und schließlich sogar von deren Blutkreislauf mitversorgt wird. Paradoxerweise ist das genau der Zeitpunkt, zu dem der männliche Fisch erst wirklich zum Mann wird: Erst jetzt beginnen sich in seinem Körper die Hoden auszubilden, entwickeln sich sogar zu wahren Prachtexemplaren, fast genauso groß wie er selbst. Dafür bilden sich alle seine anderen Organe immer mehr zurück, und solange ihm noch eins seiner Glubschaugen bleibt, könnte ihm auch noch etwas anderes auffallen, was er sich vielleicht nicht ganz so vorgestellt hat: Er ist nicht der Einzige, der in den dunklen Weiten der Tiefsee zu seiner Partnerin gefunden hat, denn am barock ausladenden Leib seiner Göttin kleben noch etliche andere Verehrer.

Aus den befruchteten Eiern des weiblichen Teufelsanglers entwickeln sich stets wesentlich mehr männliche als weibliche Nachkommen, und es kommt vor, dass sich vier bis fünf Männchen gleichzeitig an den Körper eines einzigen Weibchens heften, um an der Befruchtung teilzuhaben. Nachdem der ungewöhnliche Verschmelzungsprozess abgeschlossen ist, ist das Weibchen ein Hermaphrodit, eine Frau mit nicht nur einem, sondern gleich mehreren Hoden am Körper. Und wer so viele faul herumhängende Kerle mit durchschleppen muss, hat natürlich Hunger. Doch auch Beute zu finden ist in den lichtlosen Weiten nicht ganz leicht. Einige Fische schwimmen einfach mit weit geöffnetem Maul aufs Geratewohl durch die Dunkelheit und verschlucken alles, was ihnen in den Weg gerät. Aber das Weibchen der Teufelsangler pflegt einen eher statischen Lebensstil und verbringt seine Tage hauptsächlich damit, regungslos im Wasser zu schweben – vielleicht um die Suche der Männchen nicht noch schwieriger zu machen, als sie ohnehin ist. Zwar hat es auch ein riesiges, mit langen, spitzen Zähnen besetztes Maul, das es so weit aufklappen kann wie ein Scheunentor. Doch seine Flossen sind so klein und kümmerlich, dass sie von seinem großen Kopf abstehen wie winzige Öhrchen, und taugen zum Schwimmen nicht viel. Zur Nahrungssuche setzt das Weibchen deshalb nicht auf aktive Verfolgung und Jagd, wie andere, stromlinienförmigere Fische es tun. Sondern vertraut, um satt zu werden, ganz auf die neben dem Geruchssinn zweite große Orientierungshilfe der Tiere der Tiefsee: die Biolumineszenz.

Biolumineszenz bringt Tiere zum Leuchten. Chemische Stoffe reagieren im Körper und setzen dabei Licht frei. Das bekannteste Beispiel ist das Glühwürmchen, das mit seinem blinkenden Hinterleib andere Glühwürmchen anlockt, um sich mit ihnen zu paaren (oder um etwas ganz anderes mit ihnen zu tun, wie man im Kapitel »Tödliche Versuchung« nachlesen kann). Zu Land sind es nur Insekten, die leuchten können, bei höheren Tieren ist das Phänomen nicht bekannt. Bei den Bewohnern des Meeres ist es jedoch allgemein verbreitet. Als Strandurlauber kann man es als »grünes Leuchten« oder »Meeresleuchten« in manchen Küstengewässern beobachten, wenn sich dort lumineszierende Algen, Quallen und Krebse in den Buchten sammeln. In der Tiefsee jedoch ist es allgegenwärtig – wahrscheinlich aufgrund des ansonsten fehlenden Lichts – und hier leuchten praktisch alle: Tintenfische und Kalmare, Krebse und Garnelen, Quallen und Korallen, Algen und Anemonen, milliardenfach auftretendes, in Millionen Jahren nicht katalogisierbares Kleinstgetier – und natürlich auch die Fische.

Etwa 90 Prozent der Tiefseeorganismen verfügen über die eine oder andere Form der Biolumineszenz, schätzen Experten, und wenn man sie nicht zappelnd auf einem Trawler, fern ihrer natürlichen Umgebung, sondern in ihrer 1.000 Meter tiefen Heimat sieht, führen die Tiefseebewohner eine faszinierende Lightshow für ihre Besucher auf, einen in allen Farben des Spektrums leuchtenden Lampionzug. Seltsame, überirdisch anmutende Leuchtwesen treten dann auf einmal aus der Dunkelheit hervor, so fremd und unbekannt, dass der erste Hollywoodfilm zum Thema Tiefsee – *The Abyss* – eine Begegnung der dritten Art nach dort unten verlegte und einfach so tat, als handele es sich bei all diesen seltsam leuchtenden Quallen, Tintenfischen und Krebsen tatsächlich um Wesen von einem anderen Stern.

Eines dieser Leuchtwesen ist *Diaphus theta*, der Kalifornische Scheinwerferfisch. Seine Leuchtorgane liegen wie aquatische Abblendleuchten direkt neben seinen Augen, was ihm seinen Namen eingebracht hat, und er wird etwa sieben Zentimeter groß. Sein Körper ist schlanker und stromlinienförmiger als der des Teufelsanglers – sieht schon eher aus, wie wir es von Fischen gewohnt sind – und er gehört zur großen Familie der Laternenfische, die zusammen mit den sogenannten Borstenmäulern und anderen Leuchtfischen den überwiegenden Teil der Tiefseefische ausmachen.

Die Scheinwerfer der Laternenfische kommen in Blau, Grün und Gelb vor und sind sowohl am Kopf als auch in Reihen entlang des Körpers angebracht. Forscher glauben, dass sie zum einen dazu dienen, potenzielle Paarungspartner auf sich aufmerksam zu machen, und zum anderen dafür sorgen sollen, dass die in riesigen Schwärmen durch die Meere ziehenden Fische nicht ihre Artgenossen aus dem Auge verlieren und plötzlich allein im Dunkeln dastehen. Laternenfische sind so etwas wie die Sardellen der Tiefsee und werden vor Südafrika und am Golf von Oman kommerziell gefischt (obwohl auch sie eigentlich noch zu hässlich sind, als dass man sie vor sich auf dem Teller haben wollte). Während des Tages halten sich die meisten Arten in der schützenden Dunkelheit der meso- und bathypelagischen Zonen auf, in Tiefen von bis zu 1 200 Metern. Sobald es Nacht wird, folgen die Fische jedoch dem aufsteigenden Plankton und den vielen kleinen Beutetieren, die darin umherschwimmen, bis knapp unter die Wasseroberfläche und tauchen bei Tagesanbruch dieser gigantischen Futterwolke wieder in die Tiefe hinterher.

Auch der Kalifornische Scheinwerferfisch folgt dieser Wanderung und richtet sich bei seiner Jagd hauptsächlich nach dem Blinken und Leuchten, das die vielen kleinen Krebse, Quallen und Fischlarven von sich geben. Sieht er im dunklen Wasser einen leuchtenden Punkt vor sich, schwimmt er in seine Richtung und schnappt zu. Dabei ist es fast so, als würden sich seine Beutetiere absichtlich verraten und es geradezu darauf anlegen, von ihm gefressen zu werden. Statt stillzuhalten, die Innenbeleuchtung auszuschalten und zu hoffen, dass er sie nicht bemerkt, locken sie ihn mit ihren Lichtzeichen geradewegs zu sich hin – genau wie die künstlichen Leuchtköder, mit denen manche Sportangler beim Fischen ihr Glück versuchen.

Viele der kleinen Organismen brauchen die Leuchtsignale, um in der Dunkelheit zueinanderzufinden und sich miteinander fortpflanzen zu können. Liebe oder Tod, das sind ihre zwei Möglichkeiten. Das Weibchen des Teufelsanglers jedoch verlässt sich in Liebesdingen voll und ganz auf ihren Körpergeruch und die riesigen Riechorgane ihrer Verehrer und kann deswegen seine Leuchtfähigkeit für etwas anderes benutzen. Im Gegensatz zum Scheinwerferfisch leuchtet es nicht aus sich selbst heraus, hat keine körpereigenen lumineszierenden Stoffe, sondern setzt dafür frei im Meer umherschwimmende Leuchtbakterien ein. Es sind ähnliche Bakterien wie die, die in der stillen Dunkelheit eines geschlossenen Kühlschranks grünlich zu schimmern beginnen, wenn man ein nicht ganz gegessenes Steak oder eine Portion Eiersalat zu lange darin liegen lässt, und der listige Fisch lässt sie durch spezielle Kanäle in seiner Nase in einen langen, angelartigen Fortsatz wandern, den er auf der Stirn trägt. Der Fortsatz endet in einem kleinen Hautbeutel, der genau vor dem riesigen Maul des Teufelsangler-Weibchens baumelt, und dort erlaubt es den Bakterien, sich dauerhaft einzunisten und von seinen Körpersubstanzen zu leben – Parasiten ist es ja schließlich gewöhnt. Wie im Kühlschrank entsteht auch in dieser Tasche ein grünlich schimmerndes Licht und mithilfe spezieller Hautlappen kann der Fisch sogar dessen Helligkeit regulieren, es je nach Bedarf etwas hoch- oder runterdrehen.

Der leuchtende Punkt, auf den *Diaphus theta* in der Dunkelheit zuschwimmt, ist tatsächlich der Leuchtköder eines Anglers. Kaum nähert sich der kleine Scheinwerferfisch seiner Beute, schnappt ein riesiges Maul zu und er wird gleich im Ganzen verschluckt oder erst auf langen, dolchartigen Zähnen aufgespießt und dann in einen großen, dehnbaren Schwabbelmagen hinuntergewürgt. Er ist dem listigsten

Angler in die Falle gegangen, den die sieben Weltmeere und die auch in den tiefsten Tiefen unerbittlich neue Mordmethoden austüftelnde Natur hervorgebracht haben: dem Teufelsangler. *Linophryne lucifer* ist nur eine Art des Anglerfischs. Es gibt die Fische überall im Meer, in allen möglichen Formen und Gestalten, und wie menschliche Angler auch benutzen sie zum Teil höchst unterschiedliche Köder. Dort, wo ihr Körper nicht von der ewigen Dunkelheit der Tiefsee verborgen wird, legen sich die Tiere mit ihrer Angel gerne in unübersichtlichen Korallenriffen auf die Lauer oder nehmen selbst das Aussehen einer Koralle an und tarnen sich so vor ihrer Beute. Aber sie suchen auch aktiv Steinritzen und Sandlöcher nach Beutetieren ab und locken ihre Opfer aus ihrem Versteck, indem sie ihnen einladend mit ihrem Köder vor der Nase herumwedeln. Am Ende ihrer Angel, unmittelbar vor ihrem stets riesigen Schnappmaul, kann dann ein zerfleddertes Büschel Seegras-Imitat hängen, etwas, was den Quasten eines Röhrenwurms zum Verwechseln ähnlich sieht, eine kleine Garnele, ein kleiner Fisch – oder tatsächlich ein kleiner Wurm. Ähnlich dem, den in der Wüste die Todesotter mit dem anderen Ende ihres Körpers nachahmt.

Täter: Prachtreiher
Opfer: Koi
Tatort: Japan

Anfang des 19. Jahrhunderts begannen Reisbauern der japanischen Provinz Echigo an der Nordwestküste Japans, Karpfen mit bunten Flecken als Zierfische zu halten. Ursprünglich hatten sie die Karpfen nur zur Nahrungsergänzung in ihren Bewässerungsteichen angesiedelt, um in der abgelegenen Region besser über die harten Winter zu kommen. Aber jetzt fischten sie diejenigen Exemplare mit den auffälligsten Farbmutationen auf der Haut heraus und fingen an, sie miteinander zu kreuzen. Sie züchteten weiße Karpfen mit rotem Scheckenmuster, weiße Karpfen mit rotem Bauch und bald auch viele andere Varianten, und im Laufe der Zeit breitete sich die Zucht über die ganze Provinz aus und es fanden sich die ersten Liebhaber, die gute

Preise für die hübschen bunten Karpfen zahlten. 1914 präsentierten Vertreter der Region die Tiere erstmals auf einer großen Handelsausstellung in Tokio, Kronprinz Hirohito zeigte sich begeistert und von da an wurden die bunten Zierkarpfen in ganz Japan populär.

Heute ist der Nishikigoi oder Brokatkarpfen – besser bekannt unter seinem Kurznamen Koi, was auf Japanisch schlicht »Karpfen« heißt – auf der ganzen Welt berühmt und für besonders schön gemusterte und groß gewachsene Tiere werden, wenn man den Händlern Glauben schenken darf, zum Teil Millionenbeträge gezahlt. Die geläufigste Zuchtform, wie alle anderen ein Abkömmling des braun gefärbten »Urkarpfens« *Cyprinus carpio*, ist nach wie vor der rot-weiß gescheckte Kohaku, aber der Sanke und der Showa, die zusätzlich noch Schwarz in ihrer Musterung haben, sind ebenfalls sehr beliebt. Auch in Deutschland verdrängen die edlen Karpfen den gemeinen Goldfisch immer mehr aus Teichen und Ziergewässern, werden seit den Zeiten der New Economy wie in Japan und den USA auch gerne als Statussymbole oder besonders originelle Geldanlagen gehalten. Und wenn man vor einem liebevoll mit teuren Wasserpflanzen geschmückten Zimmerbassin steht, der Besitzer schwärmerisch all die aufwendigen Maßnahmen aufzählt, die zur richtigen Ernährung, Temperierung und seelischen Auslastung des Fisches notwendig sind, kann einem schon mal der Gedanke kommen, dass es gar nicht so schlecht wäre, mit ihm zu tauschen – dass eine Wiedergeburt als Koi, unter all den Millionen Möglichkeiten, die für diesen Fall infrage kommen, wahrscheinlich nicht die unangenehmste wäre.

Doch Vorsicht: Wann immer von Seelenwanderung, Rückführung und Ähnlichem die Rede ist, sagen viele, sie hätten am liebsten im 17. oder 18. Jahrhundert gelebt und sehen sich als englische Landadlige über ihre Besitzungen reiten. Doch statistisch gesehen ist es weitaus wahrscheinlicher, dass man damals sein Leben als halb verhungerter Bauer auf einem steinigen Rübenacker gefristet hätte – und im Fall des Kois verhält sich die Sache ganz ähnlich.

Derjenige, den man in dem goldumrandeten Bassin vor sich hat, ist einer von Tausenden, ein Glückspilz, dem das Schicksal den absoluten Hauptgewinn für Vertreter seiner Gattung zugeschanzt hat. In der Regel jedoch sieht das Leben eines Kois ganz anders aus. Es gleicht auch einer englischen Geschichte, nämlich der des Waisenjungen Oliver Twist, der eigentlich aus besten Verhältnissen stammt, sich aber im rauen Londoner Armenmilieu des 19. Jahrhunderts durchs Leben schlagen muss. Doch anders als die Abenteuer der von Charles Dickens erschaffenen Romanfigur, deren Herkunft schließlich erkannt wird und den Jungen wieder in sichere Gefilde führt, haben die des Kois nur in den seltensten Fällen ein Happy End.

Tatsächlich wachsen Koi in ihrer japanischen Heimat wie kleine Prinzen auf, in Becken oder großen Zuchtteichen mit Vollpension, automatischer Temperaturregelung und einem fürsorglichen menschlichen Hüter, der sich um jedes ihrer Probleme kümmert. Geht der gefährliche Fischherpes oder irgendein anderes Virus um, werden Medikamente ins Wasser geschüttet, scheint die Sonne zu stark auf den Teich, werden den Fischen schattige Unterstände auf dem Teichgrund gebaut, und schleicht eine Katze ums Wasser, wird ein Zaun aufgestellt.

Die einzige Sorge, die ein Koi bis zum Alter von etwa einem Jahr haben muss, ist, schön zu sein. Anders als bei Rassehunden oder Rassepferden schlüpfen selbst aus dem Laich des teuersten Zuchtkois tausende Fische, die kein bisschen Ähnlichkeit mit ihrem Erzeuger haben, und die große Kunst und Mühe der Koizucht besteht darin, die Fische, bei denen sich die Weiterzucht lohnt, zu erkennen und auszusondern. Je größer die Kois werden, desto besser stehen ihre Chancen, dass man sich weiter so gut um sie kümmert wie bisher. Unter günstigen Umständen können die Tiere bis zu 90 Zentimeter groß und über 60 Jahre alt werden (der älteste Koi aller Zeiten soll sogar ein Alter von sage und schreibe 226 Jahren erreicht haben).

Doch die ästhetischen Ansprüche der Kenner sind hoch – sind die Flecken auch wirklich ausgewogen auf dem Körper verteilt, ist der Kreis auf dem Kopf auch nicht zu groß, schillert der blaue Streifen auf dem Rücken auch wirklich blau genug? –, und noch bis zu einer Größe von 15 bis 20 Zentimetern werden alle Fische, die ihnen nicht bis ins winzigste Detail entsprechen, aus ihrem kleinen Fischparadies geholt und als sogenannte »Tosai« – einjährige Kois – zu Billigpreisen verscheuert. Diese Fische, die meist nur »Teichqualität« haben, landen dann bei Haltern, die sie einfach in ihren ollen Gartentümpel setzen, in dem schon die Goldfische eingegangen sind, oder in einem japanischen Teegarten, in denen amerikanische Touristen Kleingeld und Kaugummis zu ihnen ins Wasser schmeißen, oder – wenn es sie ganz hart trifft – in dem großen, unbewachten Teich eines öffentlichen Parks mitten in der japanischen Großstadt.

Hier sieht das Leben dann plötzlich ganz anders aus, fängt die harte Schule der Straße für die jungen Kois an. Plötzlich bekommen sie nicht mehr dreimal am Tag mundgerechte Pellets mit Vitaminen, Ballaststoffen und Antibiotika ins Wasser gestreut, sondern müssen lernen, die flinken kleinen Insekten zu erwischen, die über die Oberfläche des Teiches huschen oder sich nur für den Bruchteil einer Sekunde darauf niederlassen, um ihre Eier abzulegen. Auf die sind allerdings auch alle übrigen Bewohner des Teiches scharf, sowohl die unauffälligen anderen Fische als auch die eigenen bunten Artgenossen, die auf einmal keineswegs mehr so satt und höflich sind wie in Kindertagen. Auch die Schönheit gilt hier plötzlich nichts mehr, nur die Stärksten und Rüpeligsten überleben, und wenn es warm wird, wird dem Koi mit einem Mal schmerzhaft bewusst, dass er eigentlich ein Kaltwasserfisch ist. Dann bleibt ihm nur die Wahl, sich mit den anderen Fischen in eine der kühlen Gruben am Teichgrund zu drängen und sich am Ende doch noch einen Herpes zu holen oder in den höheren Wasserschichten auszuhalten und den Hitzetod zu riskieren.

Das sind aber noch die harmloseren Neuigkeiten. Auch jemanden, der einen Zaun aufstellt, wenn eine Katze um den Teich streicht, gibt es in dem neuen Zuhause des kleinen Zierfischs nicht mehr. Und nicht nur streunende Katzen, auch japanische Wiesel und Marder, die sich in die Großstadt verirrt haben, strecken die Tatze nach ihm aus, wenn er dem Rand des Teiches zu nahe kommt oder im Schatten einer überhängenden Uferpflanze Zuflucht vor der Mittagshitze sucht.

Der grausamste Schrecken, den die Kois jetzt kennenlernen, ist jedoch der Reiher. Koizüchter spannen Angelschnüre oder Drahtnetze über ihre Teiche, um den hungrigen Räuber von ihren Schützlingen fernzuhalten, stellen Bewegungsdetektoren oder mit Alarmsirenen ausgestattete Vogelscheuchen neben dem Wasser auf. Doch hier, mitten in der Großstadt, gibt es diesen Schutz nicht. Nein, die Parkbesucher freuen sich noch, wenn sie einen der eleganten und wie der Koi selbst in Japan als Glücksbringer geltenden Vögel am Uferrand stehen sehen – zu beschäftigt mit den eigenen Gedanken meist, um sich zu fragen, warum er wohl da steht.

Einer wie *Ardeola speciosa* zum Beispiel, der Javanesische Pracht-reiher, der sich auch in Japan gerne an Teichen und Flüssen nieder-lässt. Im Sommer ist der etwa einen halben Meter große Vogel noch einigermaßen gut zu erkennen, trägt sein am Hals orangefarbenes und auf den Flügeln schieferfarben schimmerndes Hochzeitskleid. Doch in den kühleren Jahreszeiten trägt er ein unauffälliges Braun, das man von unterhalb der Wasseroberfläche nicht mehr so leicht erkennt, und stellt sich dann auch noch genau so hin, dass nicht mal mehr sein Schatten aufs Wasser fällt. Er ist praktisch unsichtbar, wenn er am Teichrand steht, während der Koi selbst in den leuchtendsten Farben schillert wie ein karibischer Korallenfisch und sich genauso gut jedes Mal vorher schriftlich anmelden könnte, wenn er in dem grünbrau-nen Tümpelwasser versucht, sich in die seichte Randregion vorzupir-schen, um eine der zwischen den Wurzeln der Uferpflanzen umher-schwimmenden Libellenjungfern zu erbeuten. Blitzschnell stößt der spitze Schnabel des Reihers hinab, schnappt sich einen noch mutige-ren Kameraden des Fisches, der sich noch weiter vorgewagt hat als er selbst – oder fügt diesem wenigstens eine so tiefe Stichwunde zu, dass er binnen Kurzem mit dem Bauch nach oben im Wasser treibt.

Einige Kois schaffen es jedoch. Sie gewöhnen sich an das harte Leben im öffentlichen Teich, sind angemessen rüpelig, wenn es darum geht, sich den besten Schattenplatz zu sichern, angemessen vorsichtig bei der Futterjagd und gewöhnen sich mit der Zeit auch an die leben-dige Insektennahrung, die oft noch den ganzen Rachen hinab weiter-strampelt, wenn man sie verschluckt. Dem Uferrand bleiben sie mög-lichst fern. Denn von dort droht tödliches Unheil.

Eines Tages jedoch kann es passieren, dass einem dieser nicht tot-zukriegenden Kois, einem dieser bewunderungswürdigen Überlebens-künstler, der sich trotz aller Widrigkeiten auch in der neuen, plebeji-scheren Umgebung seinen Platz erkämpft hat, seine hochwohlgeborene Herkunft doch noch zum Verhängnis wird. Und zwar dann, wenn eines Mittags ganz in seiner Nähe etwas am Uferrand ins Wasser platscht, was kein abgestürztes oder eierlegendes Insekt ist – sondern ein klei-nes Stück Brot, ein hellbrauner kleiner Teigklumpen, nicht unähnlich den Pellets, mit denen der Fisch als Kind täglich gefüttert wurde.

Damit sie nicht so leicht Reihern und anderen Räubern zum Opfer fallen, werden viele Kois von ihren Züchtern darauf trainiert, nur dann zur Wasseroberfläche aufzusteigen, wenn sie Futter zu sich in den Teich geworfen bekommen. So ist es nicht verwunderlich, dass der ausgewilderte Koi aus alter Gewohnheit auch jetzt sofort auf den Brotkrümel zuschwimmt. Und eine wirkliche Gefahr kann damit ja auch nicht verbunden sein, würde man denken: Denn wenn es schon nicht sein alter Züchter ist, der ihm jetzt das Krümelchen zuwirft, so muss es doch wenigstens ein freundlicher Parkbesucher sein, der ihn mit einer Ecke seiner Mittagsstulle füttern will.

Doch es ist kein Mensch, der den Fisch auf diese Weise zum Rand des Teiches lockt, sondern ein Vogel: *Ardeola speciosa* höchstpersönlich, der Javanesische Prachtreiher, der wie ein Angler am Ufer steht und einen kleinen Brotköder ausgeworfen hat.

Das menschlich anmutende Verhalten, mit denen einige Reiherarten auf die Fischjagd gehen, wurde zum ersten Mal 1957 von dem Amerikaner Harvey Lovell am Lake Eola in Florida beobachtet, und der Bremer Biologe Peter-René Becker beschreibt in seinem Buch *Werkzeuggebrauch im Tierreich* sehr anschaulich, wie Lovell dabei mit stetig wachsendem Staunen begreift, was vor sich geht. Zuerst denkt er, der Vogel will das Brot einfach nur im Wasser aufweichen, bevor er es frisst – was ja als Verhaltensweise schon raffiniert genug wäre. Aber dann sieht er, wie der Reiher die Brotkrume ruhig im Wasser treiben lässt, statt sie zu fressen, ihr aber trotzdem weiter aufmerksam mit den Augen folgt, schließlich blitzartig mit dem Schnabel ins Wasser stößt – und einen zappelnden Fisch darin hat, als er wieder den Kopf hebt.

Um sicherzugehen, dass es sich nicht nur um einen Zufall gehandelt hat, wirft Lovell noch ein paar weitere Brotkrumen neben das Tier ins Gras und kommt schließlich zu der Erkenntnis, dass der Reiher tatsächlich irgendwie gelernt hat, damit zu »angeln«: Der schlaue Vogel wirft das Brot immer nur so weit ins Wasser, dass er es mit dem Schnabel noch erreichen kann, und sobald es außer Reichweite zu treiben droht, fischt er es wieder heraus und wirft es von Neuem aus. Als sich andere Vögel dem Brot nähern wollen, vertreibt der Reiher sie wütend. Als nicht weit vom Ufer entfernt einige kleine Fische im Wasser auftauchen, holt er seinen Köder hastig ein und wirft ihn genau in ihre Richtung.

Anders als die australische Wüstentodesotter, die das eigene Schwanzende zum Köder umfunktioniert hat, und der in der Tiefsee lebende Teufelsangler, der im Laufe seiner Entwicklung dazu extra einen kleinen angelartigen Fortsatz auf seiner Stirn ausgebildet hat, hat der Javanesische Prachtreiher gelernt, einen körperfremden Köder zu benutzen, um seine Beute zu fangen. Die tödliche Verlockung, die er auswirft, ist genau die gleiche, mit der Menschen auf die Jagd nach Fischen gehen: ein leckerer Happen Fressbares. Und wie die Menschen benutzen auch die Reiher unterschiedliche Sorten von Ködern, um ihre Beute anzulocken.

In Japan wurde ein Reiher schon dabei beobachtet, wie er sein Glück mit einer Feder versuchte, wie sie auch Fliegenfischer gerne in ihre kunstvoll gebundenen Köder einarbeiten. Andere Reiher benutzen zum Angeln Heuschrecken, Käferlarven und Würmer, nehmen dazu also alles, was sich gerade in Ufernähe finden lässt, wie viele menschliche Hobbyangler es ebenfalls tun. Allerdings müssen auch junge Reiher – wie die aus ihrer behüteten Kinderstube verstoßenen jungen Kois – die selbstständige Futtersuche erst mühsam lernen. Ihr größtes Anfängerproblem: Wann immer sie einen guten Köder finden, fressen sie ihn in der Regel lieber sofort auf, als damit angeln zu gehen.

4. Tödliche Begierde

Täter: Glühwürmchenweibchen
Opfer: Glühwürmchenmännchen
Tatort: USA

Das Erste, was man lernt, wenn man sich näher mit Glühwürmchen beschäftigt, ist, dass sie keineswegs so süße und harmlose Tierchen sind, wie man immer geglaubt hat. In Deutschland kommen hauptsächlich drei Arten vor: *Lampyris nocticula*, das Große Glühwürmchen, *Lamprohiza splendidula*, das Johanniswürmchen, und *Phosphaenus hemipterus*, das Kurzflügelglühwürmchen. Die Kurzflügelglühwürmchen können leuchten, aber nicht fliegen, bei den Großen Glühwürmchen können die Männchen fliegen, leuchten können jedoch nur die Weibchen, und wenn man im Sommer irgendwo im Wald oder in einem Park fliegende Glühwürmchen sieht, kann man ziemlich sicher sein, dass es sich dabei um Johanniswürmchen handelt – die einzige mitteleuropäische Glühwürmchenart, bei der die Männchen sowohl leuchten als auch fliegen können.

Allen drei Arten ist jedoch gemeinsam, dass sie – bis sie groß genug sind, um überhaupt von uns bemerkt zu werden – jede Menge Schnecken verspeisen. Ja, Schnecken: Im Larvenstadium ernähren sich die niedlichen, nur etwa ein bis zwei Zentimeter groß werdenden Leuchtkäfer praktisch von nichts anderem. Selbst ausgewachsene Nacktschnecken, die im Vergleich mit ihnen so groß sind wie ein Bus, spüren sie anhand ihrer Schleimspur auf und fressen sie der Länge nach auf. Bei Schnecken, die sich in ihrem Haus verstecken können, setzen sie sich aufs Dach, beißen ihnen jedes Mal in die Fühler, wenn sie denken, die Luft ist wieder rein, und verspeisen auf diese Weise schließlich auch sie. Es sind grausame kleine Viecher.

Allerdings ist es mit der Grausamkeit vorbei, sobald die Glühwürmchen groß sind und ihre Verpuppung hinter sich haben, die in der Regel Anfang Juni stattfindet. Dann ernähren sich die meisten von ihnen nur noch von Pollen und Nektar oder sogar von überhaupt nichts mehr, nur noch von Luft und Liebe. Denn sofort, nachdem sie aus ihren Kokons geschlüpft sind, begeben sich die Würmchen auf Hochzeitsflug, und jene, die man im Juli, August und manchmal noch bis Mitte September in Wald und Flur leuchten sieht, sind rein mit der Romantik befasste Geschöpfe. So ausschließlich darauf bedacht, dass sie einem fast den Glauben an das Glühwürmchen wieder zurückgeben könnten.

Die zwischengeschlechtliche Verständigung der Glühwürmchen findet mithilfe der farbigen Leuchtsignale statt, mit denen sie uns so viel Freude bereiten, und diese Signale unterscheiden sich von Art zu Art – allerdings nicht so sehr, dass es nicht manchmal zu Missverständnissen kommt. Einigermaßen sicher vor fremdartigen Verehrern sind noch die Weibchen der Kurzflügelglühwürmchen, die nur sehr schwach leuchten und ohnehin mehr auf anziehende Duftstoffe setzen als auf Leuchtzeichen, um ihre Partner zu sich ins Gras zu locken. Schwieriger ist die Unterscheidung schon bei den beiden anderen Arten. Beide bevorzugen denselben Lebensraum und bei beiden sitzen die Weibchen mit auf Dauerbetrieb gestellter grüner Heckleuchte im Gras, während die Männchen – mal selbst leuchtend, mal dunkel wie ein Tarnkappenbomber – in etwa zwei Metern Höhe über ihnen kreisen und sich irgendwann zu ihnen hinunterfallen lassen. Da müssen die fliegenden Freier schon ein gewisses Auge beweisen, damit nicht alles drunter und drüber geht und die nächtliche Wiese sich nicht in einen artübergreifenden Freiluftswingerklub verwandelt, schwüle Neonbeleuchtung inklusive.

Noch komplizierter, aber zugleich auch besser geordnet ist die Balz der Glühwürmchen in den USA. Auch hier benutzen die Glühwürmchen die uns schon von den Tieren der Tiefsee bekannte Biolumineszenz, um sich gegenseitig zu finden, lassen unter den durchscheinenden Chininplättchen, die ihren Hinterleib bedecken, einen *Luciferin* genannten Stoff mit Sauerstoff reagieren und produzieren auf diese Weise ein grünliches oder blaugrünes Licht. Aber da es hier noch weitaus mehr Arten von Glühwürmchen gibt als in Europa und bei sehr vielen Arten sowohl die am Boden sitzenden Weibchen als auch die darüber umherfliegenden Männchen leuchten, hat hier jede

Art einen eigenen Leuchtcode entwickelt, damit es nicht zu ungewollten Fehlpaarungen kommt: ihr ureigenes, artspezifisches Erkennungssignal, mit dessen Hilfe die Geschlechter sich innerhalb des dichten sommerlichen Luftverkehrs miteinander verständigen können und die Männchen stets die richtige Einflugschneise finden.

Besonders Glühwürmchen der nordamerikanischen Gattung *Photinus* benutzen die Leuchtcodes, um im Dunkel der Nacht zueinanderzufinden, und haben viele verschiedene artspezifische Codes entwickelt, um sicherzugehen, dass sie dabei auch stets die genau richtige Art von Glühwürmchen anblinken. Die Männchen der sehr häufig vorkommenden Spezies *Photinus pyralis* etwa geben im Flug alle fünf Sekunden ein einzelnes Leuchtsignal von sich, worauf die Weibchen dieser Spezies – falls sie interessiert sind – mit einem um etwa zwei Sekunden verzögerten einmaligen Aufblinken antworten. Männchen der Spezies *Photinus ignitus* geben ebenfalls ein einzelnes Leuchtsignal von sich, hier warten die Weibchen jedoch fünf bis sechs Sekunden mit ihrer Antwort. Während Weibchen der Spezies *collustrans* es besonders eilig zu haben scheinen und schon nach nur einer Sekunde das Männchen wissen lassen, ob sie zur Paarung bereit sind oder nicht – und zwar mit einem besonders langen und leidenschaftlichen Aufleuchten.

Bei manchen anderen amerikanischen Arten sind die Leuchtcodes sogar noch komplexer, zumindest die der Männchen. Hier geben die männlichen Glühwürmchen in verschiedenen Abständen Doppel- oder Dreifach-Signale ab, blinken mit ihren über Nervenimpulse gesteuerten Leuchtzellen mehrmals schnell hintereinander und bilden daraus wiederum in unterschiedlichen Abständen wiederholte Leuchtfolgen – wie winzige fliegende Lichtorgeln. Die weiblichen Glühwürmchen beschränken sich im Allgemeinen jedoch bei allen Arten auf ein einmaliges Aufleuchten als Antwort. Bei ihnen zeigt vor allem der Zeitabstand, der vergeht, bis sie auf das Signal des über ihnen vorbeifliegenden Männchens reagieren, ob sie zur selben Spezies gehören und zur Paarung bereit sind. Die Männchen schicken ihren artspezifischen Leuchtcode durch die Nacht, die Weibchen blinken nach ihrem artspezifischen Zeitabstand zurück, die Männchen steuern das Landelicht der Weibchen an und dann geht es zur Sache. Generell kann man sagen, dass die Weibchen am ehesten auf besonders helle Leuchtsignale antworten, weil sie dahinter die größten und leistungsfähigsten Männchen vermuten. Die Paarung dauert in der Regel 15 Minuten.

Wenn man all das zusammennimmt, ist klar, warum der Anblick einer mit balzenden Glühwürmchen erfüllten Lichtung in den USA ein weitaus eindrucksvolleres Schauspiel bietet als hierzulande, warum die Lightshow der kleinen bunten Leuchtkäfer sich dort noch spektakulärer und aufregender gestaltet als irgendwo in Deutschland. Für die Glühwürmchen selbst ist die Balz dort allerdings auch wesentlich gefährlicher als bei uns. Und manches aufgeregt um sich blinkende männliche Glühwürmchen, das endlich das lang ersehnte Signal zur Landung bekommt, erlebt eine böse Überraschung.

Denn nicht alle Glühwürmchen, die dort draußen so hübsch leuchten und mithilfe ihrer bunten Lichtzeichen ihre Paarungsbereitschaft kundtun, sind auch wirklich auf der Jagd nach einem Partner. Manche sind auch einfach nur auf der Jagd.

Am 6. April 1965 war der amerikanische Insektenforscher James E. Lloyd in einem abendlich dunklen Wald in Florida unterwegs, um Glühwürmchen zu fangen. Lloyd machte zu dieser Zeit gerade seinen Doktor an der renommierten Cornell Universität im Bundesstaat New York und hatte schon den vorangegangenen Sommer in Florida verbracht, um an seiner Dissertation über die Leuchtsignale der Glühwürmchen zu arbeiten. Diesmal verbrachte er seinen Forschungsaufenthalt in der im nördlichen Inland Floridas gelegenen Stadt Gainesville, und an diesem Abend war er in den Wald gegangen, um weibliche Glühwürmchen der Spezies *Photinus consanguineus* zu finden.

Wie die meisten Glühwürmchenforscher benutzte Lloyd eine Minitaschenlampe, um seine Studienobjekte zu finden, und versuchte, damit die Leuchtsignale der umherfliegenden *consanguineus*-Männchen nachzuahmen, um den im Gras sitzenden Weibchen derselben Spezies eine Antwort zu entlocken. Normalerweise funktioniert die Lampe als Lockmittel sehr gut. Die Weibchen halten ihr helles Licht für eine Art Glühwürmchen-Supermann und antworten darauf oft schon aus einer Entfernung von sechs bis zwölf Metern, während echte Glühwürmchenmänner selten eine Antwort aus mehr als drei Metern Entfernung bekommen. Doch das Leuchtsignal der Spezies *consanguineus* ist besonders kompliziert, setzt sich aus einem zweimaligen, nach zwei Sekunden wiederholten Doppelblinken zusammen, das als Leuchtfolge alle vier bis sieben Sekunden wiederholt werden muss, und Lloyd stapfte schon seit geraumer Zeit durch die auch spät am Abend kaum nachlassende floridianische Schwüle, ohne dass bisher auch nur ein einziges Glühwürmchen auf sein Leuchten geantwortet hätte.

Schließlich bekam er endlich eine Antwort aus einer am Ufer eines Baches gelegenen Wiese. Etwas daran kam ihm jedoch sofort seltsam vor: Das Leuchtsignal, mit dem das neben dem Bach sitzende Weibchen auf seines antwortete, hatte einen stärkeren Grünstich und war deutlich heller, als es bei Glühwürmchen der Spezies *Photinus consanguineus* eigentlich üblich war. Als er auf der Wiese nachschaute, stellte er fest, dass dort im Gras auch tatsächlich gar kein Weibchen dieser Spezies auf ihn wartete. Sondern stattdessen ein fast zwei Zentimeter großes, pechschwarzes Weibchen der Gattung *Photuris*.

Die Gattung *Photuris* galt schon seit Langem als großes Rätsel unter den Glühwürmchenforschern. Die Forscher unterscheiden die körperlich einander oft sehr ähnlichen Glühwürmchenarten vor allem anhand der artspezifischen Leuchtcodes, die sie bei der Balz abgeben. Im Fall der als besonders groß und kräftig geltenden Glühwürmchen der Gattung *Photuris* konnte sich die Gemeinde der amerikanischen Glühwürmchenforscher jedoch für keine einzige Art auf ein typisches, sie eindeutig von anderen Arten unterscheidendes Leuchtsignal einigen. Immer glaubte mindestens ein Forscher, auch schon ein ganz anderes artspezifisches Signal an der fraglichen Art beobachtet zu haben. Und es herrschte so wenig Übereinstimmung und so viel Überlappung mit anderen, von den rein körperlichen Merkmalen her eigentlich ganz unähnlichen Glühwürmchenarten, dass selbst unter den auf die Unterscheidung winziger Details spezialisierten Insektenforschern kaum noch jemand Lust hatte, sich mit dieser verwirrenden Gattung zu beschäftigen. Auch galten die *Photuris*-Glühwürmchen unter den ohnehin schon nicht leicht für Forschungszwecke zu züchtenden Glühwürmchen als besonders schwer zu halten. Denn wenn sie auf engem Raum mit anderen Glühwürmchen eingesperrt wurden, neigten sie zum Kannibalismus. Und wann immer man ein Glühwürmchen ihrer Gattung über Nacht mit anderen Glühwürmchen zusam-

63

men in einen Behälter steckte, waren von Letzteren in der Regel am nächsten Morgen nur noch ein paar Beinchen und Flügelchen übrig.

Auch Lloyd hatte sich als Thema für seine Doktorarbeit ja wohlweislich das Kommunikationsverhalten der klar zu unterscheidenden *Photinus*-Arten ausgesucht, die bereits damals ziemlich gut erforscht waren, und hätte das große *Photuris*-Weibchen bei seiner Wanderung durch den nächtlichen Wald jetzt mit gutem Gewissen einfach links liegen lassen können. Aber im Laufe seiner vielen nächtlichen Ausflüge war es ihm schon öfter passiert, dass ein Weibchen der Gattung *Photuris* geantwortet hatte, wenn er mit seiner Taschenlampe eigentlich das Leuchtsignal eines Männchens der Gattung *Photinus* durch die Dunkelheit geschickt hatte. Ihm war aufgefallen, dass die Antwort auch immer genau nach dem artspezifischen Zeitabstand im Gras aufleuchtete, mit dem ein *Photinus*-Männchen rechnen musste – und mittlerweile hegte er einen bösen, faszinierenden Verdacht. Obwohl er also immer noch kein einziges Glühwürmchen der Spezies in seinem Käscher hatte, die er eigentlich suchte, legte er sich neben dem großen schwarzen *Photuris*-Weibchen auf die Wiese und wartete ab.

Während der folgenden halben Stunde blinkte das Weibchen insgesamt zwölf vorbeifliegende Männchen der Gattung *Photinus* an, und zwar jedes mit dem für die jeweilige Art spezifischen Landesignal. Alle zwölf Männchen schienen sich von dem Weibchen angezogen zu fühlen. Ein Männchen landete im nahe gelegenen Bach, zwei andere so tief im Gras, dass man ihr Licht nicht mehr sehen konnte und das Weibchen aufhörte, sie weiter anzublinken. Aber das zwölfte Männchen schließlich schaffte es nach mehrmaligem interessierten Hin- und Herblinken, nur ein paar Zentimeter entfernt von dem Weibchen zu landen.

Lloyd hatte beobachtet, dass das Weibchen sein Licht umso stärker heruntergedimmt hatte, je näher die Männchen gekommen waren. Er vermutete, dass es dadurch verhindern wollte, ganz so groß und kräftig zu wirken, wie es in Wirklichkeit war. Und war jetzt gespannt, was als Nächstes passieren würde.

Auch am Boden sendete das gelandete Männchen noch einmal sein Leuchtsignal aus und wieder antwortete das Weibchen nach genau dem richtigen Zeitabstand. Als Lloyd einen Moment später seine Taschenlampe kurz anmachte, sah er, dass das Männchen sich wieder ein

Stück von dem Weibchen entfernt hatte. Vielleicht hatte es die Orientierung verloren, mutmaßte er, oder doch gemerkt, dass etwas faul war. Als er nach einem weiteren Signalaustausch erneut seine Lampe anknipste, erkannte er aber, dass das Männchen schließlich doch in die Arme des Weibchens gefunden hatte. Und dieses, wie der Insektenforscher trocken in dem Bericht für das entomologische Institut seiner Universität notierte, genüsslich an seinem Nackenpanzer nagte.

In den folgenden Tagen fand Lloyd heraus, dass auch er selbst bei seiner nächtlichen Jagd auf Glühwürmchen deutlich erfolgreicher war, wenn er – statt seine üblichen Signale zu verwenden – die eines am Boden lauernden *Photuris*-Weibchens nachahmte, und widmete der Erforschung der raubgierigen, falsche Sexsignale als tödliches Lockmittel einsetzenden Glühwürmchen von da an einen Großteil seiner Karriere. Eben weil sie auf so viele verschiedene Arten zu leuchten verstehen, bekamen die *Photuris*-Glühwürmchen den Beinamen *versicolor*, was so viel wie »vielfarbig« bedeutet. Und Lloyd stellte fest, dass ihre Weibchen Signale von bis zu vier verschiedenen anderen Glühwürmchenarten nachahmen können, diese genau darauf abstimmen, welche Art gerade vorbeifliegt – und in der Regel eins von zehn vorbeifliegenden Männchen damit zu sich locken und auffressen. Unter Insektenforschern bürgerte sich ganz offiziell der Name *femmes fatales* für diese räuberischen weiblichen Glühwürmchen ein und der gute Ruf der kleinen fliegenden Lampions war – zumindest unter Eingeweihten – endgültig dahin. Lloyds eigene nüchterne Schlussfolgerung lautete, dass das Gehirn der Glühwürmchen wohl doch auf wesentlich komplexere Weise funktionierte, als man bisher angenommen hatte.

Inzwischen weiß man zumindest, dass *Photuris* nicht aus reiner Raubgier auf ihren hinterhältigen Trick verfallen ist, sondern wohl hauptsächlich, um selbst nicht Opfer gewisser Räuber zu werden – aus halbwegs nachvollziehbaren Gründen der Selbstverteidigung also. Ebenfalls an der Cornell Universität forschende Kollegen von Lloyd fanden Mitte der Siebzigerjahre heraus, dass *Photuris*-Weibchen Glühwürmchenmännchen anderer Arten anscheinend vor allem deshalb fressen, weil sie so einen giftigen Bitterstoff aufnehmen, den sie selbst nicht produzieren können. Und der ihnen wie vorher den anderen Glühwürmchen hilft, sich gegen viele ihrer Fressfeinde zu verteidigen.

Glühwürmchen sind für Insektenfresser wie Spinnen, Frösche und Vögel nicht gerade schwer zu orten, wenn sie nachts mithilfe ihrer Leuchtsignale versuchen zueinanderzufinden, und haben deshalb einen körpereigenen chemischen Stoff entwickelt, der sie für diese Tiere ungenießbar macht. Würde man als Mensch zwanzig Glühwürmchen essen, man würde wahrscheinlich daran sterben. Glühwürmchen der Spezies *Photuris versicolor* tragen jedoch diesen giftigen Stoff nicht von Geburt an in sich, sondern nehmen ihn erst durch den Verzehr anderer Glühwürmchen in sich auf, wie die Wissenschaftler von der Cornell Universität auf einfache Weise demonstrierten.

Die Forscher warfen zuerst mehrere *Photuris*-Weibchen ohne jede Vorbereitung einer Spinne zum Fraß vor und anschließend Weibchen, die vorher selbst ein Glühwürmchen gefressen hatten. Es stellte sich heraus, dass im zweiten Fall die Weibchen genauso gut vor den Angriffen der Spinne geschützt waren wie vorher das Glühwürmchen, das sie verspeist hatten. Sobald jetzt die Spinne eines der Weibchen packte, trat aus seinem Körper eine giftige Flüssigkeit aus – eine unter Insekten weitverbreitete Verteidigungstechnik, die sich »Reflexbluten« nennt –, und tatsächlich ließ die Spinne sofort wieder von ihm ab.

Auch dass der männermordende Glühwürmchen-Vamp selbst nicht davor gefeit ist, auf falsche Sexsignale hereinzufallen, hat die Glühwürmchenforschung mittlerweile herausgefunden. Genauso wie Weibchen der Spezies *Photuris versicolor* Leuchtsignale anderer Glühwürmchenarten nachahmen, wenn sie zur Paarungszeit nachts im Gras sitzen, ahmen auch *Photuris*-Männchen fremde Leuchtcodes nach, wenn sie nachts über den Weibchen umherfliegen. Dieser Umstand trug mit zu der enormen taxonomischen Verwirrung bei, die lange innerhalb der Gattung *Photuris* herrschte.

Inzwischen weiß man jedoch, warum die Männchen sich so verhalten. Wenn ihre eigenen Weibchen falsche Signale aussenden, so ihre schlichte Maxime, müssen sie mit falschen Signalen antworten, um überhaupt eine Chance zu haben, von ihnen zu einem Stelldichein ins Gras gelotst zu werden. Männchen und Weibchen der Gattung *Photuris* kommen also in der Regel unerkannt zueinander, wie auf einem venezianischen Maskenball. Wenn die Masken fallen, muss das

Weibchen manchmal feststellen, dass es mit seinem gefälschten Liebesleuchten nicht wie erhofft eine leckere Mahlzeit angelockt hat – sondern doch nur einen Verehrer. Womit allerdings nicht in jedem Fall gesagt ist, dass es diesen nicht trotzdem frisst.

Täter: Bolaspinne
Opfer: Eulenfalter
Tatort: USA

Mastophora hutchinsoni gehört zur Familie der Bola- oder Lassospinnen, die außer in Europa überall auf der Welt vorkommen. Sie sind recht klein – selbst die Weibchen, die wie bei Spinnen üblich wesentlich größer sind als die Männchen, werden nur 1,5 Zentimeter groß – und tragen meist auffällig dicke und unförmige Hinterleiber mit sich herum. Viele Arten leben auf Bäumen, und manche von ihnen sind auf die hintersinnige Idee gekommen, ihren ohnehin unschönen Rücken die Farbe und Musterung von Vogelkot annehmen zu lassen, um nicht von Vögeln gefressen zu werden. Aber auch unter Giebeln und Dachvorsprüngen fühlen sich die Spinnen wohl und fallen dort dem menschlichen Auge vor allem durch ihre Kokons auf, die in der Regel viel größer sind als die Spinne selbst und wie kleine Christbaumkugeln oder Spindeln von einem ansonsten ziemlich kunstlosen Gewirr aus Spinnenfäden herabhängen.

Bolaspinnen sind nachtaktiv. Viele der weiblichen Spinnen haben sich auf das Fangen von Motten und Nachtfaltern spezialisiert, was nicht ungewöhnlich ist für Spinnen. Auch viele andere Arten fressen gerne Falter – man sieht die pelzigen Fluginsekten ja auch ab und zu in ihren Netzen zappeln. Allerdings ist auch den Faltern im Laufe ihrer Entwicklungsgeschichte aufgefallen, dass die Luft manchmal die seltsame Neigung hat, sich von einem Flügelschlag auf den nächsten in eine tödliche Falle aus klebrigen Seidenfäden zu verwandeln. Biologen glauben, dass das einer der Hauptgründe ist, warum die Motten genauso wie die eng mit ihnen verwandten Schmetterlinge die Schuppen auf ihren Flügeln entwickelt haben. Oder wenigstens, warum sich diese so leicht davon lösen.

Fast jeder von uns hat wohl als Kind gesagt bekommen, dass man Schmetterlinge nicht an den Flügeln anfassen soll, weil man sonst die Schuppen davon abreibt und die Schmetterlinge nicht mehr fliegen können. Der Rat ist richtig, jedoch nicht aus diesem Grund. Falter und Schmetterlinge können auch ohne Schuppen fliegen. Eine bestimmte Falterart hat sie sogar freiwillig ganz abgeworfen, damit ihre Flügel durchsichtig werden und es ihr leichterfällt, das Aussehen einer Wespe zu imitieren und so Eindruck bei ihren Fressfeinden zu schinden. Doch wenn sie auch nicht zum Fliegen nötig sind, haben die Schuppen andere, fast ebenso wichtige Funktionen. Dank ihnen bleiben Schmutz und Nässe nicht so leicht an den Flügeln haften und besonders bei den Schmetterlingen bringen sie die Farben auf den Flügeln stärker zum Leuchten, indem sie das Licht auf bestimmte Weise brechen. Bei allen Insekten der Ordnung *Lepidoptera*, also den Schuppenflüglern, sorgen sie jedoch vor allen Dingen dafür, dass nicht jeder Zusammenstoß mit einem Spinnennetz unweigerlich tödlich endet. Mit ein bisschen Glück bleiben dann nämlich nur die leicht ablösbaren Schuppen an den klebrigen Spinnenfäden hängen und die Falter selbst können weiterfliegen.

Eine ziemlich fantasievolle Antwort auf diese Verteidigungstechnik der *Lepidoptera* hat sich die Leiternetzspinne ausgedacht. Sie baut ihre Netze in die Höhe, bis zu siebenmal so hoch wie breit, sodass die Falter ihre Schuppen nach und nach alle verlieren, wenn sie flügelschlagend an dem Netz hinunterrutschen, und schließlich im unteren Teil mit der festen Unterhaut ihrer Flügel doch hängenbleiben. Eine andere Spinnenart versucht die Falter mithilfe kleiner Klebetröpfchen zu fangen, die sie an ihrem Netz aufhängt. Die mit Abstand raffinierteste Fangmethode hat jedoch *Mastophora hutchinsoni* entwickelt, die nordamerikanische Bolaspinne. Sie frisst besonders gerne den in Nordamerika weitverbreiteten Nachtfalter *Lacinipolia renigera*, eine braun-grün gemusterte Motte aus der Familie der Eulenfalter, die in ihrer Raupenform als Ernteschädling bekannt ist. Und was die Spinne sich hat einfallen lassen, um diesen Falter zu erbeuten, zeugt von noch weitaus größerer Fantasie.

Wie alle Falter benutzen auch Nachtfalter Pheromone, um zur Paarungszeit zueinanderzufinden. Die Weibchen sondern die chemischen Duftstoffe ab (wozu auch wieder besonders ausgebildete Schuppen an ihren Flügeln dienen), der Duft weht mit dem Wind übers Land und die Faltermännchen können ihn noch über Kilometer hinweg riechen. Sie nehmen ihn über winzige Härchen in ihren Fühlern wahr, manche Arten über eine Entfernung von bis zu 50 Kilometern und selbst dann noch, wenn nur ein paar Hundert Moleküle pro Kubikmeter Luft davon übrig sind. Haben die Männchen erst einmal das Parfum des Weibchens in der Nase, fliegen sie dem Wind entgegen und folgen der Duftspur bis zu ihrem Ursprungsort.

Jedes Falterweibchen trägt natürlich ihren ganz eigenen, artspezifischen Duft, und irgendwie haben die Weibchen von *Mastophora hutchinsoni* es geschafft, den der Weibchen von *Lacinipolia renigera* exakt nachzubilden – wie kleine Meisterparfumeure, wie der olfaktorische Wunderknabe aus dem Weltbestseller *Das Parfum*, den seine Gabe ebenfalls auf verbrecherische Abwege führt. Die Spinne lässt sich an einem Faden ein paar Zentimeter von einem Zweig oder einem Hausbalken herunter, sodass sich die aus speziellen Drüsen ausgeschiedene Mixtur gut in der Luft verteilen kann, und wartet dann genauso geduldig auf Besuch wie ein unauffällig an einem Baumstamm oder an einer Hauswand haftendes echtes Falterweibchen.

Auch der Spur der Spinne folgt das Faltermännchen über Kilometer, und selbst wenn es sie gefunden hat, erkennt es seinen Fehler nicht. Einige Bolaspinnen haben ihren unförmigen Hinterleib das Aussehen eines großäugigen Falterkopfes annehmen lassen, um ihre chemische Mimikry noch durch eine optische zu unterstützen. Doch im Allgemeinen scheint das nicht unbedingt nötig zu sein. Denn die Falter haben mit ihren großen, runden Facettenaugen zwar eine fantastische Rundumsicht und sind wie Fliegen sehr gut darin, plötzliche Bewegungen in ihrer Umgebung wahrzunehmen – die eines Vogels zum Beispiel, einer Fledermaus oder einer Fliegenklatsche. Doch ihren Blick auf ein einzelnes Objekt zu fokussieren ist nicht gerade ihre Stärke. Dabei bleibt die Ansicht verschwommen und verpixelt wie ein schlechtes Internetfoto, und mit mehreren Kilometern Sexuallockstoff intus sieht selbst eine bucklige kleine Spinne noch aus wie ein Supermodel.

Ihre Beute sicher in der Tasche hat die Spinne allerdings trotzdem noch nicht. Zur Balz von Faltern und anderen Schwärmern gehört es, dass das Männchen das Weibchen wortwörtlich umschwärmt. Der Falter flattert also liebestrunken um die Quelle des betörenden Dufts herum, kommt dabei der Spinne so nah, dass er sie fast mit den Flügeln berührt, setzt sich aber einfach nicht zu ihr. Besonders für sehr hungrige *hutchinsoni*-Exemplare ist das eine an den Nerven zerrende Situation: So als würde ein Kellner mit einem saftigen Steak auf dem Teller in einem fort um unseren Tisch herumlaufen, ihn aber partout nicht vor uns abstellen.

Doch um nicht ewig auf ihr Essen warten zu müssen und es am Ende vielleicht sogar wieder davonflattern zu sehen, hat die Bolaspinne einen zweiten ungewöhnlichen Trick auf Lager – dem sie ihren Namen verdankt.

Eine Bola ist eine Art mit Gewichten beschwertes Lasso, das in Südamerika von den Gauchos, den dortigen Cowboys, zum Fangen entlaufener Rinder eingesetzt wird. Bola heißt auf Spanisch »Kugel« und das Lasso besteht für gewöhnlich aus einem langen Lederriemen, an dessen Ende eine oder mehrere mit Bleischrot gefüllte Lederkugeln befestigt sind. Die Gauchos schleudern diesen Riemen den Rindern zwischen die Beine, um sie so zu Fall zu bringen; und für ihre Jagd auf Eulenfalter baut sich die Bolaspinne etwas ganz Ähnliches: einen Seidenfaden mit einer kleinen Leimkugel am Ende, den sie von einem ihrer Vorderbeine baumeln lässt.

Alle Bolaspinnen benutzen ihre Bola, während sie kopfüber an einem Faden hängen. Aber sie haben von Kontinent zu Kontinent verschiedene Techniken entwickelt, mit denen sie ihr Lasso nach ihrer Beute schleudern. Australische Bolaspinnen machen es genauso wie die südamerikanischen Gauchos und wirbeln ihre Bola über ihrem Kopf herum, sobald ein Falter in Reichweite kommt. Afrikanische Bolaspinnen wirbeln sie einfach ständig im Kreis – egal ob gerade ein Beutetier in der Nähe ist oder nicht. Und amerikanische Bolaspinnen wie *Mastophora hutchinsoni* knicken das Wurfbein ab, als würden sie einen Colt spannen, und schleudern ihre Bola nach dem Falter, sobald er nahe genug an sie heranflattert.

Ein Falter der Gattung *Lacinipolia* wird drei bis vier Zentimeter groß und wenn die Spinne ihr Lasso nach ihm schleudert, ist es von den Größenverhältnissen her so ähnlich, als versuche ein Gaucho, mit seiner Bola einen Elefanten zu Fall zu bringen. Doch die Spinne ist nicht nur selbst sehr stark, auch die Spinnenseide, aus der sie ihren Wurfriemen fertigt, ist äußerst strapazierfähig. Im Verhältnis ist sie um ein Vielfaches reißfester als jedes Stahlseil (Biotechniker haben schon versucht, die Seide im großen Stil herzustellen, sind jedoch unter anderem daran gescheitert, dass Spinnen sich nicht so friedlich zusammen in großen Webgemeinschaften halten lassen wie etwa Seidenraupen), und auch die Kugel am Ende des Fadens ist ein ganz spezielles, eigens auf das Fangen von Faltern zugeschnittenes Produkt. Sie hat einen Durchmesser von ungefähr 2,5 Millimetern und baut sich aus zwei verschiedenen Teilen auf. Der Kern besteht aus einem Knäuel elastischem Seidengarn, das sich beim Schleudern auseinanderzieht und so die Reichweite der Spinne vergrößert. Die Außenhülle hingegen besteht aus mehr oder weniger flüssigem Klebstoff und ist selbst noch mal in zwei Schichten aufgeteilt, von denen die innere fest genug ist, dass die Kugel nicht zerreißt, wenn der Falter daran hängt, und die äußere flüssig genug, um zwischen die Schuppen auf seinen Flügeln zu fließen und an der festen Folienhaut darunter haften zu bleiben.

In der Regel braucht die Spinne nur drei bis vier Wurfversuche, um Erfolg zu haben. Dann holt sie den verdutzten, verzweifelt an ihrem Lasso zappelnden Falter ein und lähmt ihn mit ihrem Gift. Entweder saugt sie ihn sofort aus oder sie spinnt ihn ein und hängt ihn in ihrer Vorratskammer auf. Der Kokon, in den sie den Falter einspinnt, ähnelt dem, in den er sich selbst als Raupe eingesponnen hat – und aus dem er vor Kurzem erst geschlüpft ist, um auf Hochzeitsflug zu gehen.

Mastophora hutchinsoni hat sich auf das betrügerische Anlocken und Erbeuten von Faltern der Spezies *Lacinipolia renigera* spezialisiert. Doch nicht alle Faltermännchen fallen auf ihre Täuschung herein (wie bei den Glühwürmchen scheinen paradoxerweise gerade diejenigen den größten Erfolg bei der Fortpflanzung zu haben, die den Signalen fremder Frauen misstrauen) und an manchen Abenden bleibt trotz all ihrer Kniffe und Tricks der Jagderfolg der kleinen Spinne gering. Irgendwie findet kein Falter mehr zu ihrem Zweig oder Giebel. Alle ein bis zwei Stunden frisst sie ihre Bola auf (nicht etwa aus Zorn oder Aberglaube, sondern um ihre Wurfkugeln immer schön klebrig zu halten) und trotzdem knurrt ihr der Magen. Seit Anbruch der Dämmerung ist sie auf dem Posten – der Zeitpunkt, zu dem die Faltermännchen jeden Abend beginnen, im Schutz der Dunkelheit auszuschwärmen. Doch jetzt rückt die Stunde immer näher, zu der die

Falter ihren Hochzeitsflug für diesen Abend beenden und jede Chance, noch einen zu erbeuten, mit ihnen aus dem amerikanischen Luftraum verschwindet.

Nordamerikanische Eulenfalter der Spezies *Lacinipolia renigera* flattern etwa bis elf Uhr abends auf der Suche nach einer Partnerin umher. Danach überlassen sie, vermutlich um sowohl Zusammenstöße in der Luft als auch Missverständnisse am Boden zu vermeiden, einer anderen Falterart das Feld. Ab 23 Uhr, und von da an bis ungefähr zum Anbruch des Morgens, versuchen Männchen der Spezies *Tetanolita mynesalis* ihr Glück. Und amerikanische Wissenschaftler haben herausgefunden, dass *Mastophora hutchinsoni* – wirklich ganz wie der genial-verrückte Parfumeur in Patrick Süskinds Roman – nicht nur den Lockduft auch dieser Falterart exakt nachzubilden versteht, sondern im Laufe des Abends sogar bewusst zu dieser zweiten Duftnote wechselt, um auch nach 23 Uhr ihrem mörderischen Treiben weiter nachgehen zu können.

Die Wissenschaftler um Kenneth Haynes von der Universität von Kentucky wussten, dass sich *hutchinsoni* fast ausschließlich von den genannten zwei Falterarten ernährt, dass beide zu unterschiedlichen Zeiten des Abends unterwegs sind und die Duftlockstoffe beider Arten unterschiedliche Zusammensetzungen haben. Zunächst nahmen die Forscher deshalb an, dass die Spinne eine Art Duftcocktail einsetzt, um für die männlichen Falter beider Arten attraktiv zu sein: ein Duftgemisch, das sich aus beiden Lockstoffen zusammensetzt und das sie einfach den ganzen Abend über in gleichmäßiger Konzentration und Zusammensetzung in die Luft versprüht.

Um ihre These zu überprüfen, trainierten die Wissenschaftler den Faltern einen anderen Tag- und Nachtrhythmus an und ließen Männchen beider Arten zur selben Zeit auf Hochzeitsflug gehen. Dabei stellten sie Überraschendes fest. Zwar hatten die Männchen der normalerweise früher fliegenden Art kein Problem mit dem Geruch der Weibchen der später fliegenden Art und steuerten die Spinne weiter an (diese mangelnde olfaktorische Kompetenz könnte sogar der Grund dafür sein, dass die zwei Falterarten sich entschieden haben, der Partnersuche lieber zu verschiedenen Uhrzeiten nachzugehen). Die *Tetanolita*-Männchen aber fühlten sich von dem Geruch, den ein *Lacinipolia*-Weibchen normalerweise aussendet, regelrecht abgestoßen und steuerten die Spinne nicht nur nicht an, wenn sie danach roch, sondern hielten sich sogar bewusst von ihr fern.

Um es den Männchen beider Arten recht zu machen, beginnt die Bolaspinne deshalb ihre Jagd zwar mit einer Mischung aus beiden Lockstoffen, reduziert aber die Note, auf die nur die früher ausschwärmenden *Lacinipolia*-Männchen fliegen, im Laufe des Abends immer mehr. So hat sie für jeden Verehrer stets das passende Parfum aufgelegt – und erbeutet manchmal sechs bis sieben Falter in einer Nacht.

Die Männchen der Bolaspinnen benutzen weder Schleuderriemen, um ihre Beute zu fangen, noch legen sie einen besonderen Duft auf, um auf die Jagd zu gehen. Sie sind allerdings auch nur zwei Millimeter groß, und wenn sie versuchen würden, vom Rand eines Dachs aus ein Lasso nach einer Motte zu werfen, hätten sie eine lange Reise vor sich. Also jagen sie auf herkömmliche Weise, verstecken sich unter Blättern und lauern Milben und anderen Spinnentieren auf, die noch kleiner sind als sie. Allerdings brauchen sie auch nicht viel Nahrung. Denn schon, wenn sie ihrem Kokon entschlüpfen, sind sie vollkommen ausgewachsen und fortpflanzungsfähig – so als könnten wir aus dem Kreißsaal direkt vor den Traualtar treten – und können das Parfumhandwerk und den Bau von Wurfgeschossen – wie auch alle anderen fiesen Tricks, die im Leben einer Bolaspinne zur Anschaffung eines arterhaltenden Futtervorrats notwendig sind – ganz den Weibchen überlassen.

Täter: Ameisenmännchen
Opfer: Ameisenmännchen
Tatort: Südamerika

Cardiocondyla obscurior ist eine sehr kleine, nur etwa drei Millimeter große Ameisenart, die vor allem in den Tropen vorkommt. Die meisten Ameisenarten der Gattung *Cardiocondyla* legen unterirdische Nester an. *Obscurior* jedoch lebt auf Bäumen und baut ihre Kolonien mit Vorliebe in Astlöcher, zusammengerollte Blätter oder die abgestorbenen Fruchthülsen junger Kokosnüsse hinein. *Obscurior* heißt diese Spezies, weil ihr Hinterleib dunkelbraun gefärbt ist. Der Rest des Körpers hat die Farbe von sehr dünnem Kaffee, und unter dem Mikroskop fällt außer dem dunklen Hinterleib vor allem die lange, dünne Taille an den Ameisen auf, die ihre hinteren Körpersegmente von den vorderen trennt.

Wie jeder Ameisenstaat ist auch der von *obscurior* in mehrere Kasten unterteilt: verschiedene Ameisentypen, von denen jeder seine eigene Aufgabe hat. Den Mittelpunkt des Nestlebens bilden die Königinnen und die sie umsorgenden Arbeiterinnen. Die Königinnen bringen den Nachwuchs zur Welt und die Arbeiterinnen ziehen ihn auf und übernehmen auch sonst alle niederen Aufgaben wie Nahrungsbeschaffung und Nesthygiene. Viele Ameisenvölker sind monogyn. In ihnen gibt es nur eine einzige Königin, die den gesamten Nachwuchs der Ameisen produziert und im Gegensatz zu den Arbeiterinnen, die meist nur zwei oder drei Jahre alt werden, ein Alter von bis zu 25 Jahren erreichen kann. Die Kolonien von *Cardiocondyla obscurior* sind jedoch stets polygyn. In ihnen schlüpfen das ganze Jahr über neue junge Königinnen und reihen sich in die Nachwuchsproduktion ein: ein ständig nachwachsender Vorrat blaublütiger Jungfrauen, die nur darauf warten, von einem Ameisenmännchen befruchtet zu werden und die großen weißen Larvenhaufen in dem Nest weiter anwachsen zu lassen.

Für das Befruchten ist wie oft bei Ameisen eine eigene Männchenkaste zuständig, die ansonsten nicht viel zu tun hat. Allerdings ist diese Kaste bei *obscurior* zweigeteilt. Die Männchen der kleinen tropischen Baumameisen sind dimorph: Es gibt sie in zweifacher, höchst unterschiedlicher Ausführung.

Da sind zum einen die jungen Aristokraten: effeminierte Prinzen, die mehr oder weniger genauso aussehen wie die jungen Königinnen. Sie haben einen langen, zart gebauten Körper, Flügel, lange Fühler, große, runde Augen und zusätzlich mehrere Miniäuglein auf dem Hinterkopf, sogenannte Ocelli, die wahrscheinlich wie eine Art Sonnenkompass funktionieren, wenn die Prinzen auf Hochzeitsflug gehen. Wie üblich in der gehobenen Gesellschaft ist das Leben dieser jungen Aristokraten das reinste Zuckerschlecken. Sie werden nicht nur als Larven ungefähr doppelt so lange gefüttert wie normale Larven, sondern haben es auch mit den Frauen beneidenswert einfach.

Gleich nach ihrer Geburt dürfen sie sich mit so vielen neu geschlüpften Jungköniginnen paaren, wie sie nur können. Ist die Geburtenquote der Jungköniginnen jedoch gerade niedrig, sind Frauen im Nest also rar, fliegen sie einfach davon und suchen woanders nach Abenteuern. Dann schwärmen sie in die Umgebung des Nests aus und begatten die Jungköniginnen fremder Ameisenvölker.

Zusätzlich zu diesem Männermodell hat sich bei den Ameisen der Spezies *obscurior* im Laufe ihrer Entwicklungsgeschichte allerdings noch ein zweites herausgebildet: ein ausgesprochener Unterschichtentyp. Er entsteht zwar aus denselben Eiern wie die Prinzen, bekommt als Larve aber die gleiche Zweite-Klasse-Behandlung, wie sie sonst eigentlich nur Mitglieder der Arbeiter-Kaste bekommen, und sieht auch so aus: kleiner und gedrungener als die Prinzen, dafür robuster und kräftiger, flügellos und mit verkümmerten Äuglein am Kopf, dafür mit großen, kräftigen Kieferzangen ausgestattet, die er nur allzu gerne einsetzt. Mit den losen Sitten der Jeunesse dorée können diese einfach gestrickten Proleten nicht viel anfangen. Auch sie sind von Geburt an darauf aus, sich mit so vielen Jungköniginnen im Nest zu paaren wie möglich. Allerdings sind sie keineswegs bereit, wie in einem französischen Hofroman jeden Nebenbuhler mit abgebrühtem Augenzwinkern zu akzeptieren – wie es unter den jungen Ameisenaristokraten üblich ist. Nein: Sie leisten sich von klein auf erbitterte Kämpfe mit allen anderen Zweite-Klasse-Männchen in ihrem Nest. Und versuchen in der Regel so lange, alle von ihnen umzubringen, bis sie als einziges Unterschichtenmännchen im Nest übrig sind.

Die Zweite-Klasse-Männchen werden in der Fachwelt ergatoide, also »arbeiterähnliche« Männchen genannt und normalerweise versuchen sie, die anderen ergatoiden Männchen noch im Larvenstadium zu töten oder, wenn das nicht klappt, wenigstens sofort nach dem Schlüpfen. Denn dann ist die Haut ihrer Rivalen noch weich und verletzbar und sie können sie mit ihren kräftigen, säbelartig geformten Kieferzangen leicht aufbeißen.

Die frisch geschlüpften Unterschichtenmännchen scheinen allerdings instinktiv zu wissen, dass sie keineswegs auf der Sonnenseite des Lebens geboren sind (wie manche andere Jungameise in ihrem Haufen), und einige schaffen es, sich so lange in den großen Larvenhaufen des Nests zu verstecken, bis ihre Haut ausgehärtet ist. Danach machen auch sie sich sofort daran, die Gänge des Nests nach Jungköniginnen zu durchforsten, die sie begatten können. Und trifft jetzt ein solches »erwachsenes« ergatoides Männchen mit einem anderen ergatoiden Männchen zusammen, ist die Auseinandersetzung keineswegs mehr so schnell entschieden.

Auch bei anderen Ameisenarten der Gattung *Cardiocondyla* gibt es diese arbeiterähnlichen Männchen, die um die Königinnen im Nest kämpfen, und bei den meisten Arten bringt das eine Männchen das andere schlicht dadurch um, dass es den Hals oder die dünne Taille seines Gegners durchbeißt. Bei den ergatoiden Männchen der Spezies *obscurior* ist der Abstand zwischen den Kiefern jedoch größer als bei anderen Arten. Sie können damit nicht genug Kraft auf die harte Chitinhaut ihrer Kontrahenten ausüben, um sie zu durchtrennen und so den Kampf schnell für sich zu entscheiden. Deswegen können die Ringkämpfe der winzigen Ameisen manchmal mehr als 24 Stunden dauern – und bringen am Ende trotzdem keinen eindeutigen Sieger hervor.

Die Männchen verbeißen sich zwar mit ihren großen Kieferzangen ineinander und oft gibt es auch ein Männchen, das überlegen ist und das andere wie der Sieger eines menschlichen Ringkampfs am Boden festpinnt. Aber das unterlegene Männchen wirklich zu töten, ist der Sieger alleine nicht imstande. Und würden die Arbeiter-Männchen der Spezies *obscurior* nicht noch zusätzlich einen höchst schmierigen Trick anwenden, um sich ihrer Rivalen zu entledigen, ihre Ringkämpfe würden wohl so lange dauern, dass überhaupt keines mehr von ihnen dazu käme, sich um die königlichen Jungfrauen in ihrem Nest zu kümmern – um die es ja eigentlich bei den Kämpfen geht.

Als Wissenschaftler den kleinen Ameisen bei ihren stundenlangen Dauerringkämpfen zuschauten, beobachteten sie immer wieder ein ungewöhnliches Verhalten, das die Männchen vor allem in der Anfangsphase ihrer Auseinandersetzungen an den Tag legten. Die Kämpfer beugten ihren Hinterleib nach vorne, drückten einen winzigen Tropfen trüber Flüssigkeit hervor und strichen ihn am Leib ihres Gegners ab. Auch später rieben sie ihren Hinterleib immer wieder am Körper ihres Kontrahenten und trommelten dann mit den Vorderbeinen auf ihm herum.

Die Wissenschaftler konnten sich dieses Verhalten zunächst nicht erklären. Erst als sie etwas länger zusahen, eröffnete sich ihnen sein hinterlistiger Sinn. Oft nahmen an den Kämpfen mehrere Männchen auf einmal teil und die Forscher beobachteten, dass Arbeiterinnen, die an den ineinander verbissenen Ameisenknäueln vorbeikamen, immer wieder einzelne Kämpfer zwickten. Sie packten die Männchen mit ihren Kieferzangen und zerrten an ihnen herum – so als wollten sie sie an ihre Pflicht erinnern und dazu anhalten, sich endlich auch mal wieder um das andere Geschlecht zu kümmern. Allerdings gingen die Bisse bald über ein bisschen Zwicken hinaus. Einem Männchen zwickten die Arbeiterinnen mehrere Beine ab, während es von seinem Rivalen festgehalten wurde, und trugen die abgetrennten Gliedmaßen eilig davon. Einem anderen Männchen trennten sie die Taille durch. Wieder einem anderen bissen sie den Kopf ab.

Von neun Kämpfern blieben auf diese Weise nach 24 Stunden nur fünf übrig. Nach drei Tagen war es nur noch einer – und den Forschern ging die Lösung ihres Problems auf: Wie alle Ameisen kommunizieren auch jene der Gattung *Cardiocondyla* untereinander mithilfe von Duftstoffen, sogenannten Pheromonen. Und die Flüssigkeit, mit der die Männchen ihre Gegner beim Kämpfen beschmierten und die sie mit den Vorderbeinen auf dem Körper ihrer Gegner verteilten, brachte die Arbeiterinnen offensichtlich dazu, diese Gegner zu töten.

Zuerst nahm man an, dass es sich bei dem Stoff, mit dessen Hilfe sich die ergatoiden Männchen ihrer Rivalen entledigen, um ein sogenanntes Propaganda-Pheromon handelt: um einen speziellen Duftstoff, der den Arbeiterinnen signalisiert, dass sich ein Eindringling in ihrem Nest aufhält, den sie angreifen und wieder vor die Tür setzen müssen. Doch der Regensburger Biologieprofessor Jürgen Heinze, der schon etliche Untersuchungen an *Cardiocondyla obscurior* durchgeführt hat, hält es inzwischen für wahrscheinlicher, dass das, was die Kämpfer aus ihrem Hinterleib pressen, genau das ist, wofür man es auf den ersten Blick halten würde: ihr Darminhalt. Heinze glaubt, dass die Arbeiterinnen die mit der unappetitlichen Flüssigkeit beschmierten Männchen deswegen beißen und aus dem Nest werfen, weil sie auf diese Weise eine ihrer Hauptaufgaben erfüllen wollen: das Ameisennest sauber zu halten.

Doch wenn die primitiven Ameisenproleten in den Nestern von *Cardiocondyla obscurior* sich stundenlang miteinander prügeln und sogar nicht einmal vor so unfeinen Methoden zurückschrecken, wie ihre Rivalen mit Kot zu beschmieren, um sie loszuwerden, wieso lassen sie dann die Ameisenprinzen in Ruhe? Von der ersten Sekunde ihres Lebens an setzen die Zweite-Klasse-Männchen alles daran, sämtliche Nebenbuhler im Nest auszuschalten, bringen wehrlose Larven um und sind sich auch sonst für keine Gemeinheit zu schade, um alle Jungköniginnen der Kolonie für sich zu haben. Doch wenn Ameisenprinzen aus ihren Puppen schlüpfen, lassen die Rohlinge sie ungehindert im Nest umherkrabbeln und unbehelligt so viele neugeborene Jungfrauen begatten, wie sie wollen.

Auch dafür hat Jürgen Heinze eine Erklärung – deren Richtigkeit er bereits wissenschaftlich nachweisen konnte. Die jungen Aristokraten verhalten sich tatsächlich wie in einem vor solchen pikanten Streichen strotzenden französischen Lustspiel. Sie verkleiden sich als Frauen, um in die Gemächer der adligen Jungfrauen zu gelangen, denen sie ihre Aufwartung machen wollen. Dafür müssen sie noch nicht einmal ein anderes Gewand anlegen – sie sehen ja sowieso schon aus wie Prinzessinnen –, sondern einfach nur das richtige Parfum tragen: In den ersten Tagen nach ihrer Geburt riecht ihre Haut genauso wie die junger Königinnen und deswegen werden sie von den Unterschichtenmännchen nicht angegriffen.

Im Gegenteil, die Proleten vergucken sich oft sogar in die Prinzen – und auch diese Wendung kommt einem aus mancher pikanten Kostümkomödie bekannt vor: Während der hübsche junge Liebhaber versucht, als Frau verkleidet in die Gemächer seiner Angebeteten zu gelangen, macht sich ihr hässlicher alter Ehemann an ihn heran und versucht, selbst ein heimliches Schäferstündchen zu ergattern.

5. Mörderbanden

Täter: Buckelwal
Opfer: Hering
Tatort: Atlantik

Megaptera novaeangliae, der Buckelwal, ist der Wal, den die meisten Leute zu sehen bekommen, wenn sie nach Kanada oder Patagonien zum Whale Watching fahren. Unter den großen, zahnlosen Bartenwalen gilt er als der zutraulichste und verspielteste und hält sich oft in Küstennähe auf. Er wird nicht ganz so riesig wie diejenigen Bartenwale, die ausschließlich die hohe See bewohnen, »nur« etwa zwölf bis 15 Meter lang, und ist leicht an seinem charakteristischen Aussehen und Verhalten zu erkennen. Sein Rücken ist schwarz, weit hinten mit einer kleinen Flosse versehen, und der Wal krümmt ihn zum namensgebenden Buckel, wenn er abtaucht. Sein Kopf ist sowohl auf der Oberseite als auch auf der weißen, furchigen Unterseite mit warzenähnlichen Knubbeln und krustigen Seepocken bewachsen. Und seine Brustflossen sind so groß, dass sie ihm zu der taxonomischen Fachbezeichnung »neuenglischer Großflossenträger« verholfen haben, worauf er so stolz zu sein scheint, dass er damit bei jeder Gelegenheit laut aufs Wasser schlägt. Auch für das sogenannte *breaching* ist der Buckelwal bekannt, hohe, aufs Wasser krachende Sprünge, mit denen er je nach wissenschaftlicher Lehrmeinung Rivalen einschüchtern, Weibchen beeindrucken oder einfach nur besser Luft kriegen will. Neben seiner Zutraulichkeit sind wohl vor allem diese aufsehenerregenden Sprünge der Grund, warum er zu einem so beliebten Beobachtungsobjekt bei Touristen und Naturliebhabern geworden ist.

Beliebt war der Buckelwal allerdings auch lange Zeit bei Walfängern – dermaßen beliebt, dass er es fast nicht überlebt hätte. Seit den Anfängen des kommerziellen Walfangs im 16. Jahrhundert bis

1966, als der Buckelwal unter Artenschutz gestellt wurde, wurden offiziellen Angaben zufolge etwa 250 000 Tiere getötet, wahrscheinlich jedoch weitaus mehr. Laut einer Untersuchung amerikanischer Wissenschaftler lässt die genetische Vielfalt der Buckelwale darauf schließen, dass ursprünglich allein schon im Nordatlantik 250 000 Exemplare gelebt haben. Heute wird die dortige Population auf nur noch etwa 12 000 Tiere geschätzt. Im Nordpazifik leben weitere 6 000 bis 8 000 Buckelwale und in den Meeren der Südhalbkugel, deren Populationen sich nur wenig mit denen der Nordhalbkugel vermischen, insgesamt noch einmal ungefähr 17 000.

Die nordatlantischen Buckelwale wandern in einem festen jährlichen Rhythmus vom Äquator nach Norden und zurück. Den Winter verbringen sie in den warmen Gewässern der Tropen, wo auch die Paarung und rund zwölf Monate später die Geburt der Jungen stattfinden. Den Sommer über halten sie sich in den kühleren Gewässern des Nordens und im Polarmeer auf. Die meisten Tiere leben allein, wandern einsam durch Meerestiefen und flache Buchten. Doch in den Futtergründen finden sich auch Gruppen von mehreren Walen zusammen, um gemeinsam auf die Jagd zu gehen.

Ein großer Teil der Nahrung der Buckelwale besteht aus Krill, kleinen garnelenähnlichen Krebstieren, die die Wale aus dem Meer filtern, indem sie große Mengen Wasser mit dem Maul aufnehmen und es dann mit der Zunge durch das riesige Sieb aus faserigen Hornplatten drücken, das sie am Gaumen tragen: ihre sogenannten Barten. Besonders die im Nordatlantik lebenden Tiere verschmähen jedoch auch einen Happen Fisch nicht, wenn er sich ihnen bietet. Und versuchen dabei vor allem, kleine Schwarmfische wie die Lodde und den Hering in ihren enormen Schlund zu bekommen.

Clupea harengus, der Atlantische Hering, ist laut *Guinness-Buch der Rekorde* der am häufigsten vorkommende Fisch der Erde. Der 20 bis 30 Zentimeter große, silbergraue Schwarmfisch, der uns vor allem in Form von Matjes, Rollmops und Bismarckhering vertraut ist, lebt in seiner natürlichen Umgebung in riesigen, in den Meeren umherziehenden Verbänden und sammelt sich zum Fressen, Paaren und Laichen vor allem vor Kanada und Grönland, in der Nordsee, der Norwegischen See und der Barentssee. Der größte zusammenhängende Heringsschwarm, der jemals gesichtet wurde, soll sich über eine

Fläche von vier Quadratkilometern erstreckt und mehr als vier Milliarden Fische enthalten haben.

Dass der Hering in ihrem Lebensraum in so verführerischer Fülle vorkommt, ist wahrscheinlich auch der Grund, der die nordatlantischen Buckelwale dazu bringt, Krill Krill und Barten Barten sein zu lassen und lieber diesem fetteren Happen nachzustellen. Anders als ein winziger Krillkrebs jedoch, der vermutlich erst merkt, wie ihm geschieht, wenn er schon wie Jonas im Bauch des riesigen Leviathans gelandet ist, bemerkt der Hering den Wal sehr wohl. Und sobald er mitkriegt, dass ein fünf Meter breites Maul mit Flossen auf ihn zugeschwommen kommt, sucht er das Weite.

Wer schon einmal einen großen Schwarm Stare oder Spatzen über einem Getreidefeld oder über den Dächern einer Stadt beobachtet hat, kennt das Schauspiel. Der ganze Schwarm bewegt sich wie eine dunkle, sich immer wieder neu formierende Wolke am Himmel, schießt an einem Punkt auf und senkt sich an einem anderen nieder, nimmt mal diese Form an und mal jene, sodass man bald den Eindruck gewinnt, die Vögel führten dort oben einen bewusst aufeinander abgestimmten kollektiven Tanz auf. Sieht man genauer hin, erkennt man jedoch, dass sie sich in Wirklichkeit nicht aus reinem Vergnügen immer wieder zu so hübschen Figuren formieren, sondern dass es ein Sperber oder ein anderer Raubvogel ist, der ihren anmutigen Tanz choreografiert. Immer und immer wieder stößt er in den Schwarm hinein, um einen der Vögel zu erbeuten, und lässt so die ganze lebendige Wolke aufstieben, sich wölben und jäh die Richtung ändern, als handele es sich dabei um einen einzigen großen, auf ein geheimes Kommando gehorchenden Organismus.

Wenn ein Raubfisch oder eine Robbe in einen Schwarm Fische stößt, bietet sich exakt das gleiche Bild, und auch die Heringe können unter Wasser die anmutigsten Schautänze und Revuen aufführen. Wie alle Schwarmtiere werden sie dabei jedoch nicht von irgendwelchen geheimen Anweisungen oder irgendeiner Form von Telepathie geleitet, sondern, wie der Informatiker Craig Reynolds Mitte der Achtzigerjahre anhand von Computersimulationen herausfand, von drei ganz einfachen Regeln. Erstens: Versuche immer genau im Mittelpunkt derer zu bleiben, die du um dich herum siehst. Zweitens: Bewege dich weg, sobald dir jemand zu nahe kommt. Und – besonders wichtig – drittens: Bewege dich immer ungefähr in dieselbe Richtung wie die anderen. (Weil Menschen in Panik genauso reagieren wie Fische und Vögel, werden Craigs Erkenntnisse mittlerweile unter anderem dafür genutzt, die ideale Lage von Notausgängen in Fußballstadien und Konzerthallen zu bestimmen.)

Wenn ein Seehund oder ein Wal in einen Schwarm Heringe eintaucht, entsteht um ihn herum wie auf Befehl ein großes, fischloses Vakuum. Ein flinker Seehund mag in der plötzlich auseinanderstiebenden Wolke noch einen kleinen, hintendran hängenden Träumer erwischen. Der Wal jedoch ist behäbiger, und ein einzelner Fisch lohnt bei 40 Tonnen Lebendgewicht auch kaum den Aufwand. Um ihre Fangquote zu erhöhen, haben die Wale sich deshalb eine hochraffinierte Jagdstrategie ausgedacht – eine Strategie, die sich allerdings immer nur im Team anwenden lässt, mit mindestens drei oder vier anderen Walen zusammen.

Schon wenn die Heringe die riesigen, laut Wasser aus ihren Atemlöchern prustenden Tiere näher kommen hören, werden sie nervös. Sie versuchen abzutauchen, von der Meeresoberfläche in dunklere, besser geschützte Regionen. Doch in etwa 40 Meter Tiefe haben die Wale einen Wächter postiert, der die Heringe schon erwartet. Er vereitelt ihre Flucht und wie die ebenfalls gemeinsam jagenden Schwertwale im Kapitel »Mission: Impossible« treiben die Buckelwale die Fische jetzt zu einem dichten, sich panisch um sich selbst drehenden Knäuel zusammen.

Jedes Mal jedoch, wenn die Wale in das Knäuel hineinstoßen, schießen auch jetzt die Heringe noch zu schnell auseinander, als dass die großen Meeressäuger mehr als ein oder zwei von ihnen erwischen. Bevor der Schwarm ganz auseinanderbricht, gehen sie deshalb zur zweiten Phase ihrer perfekt koordinierten Attacke über.

Buckelwale sind unter Meeresforschern nicht nur für ihr lebhaftes Wesen und ihre hohe Intelligenz bekannt, sondern auch dafür, dass sie von allen Walen die schönsten Lieder singen. Eine australische Forschergruppe hat vor Kurzem herausgefunden, dass die Tiere mehr als 600 verschiedene Laute im Repertoire haben, um sich miteinander zu verständigen, und offenbar ändert sich ihr Gesang sogar von Jahr zu Jahr immer ein wenig – ein bisschen so, wie bei uns jeden Sommer ein anderer Pophit aktuell ist. Jetzt jedoch, unter dem Schwarm von aufgeschreckten Heringen, geben die Tiere einen unmodulierten, bis zu zehn Sekunden in derselben hohen Frequenz gehaltenen und fast 200 Dezibel lauten Quietschton von sich. Und während die empfindlichen Heringe daraufhin in heller Panik wieder zurück zur Meeresoberfläche eilen, schwimmen die Wale ihnen in weiten, spiralförmigen Kreisen hinterher und lassen dabei einen dichten Vorhang aus Luftblasen um ihre Beute herum aufsteigen.

Auf *Clupea harengus*, sein ganzes Leben an das geordnete Leben im Schwarm gewöhnt und durch die schrillen Schreie jetzt vollends aus der Fassung gebracht, wirkt die Wand aus aufsteigenden Luftblasen in diesem Moment nicht weniger undurchdringlich als kurz zuvor noch der Belagerungsring aus Walen selbst. Die riesigen Meeressäuger treiben die Heringe in der etwa 30 Meter breiten Röhre aus Luftblasen zielstrebig der Wasseroberfläche entgegen. Und genau in dem Augenblick, als die Fische sich zappelnd und in die Luft hüpfend dort oben sammeln, steigen die Wale senkrecht auf und brechen mit weit geöffnetem Maul aus dem Wasser – wie Käscher, mit denen man Goldfische aus ihrem Aquarium holt, nur etwa tausendmal größer.

Nichts ist beeindruckender, als zu sehen, wie sich erst die Meeresoberfläche in ein brodelndes Chaos aus verzweifelt in die Luft springenden Fischen verwandelt und dann fünf oder sechs riesige schwarze Mäuler unmittelbar nebeneinander an die Oberfläche stoßen (und als Whale Watcher ist man gut beraten, das Schauspiel aus gebührendem Abstand zu beobachten). Doch Untersuchungen, bei denen man den Walen während dieser spektakulären Gemeinschaftsaktion eine Kamera angehängt hat, haben gezeigt, dass sie gar nicht so erfolgreich ist, wie man erwarten würde. Viele der kleinen Heringe sind ihren Verfolgern auch jetzt noch zu flink – und schaffen es trotz allem irgendwie, den sich unter ihnen auftuenden Schlünden zu entwischen.

Einige Wissenschaftler glauben sogar, dass die kleinen Heringe den großen Walen selbst in Sachen Teamarbeit noch etwas vormachen können.

Wie Buckelwale fressen Heringe gerne Krill, und man hat herausgefunden, dass der Abstand, den jeder Hering unter normalen Umständen in seinem Schwarm zum nächsten Hering hält, exakt der Länge des Schwimmstoßes entspricht, den der durchschnittliche Krillkrebs macht, um einem Angreifer zu entkommen. Schießt der Krebs also von einem Hering weg, landet er bei einem anderen genau im Maul – und gemeinsam ziehen die Heringe wie riesige, lebendige Schleppnetze durch die Meere. Was auch erklären würde, meinen die Forscher, warum es so viele davon gibt.

Täter: Schimpanse
Opfer: Stummelaffe
Tatort: Tansania

Pan troglodytes, der Gemeine Schimpanse, lebt in den Regenwäldern und Savannen West- und Zentralafrikas. Niemand weiß genau, wie viele Schimpansen es dort gibt. Die Zerstörung ihres Lebensraums durch Waldrodungen und die Praxis der Einheimischen, sie als »bushmeat« zu jagen, haben die Zahl der Tiere aber wahrscheinlich von mehreren Millionen Exemplaren Anfang des 20. Jahrhunderts auf 100 000 bis 200 000 heute dezimiert.

Die intelligenten, menschenähnlichen Primaten sind bei uns beliebte Zootiere, Forschungsobjekte und TV-Stars. Im deutschen Fernsehen wankt einmal in der Woche einer der schlauen segelohrigen Affen über den Bildschirm und hilft den Menschen dabei, ihre Probleme zu lösen. Im traditionsreichen Leipziger Tiergarten hat die Max-Planck-Gesellschaft spezielle Gehege und Beobachtungsräume eingerichtet, in denen die Zoobesucher Anthropologen und anderen Wissenschaftlern bei der Erforschung unserer nächsten Verwandten zusehen können. Die Forscher untersuchen, wie schnell die Schimpansen erkennen, wie viele Trauben in einer Schale liegen, und unter welchen Umständen sie bereit sind, die Früchte mit ihren Käfiggenossen zu teilen. Und sind im Allgemeinen wenig überrascht, dass die Affen die meisten Aufgaben auf ganz ähnliche Art lösen wie wir Menschen auch.

Bis Charles Darwin Mitte des 19. Jahrhunderts vorsichtig verlautbaren ließ, dass es sich dabei um einen entfernten Cousin von uns handeln könnte, wurde der Schimpanse zwar von Seefahrern und Entdeckungsreisenden manchmal als eine Art primitiver Dschungelmensch wahrgenommen, aber selbst dann noch stets als etwas ganz anderes als *Homo sapiens* – genauso wie alle anderen Urwaldmenschen und Ureinwohner. Heute wissen wir, dass die menschliche DNA zu beinahe 99 Prozent mit der des Schimpansen übereinstimmt: eine Darwins schüchterne Anfangsbehauptung mit überraschender Gründlichkeit bestätigende Erkenntnis, die darin gipfelte, dass der amerikanische Zoologe Morris Goodman vor einiger Zeit forderte, die Schimpansen taxonomisch der Gattung Mensch zuzuordnen, und das populäre Wissenschaftsmagazin *New Scientist* unter der Überschrift »Schimpansen sind Menschen« einen Artikel zu dem Thema veröffentlichte.

Es gab eine Zeit, da galt der Schimpanse in gewisser Weise sogar als der bessere Mensch, als friedliebender, im Einklang mit der Natur lebender Vegetarier, als edler Wilder, der weder Waffen baut noch Kriege führt. In den Dreißiger- und Vierzigerjahren stand das Schimpansenmännchen Cheeta dem weißen Urwaldherrscher Tarzan als unbeschwert-heiterer Dschungelgefährte zur Seite. Und noch Ende der Sechziger wurden in der populären Filmutopie *Planet der Affen* Gorillas als brutale Krieger und Despoten hingestellt, Schimpansen hingegen als sanftmütige Gutmenschen, die alles daransetzten, die auf ihrem Planeten gelandeten amerikanischen Astronauten vor all den aggressiven anderen Affen zu retten.

Allerdings hatte schon damals eine britische Verhaltensforscherin begonnen, an diesem Bild zu zweifeln. Im Laufe der Sechzigerjahre, etwa zur selben Zeit, als die Amerikanerin Dian Fossey ihre berühmten Feldforschungen über Gorillas in den Bergwäldern Ruandas unternahm, untersuchte Jane Goodall das Leben der Schimpansen in Tansania. Goodall beobachtete mehrere Schimpansengruppen, die in den Wäldern des Gombe-Nationalparks in der Nähe des Tanganjikasees lebten, und erkannte, dass sich die Sache genau umgekehrt verhielt. Nicht King Kong, der große, finster dreinblickende Gorilla, war der Brutalo unter den Primaten (im Gegenteil: Fosseys Berggorillas entpuppten sich als sanfte, familienorientierte Riesen, die sich ausschließlich von Pflanzen ernährten). Vielmehr war es der Schimpanse, der sich manchmal wie ein Ungeheuer aufführte – wie der wahre Unmensch unter den Menschenaffen.

Auf den zierlicher gebauten Bonobo oder Zwergschimpansen, den Goodall half, als eigenständige Art vom Gemeinen Schimpansen abzugrenzen, mochte die alte Sicht noch zutreffen. Und im Nachhinein ist es verwunderlich, dass die damalige Friedensbewegung diesen sanftmütigen, jeden Konflikt sofort durch gezielten Sexualkontakt im Keim erstickenden Hippieaffen nicht offiziell zu ihrem Maskottchen erklärte. Der Gemeine Schimpanse jedoch konnte wirklich gemein sein, genauso gemein wie der Mensch. Goodall wurde Zeuge, wie die kräftigen, mit langen Eckzähnen ausgestatteten Männchen ihren Status innerhalb der Gruppe mittels heftiger Wutausbrüche und brutaler Gewalt durchsetzten. Sogar in den Krieg zogen die Tiere gelegentlich – ein Wahnsinnsunternehmen, das man bisher ganz als Spezialität des Menschen betrachtet hatte – und fielen in Horden über andere Schimpansenstämme her, um so deren Nahrungsgründe zu erobern.

Auch dass die Affen keineswegs so konsequente Vegetarier waren wie bisher gedacht, fand Goodall heraus. Und entdeckte in diesem Zusammenhang ein Verhalten, das genauso wie der Affenkrieg in gewisser Hinsicht erstaunlich menschlich wirkte. In anderer Hinsicht jedoch sogar noch unmenschlicher als alles, was Menschen sich normalerweise zuschulden kommen lassen.

Piliocolobus badius, der Rote Stummelaffe, kommt ebenfalls hauptsächlich in den Wäldern West- und Zentralafrikas vor. Im Gegensatz zum Schimpansen, der einen Großteil seines Lebens am Boden verbringt, ist er ein richtiger Baumaffe. Er ist nur etwa halb so groß wie ein Schimpanse, bringt kaum ein Viertel von dessen Gewicht auf die Waage und hat wie die meisten Baumbewohner einen langen Schwanz, der ihm beim Klettern und bei den akrobatischen Sprüngen hilft, mit denen er sich von Baum zu Baum bewegt. Während sein Schwanz im Laufe seiner langen bodenfernen Entwicklungsgeschichte immer länger wurde, bildeten sich seine Daumen immer mehr zurück. Auch das hilft ihm beim Klettern und ging so weit, bis an jeder Hand nur noch der kleine Stummel übrig war, von dem er seinen Namen hat.

Anders als Schimpansen, die ebenfalls in großen Gruppen von 20 bis 80 Tieren zusammenleben, sich aber zur Nahrungssuche immer wieder in kleinere Gruppen aufteilen, bleiben Stummelaffen in der Regel den ganzen Tag zusammen, ziehen gemeinsam von Baum zu Baum und fressen Blätter und unreifes Obst. Auch bei ihnen gibt es eine ausgeprägte Rangordnung, dementsprechend oft Streit darum, wem welcher mit Früchten behangener Ast zusteht, und viel Affenge-schrei. Allerdings behalten die erfahreneren Tiere selbst im größten Tohuwabohu noch aufmerksam die Umgebung im Auge. Und lassen besorgte Blicke nach unten auf den Dschungelboden wandern, wenn es auf ihrem Baum zu laut wird.

Denn es kann immer sein, dass irgendwo dort unten gerade ein gefährlicher Fressfeind vorbeischleicht, mit guter Nase und ebenso guten Ohren. Ein Leopard zum Beispiel, auf lautloser Pirsch. Oder ein Trupp Schimpansen, nicht minder leise und verschlagen.

Normalerweise ernähren sich Schimpansen von rein pflanz-licher Kost, Blättern, Früchten und Nüssen, ähnlich wie Stummelaf-fen. Aber manchmal lösen sich auch Gruppen von fünf bis zehn Tie-ren von der Großgruppe, um sich gemeinsam auf die Suche nach einer anderen Art von Nahrung zu machen. Goodall meint, dass das gezielt und auf Verabredung hin geschieht. Wie die Affen sich genau darauf verständigen, weiß sie nicht. Meistens bricht eines der älteren Männ-chen einfach auf, sieht sich um und fordert die anderen Affen auf, mit ihm zu kommen. Diese wissen offenbar ganz genau, um was es geht, und schließlich folgen einige der anderen Schimpansenmänner dem Anführer in den Wald, ebenso wie ein paar Weibchen, manche sogar mit ihren Kindern.

Die Tiere streifen durch den Dschungel, suchen mit den Augen die Baumkronen ab und bleiben ab und zu stehen, um aufmerksam in das dichte Grün hineinzulauschen. Dabei verhalten sie sich vollkom-men still, und selbst wenn sie schließlich auf eine auf einem großen Baum hockende und laut durch den Urwald kreischende Horde Stum-melaffen stoßen, gibt zunächst kein Schimpanse einen Laut von sich.

Eines der Männchen nähert sich dem Baum, hält dabei aber den Blick gesenkt, als hätte er die Stummelaffen gar nicht bemerkt. Sein Fell stellt sich auf, und so ruhig er sich äußerlich verhält, so erregt ist er jetzt im Innern, genauso wie seine Gefährten, die sich unauffällig zu den Bäumen schleichen, die um den mit der fressenden Kleinaffenhorde da-rauf herumstehen. Auch sie halten den Blick bewusst nach unten ge-richtet, schielen höchstens ab und zu mal unauffällig nach oben. Dort beginnt den Stummelaffen jedoch allmählich zu dämmern, was unter ihnen vor sich geht. Einer der Affen schlägt Alarm – und in dem Baum breitet sich Panik aus wie ein plötzlich aufloderndes Feuer.

In diesem Moment bricht auch unten am Boden von einer Sekunde auf die andere die Hölle los, fangen die Schimpansen an, hysterisch und wie von Sinnen zu kreischen. Das erste Schimpansenmännchen klettert mit raschen, geschickten Griffen den Baum hinauf. Doch die kleinen, leichten Stummelaffen sind zu flink, und bevor der Schimpanse sie erreicht, sind sie schon auf die umliegenden Bäume geflüchtet – springt die ganze Horde auseinander, in wilder Flucht durch den Dschungel. Auch die anderen Schimpansen kommen nicht rechtzeitig die Bäume hinauf und kriegen keines der sich kreischend von Ast zu Ast hangelnden Äffchen zu fassen. Die Stummelaffen retten sich mit todesmutigen weiten Sprüngen von einem Astwipfel zum anderen, die Schimpansen sind zu schwer, um es ihnen gleichzutun, und einen Moment lang sieht es so aus, als gingen sie leer aus – als hätte ihre ganze so planvoll und methodisch begonnene Treibjagd keinen Erfolg.

Doch dann zeigt sich das ganze Ausmaß der Gerissenheit der Menschenaffen. Der erfahrenste und älteste Schimpansenmann – in der Regel derjenige, der den Jagdtrupp am Morgen auch schon um sich geschart hat – wartet bereits auf einem anderen Baum. Es ist genau der Baum, auf den die meisten der von den anderen Schimpansen durch den Urwald getriebenen Stummelaffen schließlich zuspringen. Der Anführer der Jagd hat ihren Fluchtweg präzise vorausberechnet.

Die meisten Stummelaffen sind auch jetzt noch zu flink für den schwerfällig nach ihnen haschenden Fänger. Doch einen kriegt er meist zu fassen, ein unerfahrenes Jungtier oft oder sogar ein Affenbaby, dass er einer verzweifelten Affenmutter aus den Armen reißt. Und um dieses ist es in dem Moment geschehen.

Nachdem die Schimpansen ihre Beute mit Bissen ihres kräftigen Kiefers oder dadurch, dass sie sie gegen einen Baumstamm schlagen, getötet haben, fressen sie sie an Ort und Stelle. Als Erstes ist in der Regel das an nahrhaften Fetten reiche Gehirn dran, dann werden die Gliedmaßen abgerissen und das ebenfalls sehr nahrhafte Knochenmark ausgesaugt. Der Anführer verteilt Fleischfetzen und Organe an die anderen Jagdteilnehmer – das ist sein Privileg als Chef der Affenbande. Manchmal kommt es sogar vor, dass er das Fell des erlegten Affen noch eine Zeit lang mit sich herumschleppt wie eine Trophäe.

Für die meisten von uns, aus deren Sicht allen genetischen und taxonomischen Feinheiten zum Trotz Affe irgendwie doch gleich Affe ist, strahlt besonders der letzte Akt dieser so menschlich durchdacht wirkenden Treibjagd eine fast kannibalische Art von Grausamkeit aus. Als Goodall zum ersten Mal davon berichtete, waren einige Forscher auch tatsächlich so verstört davon, dass sie behaupteten, was die Britin beobachtet habe, sei nichts als eine unnatürliche Verirrung der Tiere gewesen – dass die Schimpansen Jagd auf andere Tiere machten, ja überhaupt Fleisch fraßen, ein nicht zu verallgemeinernder Sonderfall. Heute weiß man, dass Schimpansen etwa drei Prozent ihres jährlichen Nahrungsbedarfs mit Fleisch decken und regelmäßig ihre Treibjagden im Dschungel veranstalten. Zu besonderen Zeiten – im Gombe-Nationalpark zum Beispiel während der jährlichen Trockenzeit – sogar praktisch jeden Tag.

Die Schimpansen töten dabei junge Buschschweine, Buschbock-Kitze, Meerkatzen, Vögel, junge Paviane und manchmal sogar junge Leoparden. Hauptsächlich aber erbeuten sie Stummelaffen und deren Jungtiere, bis zu 150 Stück im Jahr. Forscher haben sogar festgestellt, dass die Schimpansen zwar oft weiblichen Stummelaffen die Kinder rauben, diesen selbst aber für gewöhnlich kein Haar krümmen. Die Wissenschaftler glauben, dass auch das in kaltblütig kalkulierender Voraussicht geschieht: So können die verschonten Weibchen neuen Nachwuchs zur Welt bringen und der lebendige Fleischvorrat der Schimpansen geht nie aus.

So grausam und kannibalisch dieses Verhalten jedoch wirken mag: Die Schimpansen betrachten die Stummelaffen vermutlich als genauso wenig mit sich verwandt, wie die Menschen in Tansania sich für Verwandte der Schimpansen halten, auf die sie ja ebenfalls manchmal Jagd machen. Der amerikanische Anthropologe Craig Stanford, der Goodalls Arbeit im Gombe-Nationalpark weiterführt, glaubt, dass es den Schimpansen bei ihren Treibjagden auch gar nicht in erster Linie um die Nahrungsbeschaffung geht – dass es gar nicht die kannibalische Lust auf Affenfleisch ist, die sie zu ihren Jagden treibt. Sondern dass die Männchen, die die Jagden initiieren und die dabei gemachte Beute später unter die anderen Jagdteilnehmer verteilen, damit hauptsächlich ihren Status innerhalb der Hierarchie der Schimpansen verbessern wollen – sozusagen ihre Führungsqualitäten unter

Beweis stellen möchten. Auch für die seltsame und auf den ersten Blick nicht ganz einleuchtende Beobachtung, dass die Treibjagden besonders häufig dann stattfinden, wenn empfängnisbereite Weibchen den Jagdtrupp begleiten (deren Zustand leicht an den stark angeschwollenen rosafarbenen Genitalien zu erkennen ist, die dann ihr Gesäß zieren), hat Stanford eine einleuchtende Erklärung. Wenn die Anführer einer Jagd das Fleisch, das sie nicht selbst essen, an andere männliche Jagdteilnehmer verteilen, sichern sie sich deren Anerkennung und vielleicht auch ihren Beistand im Falle eines Konflikts innerhalb der Großgruppe, glaubt der Forscher. Die Weibchen jedoch zeigen sich auf viel unmittelbarere und konkretere Weise für die großzügige Gabe erkenntlich: indem sie an Ort und Stelle mit den Jagdleitern kopulieren.

Noch neuere, von anderen Forschern durchgeführte Studien deuten allerdings darauf hin, dass gerade wenn die Großgruppe der Schimpansen besonders viele paarungswillige Weibchen aufweist, die Männchen am besten damit fahren, überhaupt nicht zur Jagd zu gehen. Damit verschwenden sie nur Zeit, die sich für schönere Dinge verwenden ließe.

Täter: Wanderameise
Opfer: Skorpion
Tatort: Südamerika

Das Nest von *Eciton burchelli*, der südamerikanischen Wander- oder Treiberameise, ist eine der seltsamsten Behausungen, die es in der Tierwelt gibt. Biber bauen sich Dämme, um darin zu wohnen. Webervögel flechten sich kunstvolle kleine Gefäße aus Grashalmen. Einige Spinnenarten kleben sich mit ihrer Seide Kugeln aus Blättern zusammen und ziehen in diese ein.

Bei den Staaten bildenden Insekten wie den Bienen, Termiten und Ameisen wird die Sache noch mal komplizierter. Die aus Wachs geformten Wabennester der Bienen entpuppen sich im Querschnitt als Wunderwerke der Symmetrie und Präzision. Einige Termitenarten Afrikas und Australiens schichten meterhohe kathedralenähnliche Erdbauten auf, mit einem komplexen Labyrinth aus Gängen im Innern und eigenem Belüftungssystem. Und auch bei den Ameisen gibt es die unterschiedlichsten und erstaunlichsten Nestformen.

Schon ein Hügel der in unseren Breiten häufig anzutreffenden Roten Waldameise ist durchdachter, als man auf den ersten Blick annehmen würde. Er geht noch einmal so tief in die Erde hinein, wie er hoch ist, und besteht aus unzähligen Gängen im Innern und einer vor Regen und Kälte schützenden Schicht aus Tannennadeln auf der Außenseite. In den Tropen bauen sich einige Ameisen Baumnester aus einem kartonartigen, aus Holz und Körpersäften zusammengemischten Material. Andere Arten bauen ihre Nester gleich in totes oder lebendiges Holz hinein und nagen weitverzweigte Kammersysteme in die von ihnen bewohnten Baumstämme. Manche schließlich hüllen sich und ihr Volk sogar in eine Art Kokon ein, eine seidige große Hülle, die aus einem Sekret gesponnen wird, das die Larven des Ameisenstaates absondern.

Keine Ameise – und auch kein anderes Tier auf der Welt – hat für den Bau seines Nestes jedoch eine so originelle Lösung gefunden wie die Wanderameise, sowohl was die Bauweise als auch was das Material betrifft. Denn sie baut das Nest einfach aus sich selbst. Nicht aus Erde, Pflanzenresten, Holz, Seide oder irgendwelchen anderen Körperabsonderungen. Sondern aus Tausenden sich aneinander klammernden Ameisenleibern, ineinander verhakt und verbissen zu einem riesigen, lebendigen Nest, das in seinem Aufbau und seiner Organisation nicht weniger durchdacht ist als jedes aus herkömmlichen Materialien gebaute.

Weil sie sie immer nur kurze Zeit benutzen, oft sogar nur eine Nacht lang, werden die Nester der Wanderameisen »Biwaks« genannt, und in den Regenwäldern Mittel- und Südamerikas, wo *Eciton burchelli* hauptsächlich vorkommt, bauen die Ameisen sie meist unter Felsvorsprünge oder umgestürzte Baumstämme, vermutlich um sich so vor nächtlichen Regenfällen und am Boden umherstreichenden Fressfeinden zu schützen. Von Weitem sieht so ein Nest aus wie ein dicker Teppich aus rotbraunem Moos oder irgendeiner seltsamen goldbraunen Pilzart. Von Nahem erkennt man jedoch, um was es sich in Wirklichkeit handelt: um einen dichten Ballen aus unzähligen langbeinigen, schlanken Ameisen, die sich ineinandergehängt haben wie Zirkusartisten.

Das Biwak wird gebaut, indem sich zunächst einige Ameisen von der höchsten Stelle des gewählten Nistplatzes hängen lassen, andere an ihnen hinabklettern und sich mit extra dafür vorgesehenen Fußhaken an ihren Beinen festhalten. So bilden sich nach und nach dichte herabbaumelnde Ketten und Knäuel, bis sich schließlich das ganze Ameisenvolk in Form eines riesigen Tropfens oder Vorhangs nach unten wölbt, manchmal etliche Meter hoch über dem Boden.

Das Nest enthält 300 000 bis 700 000, manchmal sogar bis zu zwei Millionen Tiere. Es ist mit Kammern und Gängen durchzogen wie ein normales Ameisennest und in etwa auch so aufgebaut. Ganz im Innern wird die große Königin von ihren Arbeiterinnen umsorgt. Dann folgen Kammern mit Nahrung und Nachwuchs, also Eiern, Larven und Puppen, die ebenfalls von den Arbeiterinnen versorgt und gehütet werden. Ganz außen schließlich ummantelt eine Schicht aus größeren Arbeiterinnen mit langen Kieferklauen und giftigen Stacheln das Ameisenvolk, um es im Notfall gegen Feinde zu verteidigen. Männchen gibt es überhaupt keine in dem Nest. Sie werden nur einmal im Jahr von der Königin zur Welt gebracht, um auszufliegen, andere Ameisenköniginnen zu begatten und sofort wieder zu sterben.

Das Leben des lebendigen Ameisennests teilt sich in zwei, in regelmäßigen Abständen wiederkehrende Phasen ein, die ganz vom Gebärzyklus der Königin und der Entwicklung ihrer Brut abhängen. Unmittelbar nach ihrer Geburt hat sich die Königin mit zehn bis zwanzig Männchen gepaart und dabei genug Spermien in ihrem Körper eingelagert, um sämtliche Eier zu befruchten, die sie im Laufe ihres Lebens legen wird – das heißt im Normalfall mehrere Millionen. Nun produziert sie im Abstand von jeweils ungefähr fünf Wochen mehrere Tausend neue Arbeiterinnen, um alte und gestorbene Arbeiterinnen zu ersetzen und so die Zahl des Ameisenvolks immer auf dem gleichen Stand zu halten.

Die Phase, in der die Königin Eier legt und diese Eier reifen, dauert etwa drei Wochen. In dieser stationär genannten Phase bleibt das Biwak der Ameisen an einem festen Ort und ein Teil des Ameisenvolks unternimmt jeden Tag einen Jagdausflug, um das Nest mit Nahrung zu versorgen. Nach drei Wochen jedoch schlüpfen die Larven aus den Eiern, gleichzeitig schlüpfen aus den verpuppten Larven des vorhergehenden Gebärzyklus neue Ameisen – und der Nahrungsbedarf des Nests steigt rapide an.

Dann folgt auf die stationäre die sogenannte nomadische Phase der Wanderameisen, die ihrerseits zwei Wochen dauert. Das ganze Nest verwandelt sich in ein riesiges, millionenköpfiges Heer, das raubend und mordend durch den Dschungel zieht und all sein Leben unter einem großen, todbringenden Teppich bedeckt.

Wissenschaftler gehen nicht davon aus, dass der einzelnen Ameise in irgendeiner Form bewusst ist, welche Rolle sie im großen Ganzen des Ameisenstaates spielt. Gerade aufgrund solcher verblüffenden Gemeinschaftshandlungen wie der, aus den eigenen Leibern ein Nest zu bauen, sprechen manche Forscher im Zusammenhang mit Ameisenvölkern jedoch gerne von Kollektivintelligenz. Diese soll bei einem Ameisenstaat zusammengenommen der eines Schimpansen entsprechen – ein Gedanke, der einem einen kalten Schauer über den Rücken laufen lässt, wenn man beobachtet, wie ein eben noch als dichter, kopfförmiger Ballen an einem Baum hängender Riesenschwarm langsam auseinanderfließt und auf dem Dschungelboden Heeresformation annimmt. Als »ein einziges Tier mit Millionen Mäulern und Stacheln« bezeichnete der berühmte amerikanische Insektenforscher Edward Wilson den Schwarm der Wanderameisen, als »die fürchterlichste Erscheinung in der Welt der Insekten«.

Wie bei den Tagesraubzügen findet der Aufbruch der Ameisen auch jetzt im Morgengrauen statt. Niemand weiß genau, wie die Ameisen sich darauf verständigen, dass sie, statt wie bisher auf eine ihrer kleineren Tagestouren zu gehen, sich plötzlich zu einem ihrer zwei Wochen dauernden Monumentalfeldzüge aufmachen. Man nimmt jedoch an, dass bestimmte, von den neu geschlüpften Larven verbreitete Duftstoffe das Ameisenvolk dazu anregen. Es ist ja auch hauptsächlich ihr Hunger, der mithilfe des Feldzugs gestillt werden soll.

Schon die sich weit über den Dschungelboden auffächernden Tagesraubzüge können sich über eine Breite von mehreren Metern erstrecken. Jetzt fächert sich das Ameisenheer jedoch zu einer Front auf, die mehr als 15 Meter breit sein kann, und ihr gar nicht so langsames Näherrücken ist ein Naturspektakel, das schon viele Insektenforscher mit allergrößter Ehrfurcht beschrieben haben. Bei so vielen kleinen Soldaten kann man das normalerweise unhörbare Geräusch, mit denen ihre winzigen Füßchen übers Laub trippeln, als lautes Rascheln wahrnehmen. Noch deutlicher aber ist das Rascheln, Fiepen und Zirpen all der Insekten und Tiere zu hören, die vor dem heranrückenden Ameisenheer fliehen. Wanderameisen werden auch Treiberameisen genannt, weil sie auf ihren Feldzügen die Bewohner des Dschungels wie eine Feuerwalze vor sich her treiben.

Tatsächlich ist ihre Wirkung der eines Waldbrands durchaus ähnlich. Was immer ihnen in den Weg gerät, die Wanderameisen fallen zu Dutzenden und Hunderten darüber her, lähmen es mit ihren giftigen Stacheln und reißen es dann mit ihren kräftigen Kieferzangen auseinander. Anders als afrikanische Wanderameisen, deren Kieferzangen noch schärfer sind, sind südamerikanische Wanderameisen bei vielen größeren Tieren nicht in der Lage, sie in Stücke zu zerteilen, die klein und handlich genug wären, um sie als Proviant für das Nest mitzuschleppen. Doch sie attackieren diese Tiere trotzdem – Eidechsen, Schlangen, sogar Vögel, die in ihrem Nest sitzen und ihre Brut bewachen – und lassen sie tot hinter ihrer erbarmungslos voranschreitenden Frontlinie zurück.

Die Hauptnahrung der Wanderameisen besteht aus anderen Insekten und deren Nachwuchs. Sie überfallen andere Ameisen- und Termitenstaaten genauso wie Wespen- und Bienenvölker. Aber auch jeden Käfer, jede Schabe und jede Grille, die ihnen in die Quere kommt, bringen sie um, jede Raupe und jeden Grashüpfer. Selbst wehrhafte und ihnen körperlich eigentlich weit überlegene Krabbeltiere müssen sich vor den Ameisen in Acht nehmen: Vogelspinnen und giftige Hundertfüßler genauso wie Skorpione.

Wenn zum Beispiel eine kleine Vorhut des Ameisenheers auf einen ganzen Kerl wie *Tityus dedoslargos* trifft, einen Skorpion mit besonders großen Klauen und fast zehn Zentimetern Körperlänge, mag die Attacke für ihn zunächst noch wie ein Zwergenaufstand wirken. Doch die kleinen Ameisen, die sich in seine Beine verbeißen, lassen sich selbst mithilfe seines Stachels nicht von ihrem größenwahnsinnigen Vorhaben abbringen. Und was ihm noch viel größere Sorgen bereiten sollte: Während ihres Skorpion-Rodeos versprühen sie die ganze Zeit über spezielle Duftstoffe und rufen so nach Verstärkung.

Bald werden aus einem halben Dutzend Ameisen zwanzig, aus zwanzig fünfzig und aus fünfzig hundert. Sogar fliehen kann der Skorpion schließlich nicht mehr, weil seine Gegner sich mit allen Beinen, mit denen sie sich gerade nicht an ihm festhalten, in den Untergrund verhaken und ihn so an den Boden fesseln wie die Liliputaner einst den großen Gulliver.

Seine Augen verraten dem Skorpion nicht viel. Er ist fast genauso blind wie die über ihn herfallenden Ameisen selbst. Aber Vibrationen kann er gut wahrnehmen, noch auf einen halben Meter Entfernung spüren, wie eine Schabe in der Erde gräbt. Und was er jetzt spürt, verrät ihm, dass er die Situation von Anfang an falsch eingeschätzt hat. Auch die ungefähr hundert Ameisen, die inzwischen auf seinem Rücken sitzen, bilden in Wirklichkeit nur eine kleine Vorhut – und bald ist von außen kein Zentimeter mehr von dem Skorpion zu erkennen. Weder sein Stachel noch seine langen Scheren ragen aus dem wimmelnden rotbraunen Klumpen mehr heraus, unter dem er begraben ist. Die Ameisenarmee bezwingt ihren Gegner mit der ältesten Erfolgsstrategie, die es im Kriegshandwerk gibt: schierer Übermacht.

Etwa 3 000 Beutetiere erlegen die Wanderameisen auf diese Weise pro Stunde. Ungefähr 30 000 Käfer, Würmer, Spinnen und Skorpione werden sie insgesamt erbeutet haben, wenn sie sich am Abend ein paar hundert Meter weiter wieder alle zusammenfinden, um einmal mehr ihr lebendiges Nest unter einem Baum oder einem Felsvorsprung zu bauen. Der Beutezug verläuft in mehr oder weniger gerader Linie durch den Dschungel, wobei sich die Frontlinie an den Duftstoffen orientiert, die die Stoßtrupps versprühen, und an den Pheromonstraßen, die die Vorhut immer wieder nach hinten legt. Die Front bewegt sich dabei relativ rasch durchs Unterholz. Dahinter folgen kleinere nachziehende Kolonnen, die ganz darauf spezialisiert sind, die erlegte Beute auseinanderzunehmen und in handliche Portionen zu zerteilen.

Das Heer der Wanderameisen ist so gut organisiert wie jedes menschliche, vielleicht sogar besser – und wie den großen, das Land mit Vernichtung und Tod überziehenden Heeren des Dreißigjährigen Krieges folgt auch diesem ein riesiger Tross von Profiteuren und Leichenfledderern, der seinen Vorteil aus dem Feldzug schlagen will. So fliegen der roten Flut zum Beispiel stets bestimmte Zaunkönige und Drosseln hinterher, die »Ameisenvögel« genannt werden und sich darauf spezialisiert haben, vor der Frontlinie aufspringende Insekten zu erbeuten. Es gibt Käfer, die so ähnlich aussehen wie die Wanderameisen selbst und sich über verletzte Tiere hermachen, die die Ameisen nicht mitnehmen. Andere Käfer haben das Aussehen der Larven der Wanderameisen angenommen und lassen sich von diesen wie erwachsene Säuglinge umsorgen und von einem Neststandort zum nächsten tragen. Auch von unzähligen Milbenarten werden die Ameisen begleitet, die sich von ihrem Blut ernähren und wie ungebetene Reiter auf ihrem Rücken von Schlacht zu Schlacht ziehen. Manche Schmetterlinge schließlich nutzen die Kadaver, die hinter der Front zurückbleiben, als Brutstätte für ihren Nachwuchs und legen ihre Eier praktisch mitten auf dem Schlachtfeld ab.

Die in Afrika lebenden Wanderameisen sind noch gefährlicher als die in Südamerika, und dort kommt es sogar gelegentlich vor, dass ihnen Menschen zum Opfer fallen: Kleinkinder und Kranke, die sich nicht rechtzeitig vor ihnen in Sicherheit bringen können. Doch grundsätzlich geht für den Menschen keine Gefahr von den Ameisen aus, dafür bewegen sie sich dann doch zu langsam. Im Gegenteil: In vielen Ländern begrüßen es die Einheimischen sogar, wenn Wanderameisen durch ihre Dörfer ziehen. Denn nicht nur der Dschungel- oder Savannenboden steckt voller unsichtbarem Ungeziefer, auch ihre Hütten sind voll davon. Und kein Kammerjäger arbeitet so gründlich wie dieses Heer aus Millionen winziger Mäuler.

…arantelwespe, Fingertier und Steinadler: Vor diesen Mördern sind die Opfer …elbst im eigenen Heim nicht sicher.

I

Setzen auf eine gute Tarnung, um Beute zu machen: Der Kragenbär hier unver-kleidet, der Mimikrykrake in seiner Rolle als Flunder.

Während die Todesotter ihr Schwanzende benutzt, um ihre Opfer anzulocken,
at der Teufelsangler dazu einen Fortsatz auf der Stirn.

Tödliche Versuchung: Sowohl gewisse Glühwürmchenfrauen als auch die lasso schwingende Bolaspinne setzen sexuelle Signale zur Jagd ein.

emeinsam mordet sich's leichter: Buckelwale beim gemeinschaftlichen Fisch- ng, Wanderameisen auf einem ihrer Massenraubzüge.

*Serienmörder: Der Neuntöter legt sich kleine Leichensammlungen an, der Ster*mull *mordet blitzschnell mit Hilfe seiner seltsamen Nase.*

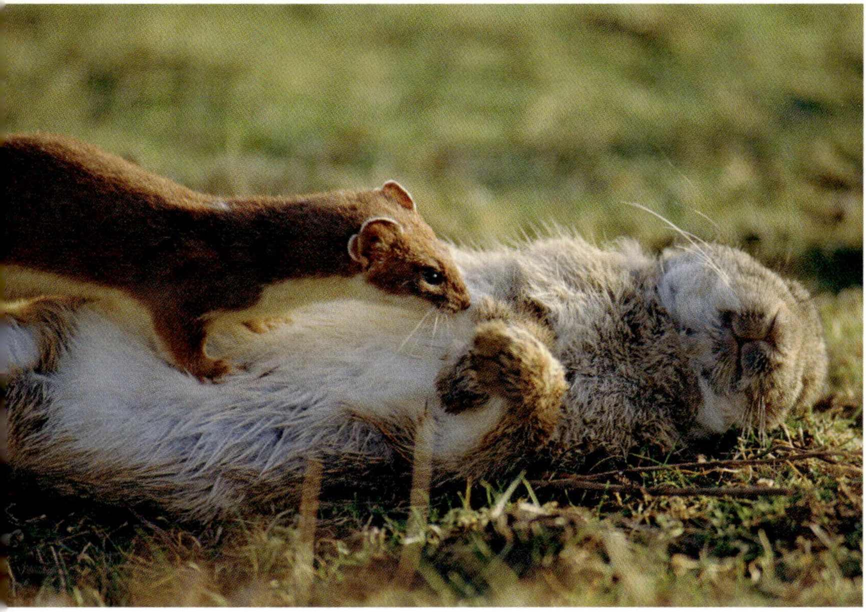

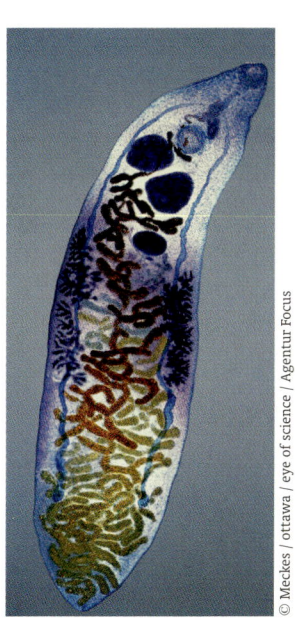

ermelin, Tintenfisch und Leberegel: Hinterlistige Psychokiller, deren Opfer erst en Verstand verlieren und dann das Leben.

Beides gefürchtete Scharfschützen: Das Chamäleon mit seiner schnellen Zunge, der Pistolenkrebs mit seinem WG-Partner, der Grundel.

6. Serienmörder

Täter: Neuntöter
Opfer: Eidechse
Tatort: Deutschland

Wohl kaum etwas auf der Welt bietet einen so idyllischen Anblick wie eine in voller Blüte stehende Frühlingswiese. Das hohe, hier
und da noch vom Morgentau glänzende Gras liegt wie ein leuchtender grüner Teppich unter dem strahlend blauen Himmel. Bienen
summen zwischen den süß duftenden Blumen umher, Schmetterlinge
umflattern einander in verspielter Balz. Grillen zirpen, irgendwo
springt ein Grashüpfer seinen hohen, weiten Bogen, woanders hangelt
sich ein dicker Blattkäfer behäbig einen Halm hinauf. Eine Feldmaus
raschelt leise durchs Gras, ein paar Meter weiter eine Blindschleiche.
Und über allem erklingt das lustige Gezwitscher einiger junger Vögel,
die am Rand der Wiese auf einem ebenfalls in voller Blüte stehenden
Apfelbaum in ihrem Nest sitzen.

Auch eine unserer heimischen Eidechsen, *Lacerta agilis*, die
Zauneidechse, liegt auf der Wiese auf einem Stein und sonnt sich. Wie
alle Reptilien ist sie ein Wechselblüter und muss nach der kühlen
Nacht erst ihren Körper aufwärmen, bevor sie ihrem Tagwerk nachgehen kann. Durch ihre graubraune Färbung auf dem Stein gut getarnt, wendet sie ihre Breitseite der Sonne zu und fängt so viele der auf
die Wiese niederflutenden Sonnenstrahlen auf wie möglich. Beobachtet dabei sicher mit einem Auge aufmerksam den kletternden Käfer in
ihrer Nähe. Verfolgt mit dem anderen die unsichtbar über die Halme
gespannten Bögen des Grashüpfers. Nimmt aber trotz aller hungriger
Gedanken vielleicht auch – wer kann es schon genau wissen? – etwas
von der Schönheit und Friedlichkeit des sie umgebenden Frühlings-
idylls wahr, und sei es nur in Form eines allgemeinen, von der Sonne
verursachten Wohlgefühls.

Plötzlich jedoch hört die Eidechse ein lautes Flattern und erstarrt (im Gegensatz zu Schlangen haben Eidechsen nach außen geöffnete Gehörgänge, mit denen sie Geräusche gut wahrnehmen können). Kurz überlegt sie, von ihrem Stein hinunterzukriechen und Schutz im dichten Gras zu suchen. Aber da sie die Quelle des Geräuschs nicht sofort ausmachen kann und mit einer plötzlichen Bewegung einen Feind erst recht auf sich aufmerksam machen könnte, vertraut sie lieber auf ihre Tarnfarbe und hält still.

Die Entscheidung erweist sich als richtig. Tatsächlich flattert ein Vogel heran und schnappt sich den dicken Blattkäfer – gerade als dieser die Spitze seines Halms fast erreicht hatte. So schnell kann der Tod in das Idyll Einzug halten. Die Eidechse weiß das nur zu gut. Einen Moment zuvor hat sie sich ja selbst noch beim Gedanken an den fetten Happen mit ihrer langen rosafarbenen Zunge hungrig über ihre dünnen grauen Reptilienlippen geleckt.

Die Eidechse wendet sich also wieder ihrem Sonnenbad zu und versucht wenigstens zu erspähen, wo der Grashüpfer inzwischen herumspringt. Kurz lässt sie den Blick über die Halme streifen, hört aber gleich darauf erneut das rasche Flattern und blickt erschrocken zu dem Apfelbaum auf. Ja, der Vogel, der sich dort gerade auf einem Ast niedergelassen hat, ist unverkennbar derselbe wie eben. Er hat dieselbe amselähnliche Größe, denselben roten Rücken, hellen Bauch, graublauen Kopf und vor allem dieselbe auffällige schwarze Augenbinde – wie Zorro oder ein Mitglied der Panzerknackerbande. Den dicken Blattkäfer von eben hat er wohl in einem Stück hinuntergeschlungen, scheint aber trotzdem noch hungrig zu sein. Er legt den Kopf auf die Seite und die Eidechse sieht beunruhigt, dass er genau in ihre Richtung blickt. Sofort darauf stößt er von seinem Ast herunter – die Eidechse erstarrt vor Schreck. Sieht dann jedoch erleichtert, dass der räuberische Flattermann es auch diesmal auf jemand anderen abgesehen hat. Während sie selbst mit pochendem Herzen ihre Aufmerksamkeit ganz dem maskierten Mörder auf dem Ast zugewendet hat, muss der Grashüpfer wohl noch einen seiner verräterischen Hüpfer gemacht haben.

Gleich zweimal das Frühstück vor der Nase weggeschnappt zu bekommen, kann selbst das Blut eines Kaltblüters zum Kochen bringen. Allerdings ist es immer noch besser, als selbst zum Frühstück zu werden. Und als der Räuber einmal mehr davongeflattert ist, entspannt sich die Eidechse wieder: Sie passt offenbar nicht in sein Beuteschema.

Keine Minute vergeht jedoch und der Vogel kehrt erneut zurück. Diesmal holt er sich ein Mitglied des Grillenorchesters.

Vielleicht hat er ein Nest voller hungriger Mäuler zu stopfen, wie das junge Buchfinkenpärchen oben in dem Apfelbaum. Aber als die Eidechse auf die fernen Stimmen junger Nestvögel horcht, hört sie nur wieder das hungrige Piepen der Finkenküken direkt in ihrer Nähe, wie schon den ganzen Morgen. Und gleich darauf flattert der maskierte Vogel ein weiteres Mal heran und schnappt sich auch eins der Vogelkinder.

Als der Vogel von dieser Blitzattacke erneut zurückkehrt, ist eine Biene dran. Dann die Blindschleiche, die wohl zu laut im Gras geraschelt hat. So hungrig kann auch die hungrigste Vogelbrut nicht sein, denkt die Eidechse, für so ein Verhalten kommen nur psychopathologische Gründe infrage – und sie will schnell von ihrem Stein herunter, will so schnell wie möglich in den Schutz des hohen Grases fliehen, vor diesem übereifrigen Serienkiller. Zum Glück ist sie inzwischen auch einigermaßen aufgewärmt und ihr Körper hat Betriebstemperatur angenommen. Doch ihre Glieder sind starr vor Angst und sie kann sich trotzdem keinen Millimeter bewegen.

Wieder nähert sich das todbringende Flattern. Diesmal muss eine Feldmaus dran glauben, gleich darauf einer der verliebten Schmetterlinge. Die Eidechse nimmt alle ihre Sinne zusammen, um endlich zu flüchten. Nicht nur den Stein, sondern gleich die ganze Wiese will sie verlassen. Das Überleben in der Natur ist sowieso schon hart. Aber mit so einem Psychopathen in der Nachbarschaft wird es praktisch unmöglich.

Endlich kriegt sie ihre steifen Glieder dazu, sich zu rühren, sucht sich dafür jedoch den denkbar schlechtesten Moment aus. Kaum hebt sie das erste Bein, stößt wieder der flink heranflatternde Maskenmörder vom Himmel herab. Und trägt auch sie in seinen Krallen davon.

Der Vogel ist kein Riese und kann die Eidechse nur gerade so durch die Luft tragen. Obwohl er versucht hat, sie sofort mit einem Hieb seines gebogenen Schnabels zu töten, lebt sie noch, und als er mit ihr auf eine nahe Dornenhecke zufliegt, hofft sie, in seinem Nest noch eine Chance zur Flucht zu bekommen.

Doch er fliegt mit ihr nicht zu dem tief im Dorngestrüpp verborgenen Nest, aus dem die Eidechse jetzt tatsächlich das Piepen seiner Jungen hören kann, sondern zu einem eng mit Dornen besetzten Zweig in der Nähe. Hier bietet sich der Eidechse ein grausiges Bild: Fein säuberlich nebeneinander aufgereiht wie Museumsexponate, jeder Körper gewissenhaft aufgespießt auf einen Dorn, sind hier alle Opfer des räuberischen Vogels versammelt. Der Käfer bewegt noch in vergeblichem, nur an das Blau des Himmels rührendem Lauf seine Beine. Der Schwanz der Maus aber hängt schon schlaff herab wie eine Lampenschnur. Vier, fünf, sechs, sieben, acht Opfer zählt die Eidechse – im milden Morgenlicht sehen sie aus wie die Sammlung eines verrückt gewordenen Naturforschers. Doch da landet der Vogel schon auf dem Zweig und macht die Eidechse selbst zum neunten.

Lanius collurio, der Neuntöter, war eine Zeit lang so selten in Deutschland geworden, dass er auf die Rote Liste gefährdeter Vögel gesetzt wurde. Er baut sein Nest im Schutz dichter Dornenhecken, am liebsten am Waldrand, in der Nähe von Wiesen, wo er auf Futtersuche gehen kann. Und die Veränderung der Landschaftsstruktur, besonders die Rodung von Hecken und Sträuchern, aber auch der intensive Einsatz von Pestiziden und Düngemitteln beeinträchtigten seinen Lebensraum so stark, dass er vom Aussterben bedroht war.

Inzwischen schätzt der deutsche Naturschutzbund, dass wieder zwischen 100 000 und 200 000 Neuntöterpärchen jedes Jahr den Sommer in Deutschland verbringen, um sich zu paaren und ihre Brut großzuziehen. Den Winter verbringt der Vogel im südlichen Afrika, aber ab April und dann bis etwa Ende August kann man ihn in unseren Breiten antreffen und an Heckenwegen und Dornenbüschen auf seine seltsamen Leichensammlungen stoßen. Manchmal benutzt er auch an Zäunen aufgespannten Stacheldraht, um seine Opfer aufzuspießen.

Seinen Namen gab der Volksmund dem Neuntöter, weil es hieß, dass er stets erst neun Tiere töte und aufspieße, bevor er zu fressen beginne. In der Tat stellt die grausige Galerie seine Vorratskammer dar. Um für Schlechtwettertage vorzusorgen, an denen kein Käfer und keine Maus vor die Tür geht, legt sich der kluge kleine Vogel einen

Nahrungsvorrat an. Sonst kann es leicht passieren, dass seine Brut verhungert. Auf die Dornen spießt er seine Beute, um sie mit seinem gebogenen Schnabel besser zerlegen zu können. *Lanius*, der erste Teil seines lateinischen Fachnamens, bedeutet »Fleischer«. Der Zusatz *collurio* steht für »Raubvogel«.

Auch Dorndreher, Neunwürger und Würgeengel wird der Neuntöter genannt – und besonders wohlmeinende Vogelliebhaber plädieren schon seit Längerem dafür, nur noch die korrekte ornithologische Bezeichnung »Rotrückenwürger« für den mittelgroßen Sperlingsvogel zu verwenden, damit er sein makabres Image endlich loswird. Obwohl er auf die vergleichsweise harmlose Gewohnheit zurückgeht, unverdauliche Nahrungsbestandteile in Form von kleinen Ballen wieder auszuwürgen, klingt natürlich auch der Gattungsname »Würger« nicht gerade nach einem besonders freundlichen Zeitgenossen. Und in der Verwandtschaft des Rotrückenwürgers finden sich die seltsamsten Typen. Das Besondere am Rotkopfwürger, dem Rotschwanzwürger und dem Rotbürzelwürger kann man sich noch leicht vorstellen. Auch Masken-, Schwarzstirn- und Graumantelwürger lassen sich noch halbwegs einordnen, wenngleich schon in eine zwielichtigere Kategorie, ebenso wie der aus der Boulevardpresse vertraut klingende Louisianawürger, der Tibet-, Burma- und Sao-Tomé-Würger. Aber was ist mit dem Schachwürger? Bezieht sich sein Name einfach nur auf sein schwarz-weißes Gefieder oder ist er etwa als schlechter Verlierer bekannt? Und wenn diesen kleinen Raubvogel schon ein verlorenes Brettspiel aus der Fassung bringt, kommen dann dem Fiskalwürger beim Lesen seines Steuerbescheids seine mörderischen Gedanken?

Die Einzigen, die die Leichensammlung des Neuntöters nicht grausig finden, sind übrigens die Neuntöterweibchen. Im Gegenteil: Wissenschaftler haben herausgefunden, dass sie gerade auf die brutalsten Serienmörder besonders stehen. Und sich am liebsten mit denjenigen paaren, die die meisten Opfer auf ihrem Zweig aufgespießt haben.

Täter: Raubwanze
Opfer: Termite
Tatort: Mittelamerika

Salyavata variegata, die Südamerikanische Raubwanze, kommt in Mexiko, Mittelamerika und in der nördlichen Hälfte Südamerikas vor. Sie wird etwa zwei Zentimeter groß und sieht von der Form her aus wie ein ganz gewöhnlicher länglicher Käfer. Auffällig sind höchstens die kleinen dornenähnlichen Stacheln, die um ihren Rücken herumlaufen, sowie ihre Musterung: Die Beine sind schwarz-braun gestreift und die auf dem Rücken zusammengelegten Flügel sind mit verschlungenen, ebenfalls schwarz-braunen Arabesken bedeckt.

Betrachtet man den Kopf der Wanze genauer, fällt eine weitere Besonderheit auf: ein Rüssel, der unterhalb der langen Fühler und großen Augen der Wanze hervorsteht und sich aus mehreren harten Segmenten zusammensetzt. Die Wanze kann ihn an einer Rille in ihrem Brustpanzer reiben und auf diese Weise grillenähnliche Geräusche erzeugen, um mit ihren Artgenossen zu kommunizieren. Hauptsächlich benutzt sie den Rüssel jedoch, um Termiten auszusaugen, ihre Leibspeise, was wiederum auch das seltsame Muster auf ihrem Rücken erklärt. Es ist der braunen, mit verschlungenen dunklen Furchen durchzogenen Oberfläche nachempfunden, wie sie für die Nester einer bestimmten Art von Termite typisch ist, und soll verhindern, dass die Wanze von einem Vogel oder einem anderen Fressfeind überrascht wird, während sie auf dem Nest herumkrabbelt und selbst ihre Opfer jagt.

Die Termitenart, auf die sich *Salyavata* spezialisiert hat, heißt *Nasutitermes corniger*, wird etwa fünf Millimeter groß und lebt auf Bäumen. Um einen möglichst senkrecht stehenden Zweig herum bauen die Termiten eiförmige, bis zu einem halben Meter große Nester, die etwas zu stark aufgepumpten, in einer Astgabel hängengebliebenen Rugbybällen ähneln. Tief im Innern des Nests wird die Königin der Termiten gehütet, die ständig neuen Nachwuchs gebiert. Drumherum schichtet sich das streng geordnete Chaos des vielköpfigen Termitenstaats. Umgeben und geschützt wird das Nest von einer in sich geschlossenen Hülle, die nur dann geöffnet wird, wenn es im

Innern zu eng wird und mal wieder ein Anbau fällig ist oder das Nest irgendwie von außen beschädigt wurde. Und für die Ausbesserungsarbeiten benutzen die Termiten dasselbe Material, das sie bereits für den Bau des ganzen Nests benutzt haben: unverdaute, aus dem Magen hochgewürgte Essensreste, die sie mithilfe eines klebrigen Analsekrets zu pappmascheeartigen Wänden verfestigen.

Man könnte meinen, dass Bauarbeiter, die mit dieser Art von Baumaterial umgehen, sich um unliebsame Zaungäste keine Sorgen machen müssen. Doch das Gegenteil ist der Fall, und sobald sich auch nur das kleinste Loch in der Hülle des Nests auftut, stürmen von allen Seiten hungrige Raubwanzen herbei und fallen über die unglückseligen Bauarbeiter her. Jeder Bautrupp wird deswegen von einer eigenen Kompanie Soldaten bewacht. Diese machen rein größenmäßig zwar nicht viel mehr her als die Arbeiter und verfügen auch nicht über die riesigen Beißzangen, mit denen die Soldaten vieler anderer Termitenarten ihre Völker gegen Feinde verteidigen. Aber dafür haben sie einen kleinen braunen Dorn auf der Stirn, aus dem sie eine giftige Flüssigkeit auf ihre Gegner spritzen können.

Erwachsene Raubwanzen sind gegen das Gift der Termitensoldaten immun oder haben sich damit abgefunden, bei ihren Raubzügen von den kleinen Quälgeistern damit bespritzt zu werden. Junge Raubwanzen jedoch scheuen die ätzende Flüssigkeit wie der Teufel das Weihwasser und haben deshalb eine ungewöhnliche Strategie entwickelt, um von den Soldaten bei ihren Raubzügen nicht bemerkt zu werden.

Zunächst einmal tarnen sich die Wanzen gut. Sie scheinen früh zu begreifen, dass das Überleben im tropischen Dschungel kein Zuckerschlecken ist, und bedecken ihren Körper mit dem unappetitlichen braunen Baumaterial der Termiten. Sie tarnen sich so gut, dass die amerikanische Forscherin Elizabeth McMahan, die die Raubwanzen 1980 entdeckte, sie fast übersehen hätte, als sie damals im costaricanischen Dschungel unterwegs war, um die eiförmigen Nester von *Nasutitermes corniger* zu studieren. Allerdings geht es den jungen Wanzen bei ihrer Tarnung nur in zweiter Linie darum, so unsichtbar zu werden wie die mit schwarz-braunen Mustern bedeckten erwachsenen Raubwanzen. In erster Linie geht es ihnen um ihren Geruch. Denn wie viele ihr ganzes Leben in einem dunklen Bau zubringende Termiten sind auch die der Gattung *Nasutitermes* größtenteils blind.

Und wenn die Wanzen sich den Rücken mit dem widerlichen Baustoff des Nests bedecken, wollen sie dadurch vor allem dem Geruchssinn der kleinen Termitensoldaten ein Schnippchen schlagen und wie ein harmloser Teil der allgemeinen Geruchslandschaft wirken.

Solange die Baustelle in vollem Betrieb ist und die Termiten auf der Außenwand des Baus herumkrabbeln, ist die Jagd für eine Raubwanze leicht. Genau wie die erfolgreich getäuschten Soldaten halten auch die blinden Arbeiter sie für einen Teil des Baus und laufen ihr geradewegs in die Arme. So kann sie ohne viel Aufwand ein Opfer nach dem anderen beiseiteschleppen, sich in seinem hilflos zappelnden Hinterleib eine weiche Stelle für ihren Rüssel suchen und es in aller Ruhe aussaugen.

Die Termiten scheinen jedoch instinktiv zu wissen, wie gefährlich es ist, sich außerhalb ihrer schützenden Wände aufzuhalten. Vielleicht spricht es sich auch auf irgendeine, durch Chemikalien kommunizierte Weise in dem Bautrupp herum, dass ein Kollege nach dem anderen auf mysteriöse Weise verschwindet. Jedenfalls arbeitet der Trupp fieberhaft daran, den Anbau so schnell wie möglich fertig zu bekommen und das Loch in dem Termitenbau möglichst rasch wieder zu schließen.

Bald ist auch tatsächlich nur noch eine kleine Öffnung übrig, ein kleiner Spalt, an dem nur noch zwei Mitglieder des Bautrupps arbeiten. Abwechselnd würgen sie unverdaute Zellulosebrocken hoch, geben aus dem Hinterleib einen Tropfen Analflüssigkeit darauf und bringen das Ganze dann mit ihren kleinen Kauwerkzeugen in Form. Im Gegensatz zu vorher arbeiten die Termiten jetzt jedoch auf der anderen Seite der Wand, im sicheren Innern des Nests. Sodass das grausame Blindekuh-Spiel, mit dem die Raubwanze im Laufe der vergangenen Stunde den Bautrupp um ein Mitglied nach dem anderen dezimiert hat, wohl endlich ein Ende hat.

Doch erst jetzt stellt die Raubwanze das ganze Ausmaß ihrer kriminellen Energie unter Beweis. Um auch jetzt noch weiterzumorden zu können, benutzt sie einen heimtückischen Trick.

Mit der leergesaugten Körperhülle ihres letzten Opfers im Maul krabbelt die Wanze auf das Bauloch zu, das jetzt kaum noch größer als ein einzelner Termitenkopf ist. Sie scheint das Verhalten der Termiten genau studiert zu haben und jeden Schritt ihrer Opfer exakt vorauszuberechnen.

Die Termiten, und besonders die Termitenarbeiter, arbeiten nach festen, unumstößlichen Regeln und haben für jede Situation, die in und um den Bau herum auftreten kann, eine klare, strikt zu befolgende Verhaltensanordnung im Kopf. Auf einen Nichteingeweihten mag das Treiben in dem von etwa 100 000 Termiten bevölkerten Nest wie die größte vorstellbare Unordnung wirken. In Wirklichkeit ist das Leben darin jedoch strenger organisiert als in jeder Militärkaserne, und eine der obersten Maximen seiner fleißigen Bewohner lautet, dass nichts verschwendet wird. Liegt also irgendwo eine tote Termite herum, und sei es auch nur auf der Außenhaut des Nests, ist sie unverzüglich in die Vorratskammern des großen Termitenstaats abzutransportieren. So kann sie später an die eigenen Artgenossen verfüttert werden und auch über den Tod hinaus noch dem Wohl der Gemeinschaft dienen, wie es sich für eine anständige Termite gehört.

Einer der Arbeiter bemerkt also den toten Termitenkörper am Rand der Öffnung und betastet ihn prüfend mit seinen Fühlern. Vielleicht entsteht ein kurzer Befehlskonflikt in seinem kleinen Hirn, eine flüchtiges neuronales Feuergefecht zu der Frage, ob es nun wichtiger ist, den Bau möglichst schnell wieder zu schließen oder die kostbaren Proteine, die in dem toten Artgenossen stecken, nicht ungenutzt davor herumliegen zu lassen. Letztendlich packt der Arbeiter die tote Termite jedoch und wird im selben Moment selbst gepackt, von den mit klebrigen Härchen bedeckten Fangarmen der Raubwanze fest umschlossen und wie ein hilfloser Wurm aus dem Bau gezerrt.

Eigenartigerweise beherrschen nur die noch nicht voll ausgewachsenen Raubwanzen die listige Methode, mit der sich die ahnungslosen Arbeiter aus dem Nest fischen lassen, und sie wenden sie oft auch dann an, wenn der Bautrupp noch auf der Außenwand des Nests umherkrabbelt, offenbar weil sie so die geringste Gefahr laufen, von den giftspritzenden Termitensoldaten erwischt zu werden. Elizabeth McMahan, deren ausführliche filmische Dokumentation des Verhaltens von *Salyavata variegata* in einer speziellen Sammlung der Universität von North Carolina aufbewahrt wird, hat seinerzeit beobachtet, wie eine der Wanzen mit dem raffinierten Trick innerhalb von drei Stunden mehr als 30 Termiten aus einem Nest fischte. In der Regel saugt die Wanze ihr Opfer aus und verwendet dessen leere Hülle dann, um das jeweils nächste Opfer zu täuschen – ein bisschen wie in einem Schnellrestaurant, in dem man mit seinem leeren Getränkebecher immer wieder zum Nachfüllautomaten gehen kann. Vielleicht um sich noch besser zu tarnen, spießen einige Raubwanzen die leeren Hüllen ihrer Opfer aber auch auf ihrem dornigen Hinterleib auf: laufen mit einem Stapel toter Termiten auf dem Rücken durch die Gegend – wie ein Kopfjäger, der eine ganze Sammlung Schrumpfköpfe an seinem Lendenschurz hängen hat.

Täter: Sternmull
Opfer: Erdmilbe
Tatort: USA

Condylura cristata, der Sternmull, gehört zur Familie der Maulwürfe und kommt hauptsächlich im Osten der USA vor. Er mag seine Erde etwas feuchter als andere Maulwürfe und lebt deshalb vor allem in Sumpf- und Marschgebieten, meistens sogar in der Nähe eines kleinen Teichs oder Tümpels. Ansonsten pflegt er so ziemlich die gleiche Lebensweise wie seine Artgenossen, gräbt weitverzweigte Gangsysteme unter der Erde, bringt dort seine Jungen zur Welt und durchkriecht die dunklen Erdgänge auf der Suche nach Nahrung.

Ein Merkmal jedoch unterscheidet den Sternmull, der auch Sternnasenmaulwurf genannt wird, grundsätzlich von allen anderen Maulwürfen. Vorne auf seiner Schnauze sitzt eines der eigenartigsten Gebilde, das die Tierwelt zu bieten hat. Es sieht aus wie ein kleiner rosafarbener Seestern oder eine Seeanemone, die ein verrückter Frankenstein-Professor dem Gesicht des Maulwurfs aufgepfropft hat, und lässt das ansonsten so vertraut wirkende Tier aussehen wie eine Chimäre, wie ein willkürlich von der Natur zusammengewürfeltes Mischwesen.

Die Sternnase des Sternnasenmaulwurfs besteht aus 22 kleinen fleischigen Tentakeln, die im Kreis um seine Nasenlöcher angeordnet sind und von der Schnauze abstehen wie winzige Finger. Wissenschaftler beobachteten immer wieder, wie der Maulwurf sich mit dem bizarr anmutenden Organ durch seine Gänge schnüffelte, doch wofür es genau da ist, wusste lange Zeit niemand. Einige Forscher dachten, es handele sich dabei um ein hochempfindliches Riechorgan, das dem Maulwurf helfe, sich unter der Erde zu orientieren. Andere glaubten, ihm sei so etwas wie eine fünfte Hand an der Schnauze gewachsen, mit der er seine Beutetiere packen und umhertragen könne. Wieder andere stellten die Theorie auf, dass die sternförmig angeordneten Fühler wie eine Art Antenne funktionierten, mit denen der Maulwurf elektrische Felder wahrnehmen könne.

Auf die richtige Erklärung für die seltsame Sternnase jedoch kam erst Ken Catania von der Vanderbilt-Universität im US-Bundesstaat Tennessee, als er Mitte der Neunzigerjahre den Maulwurf in seinem Labor mit einer Hochgeschwindigkeitskamera filmte. Und sie stellte sich als zugleich einfacher und erstaunlicher heraus als alle Erklärungen, die bis dahin zur Lösung des Rätsels vorgeschlagen worden waren.

Das ausgedehnte System aus Gängen, das ein Maulwurf unter der Erde anlegt, funktioniert in gewisser Weise wie ein großer Nahrungsfilter. Einige Maulwürfe wühlen auch innerhalb der schon gegrabenen Gänge noch ständig aufs Neue in der Erde, um Beute aufzuspüren. Manche gehen sogar außerhalb ihres Baus auf Nahrungssuche, kommen nachts aus ihren Maulwurfshügeln gekrochen und krabbeln schnüffelnd im Mondschein herum. Die meisten jedoch warten einfach ab, welche Würmer, Engerlinge und anderen in der Erde lebenden Kleintiere sich in ihre Gänge durchgraben, und ernähren sich sozusagen von dem, was durch die Wände ihrer Wohnung fällt.

Ein Tier, das regelmäßig in den Gängen des Sternnasenmaulwurfs auftaucht, ist *Acarus holosericeus*, die Erdmilbe. Sie ernährt sich von Pflanzenresten und im Erdreich lebenden Kleinorganismen, ist allerdings selbst so klein, dass sie vor den Nachstellungen eines Maulwurfs normalerweise sicher ist. Mit ihren drei bis vier Millimetern Körpergröße ist sie so winzig, dass sich für einen normalen Maulwurf der Aufwand nicht lohnt, sie in seinem Gang aufzuspüren. Die Energie, die er bräuchte, um ein so kleines Tier im Dunkeln zu finden, wäre so viel höher als die Energie, die es ihm als Mahlzeit zuführen würde, dass er auf Dauer verhungern würde. Milben passen nicht in die von der Evolution vorgegebene Kosten-Nutzen-Rechnung eines herkömmlichen Maulwurfs. Zu viele der winzigen Spinnentiere müsste er in zu kurzer Zeit finden, wenn er sich irgendwie von ihnen ernähren wollte.

Doch der Sternnasenmaulwurf rechnet anders. Im Unterschied zu gewöhnlichen Maulwürfen hebt er in seinen lichtlosen Bunkergängen nicht nur vollständige Menüs vom Boden auf, sondern lässt auch einzelne Minisnacks nicht links liegen. Maulwurfsforscher Ken Catania glaubt, dass es in der Entwicklungsgeschichte der Sternnasenmaulwürfe irgendwann einen längeren Zeitabschnitt gab, in dem ihre übliche Nahrung knapp wurde. Während dieser Zeit hatten diejenigen Individuen einen Vorteil, die in der Lage waren, auch sehr kleine Beutetiere schnell und effektiv aufzuspüren und so einen Teil ihrer gewohnten Nahrung zu ersetzen. Zu diesem Zweck wuchs den Maulwürfen der seltsame Ring aus Tentakeln auf der Schnauze. Ab einem gewissen Punkt überlebten nur noch diejenigen Exemplare, die aussahen, als hätte ihnen irgendein Witzbold einen Chinaböller in die Nase gesteckt.

Die Sternnase des Sternnasenmaulwurfs ist weder zum Riechen noch zum Greifen da (eine mögliche elektrosensorische Funktion wird weiterhin erforscht). Der Maulwurf benutzt die Tentakeln zwar tatsächlich wie eine Art Hand. Doch nicht um damit seine Beute zu packen oder umherzutragen, sondern um sie in seinen dunklen Gängen zu *ertasten*. Und das in atemberaubender Geschwindigkeit.

Catania fand heraus, dass die Tentakeln mit winzigen Tastzellen übersät sind. Obwohl der Nasenstern insgesamt nicht viel größer ist als eine Fingerspitze, hat der Maulwurf darauf fünfmal so viele Tastzellen wie wir auf einer ganzen Hand. Beobachtet man ihn ohne technische Hilfsmittel bei seiner Nahrungssuche, bekommt man höchstens mit, wenn er auf einen fetten Brocken wie einen Regenwurm oder eine gut genährte Insektenlarve stößt. Ansonsten scheint er über längere Strecken überhaupt nichts zu erbeuten. Doch das täuscht. Die Beute ist nur meist so klein, dass wir sie kaum sehen können – und der Maulwurf findet und verschlingt sie so schnell, dass das menschliche Auge zu langsam ist, um ihm dabei zu folgen.

Catania baute dem Maulwurf in seinem Labor einen gläsernen Gang, legte darin zwei Millimeter große Regenwurmscheiben aus, stellte unter dem Gang eine Hochgeschwindigkeitskamera auf und filmte damit den Maulwurf beim Fressen. Als er die Aufnahmen verlangsamt abspielte, konnte er erkennen, wie das Tier beim Krabbeln in einem fort mit seinen Tentakeln den Glasboden abtastete. Im Durchschnitt setzte der Maulwurf den Tentakelring zwölfmal in der Sekunde aufs Glas, und sobald er damit eine Regenwurmscheibe berührte, packte er sie blitzschnell mit seinen kleinen, pinzettenförmigen Zähnen und ließ sie in seinem Maul verschwinden. Abtasten, erkennen, verschlingen – all das dauerte zusammen nicht mal eine Viertelsekunde. Kaum die Hälfte der Reaktionszeit, die wir beim Autofahren brauchen, um eine rote Ampel zu erkennen und auf die Bremse zu treten. Der amerikanische Forscher hatte mit dem seltsam aussehenden kleinen Maulwurf den schnellsten Esser entdeckt, den es unter den Säugetieren gibt, wahrscheinlich sogar den schnellsten Schnellesser im Tierreich überhaupt. Den Nahrungswettkampf mit jenen Maulwürfen, denen keine Seeanemone aus der Nase wächst, entscheidet der Sternmull locker für sich. Durch einen mit kleinen Regenwurmhappen übersäten Parcours kann er sich 14-mal so schnell fressen wie einer seiner normalnasigen Vettern. In der Dunkelheit seiner unterirdischen Gänge begeht er seine Morde nicht nur in Serie, sondern regelrecht am Fließband. Beim Essen nicht so zu schlingen ist offensichtlich ein Rat, den Sternnasenmaulwürfe nicht oft von ihren Müttern zu hören kriegen. Für ein Tier mit einer so hohen Stoffwechselrate wie der des Maulwurfs, der schon nach zwölf bis 24 Stunden stirbt, wenn er nichts zu fressen findet, sind schlechte Tischmanieren überlebenswichtig.

Catania hat bei seinen Untersuchungen herausgefunden, dass der Sternmull so schnell mordet, dass er damit zum Teil sogar sein eigenes Hirn überfordert. Nicht weil er moralische Bedenken hätte, sondern weil er offenbar schlicht an die Grenzen dessen stößt, was die Nervenprozessoren in seinem Hirn zu leisten imstande sind. Im Schnitt braucht der Maulwurf nur etwa 25 Millisekunden, um zu entscheiden, ob er fressen will, was er vor sich im Gang findet, oder nicht. Nur so lange berührt er mit seinem Tentakelring bei jedem Kontakt den Boden und wird sich gleichzeitig darüber klar, ob er einen leckeren Snack vor sich hat oder nur ein Steinchen. Zieht man von diesen 25 Millisekunden die Zeit ab, die der Berührungsreiz braucht, um von den Tentakeln zum Gehirn des Maulwurfs geleitet zu werden, und außerdem die Zeit, die es dauert, das Signal zum Fressen oder Nichtfressen zur Schnauze zurückzuleiten, bleiben dem Gehirn des Maulwurfs nur etwa acht Millisekunden reine Reizverarbeitungszeit – womit offensichtlich die von der Natur vorgegebene Geschwindigkeitsgrenze für solche Vorgänge erreicht ist. Immer wieder unterlaufen dem Maulwurf deshalb Fehler bei seinem tastenden Fresslauf durch die Dunkelheit. In einem Drittel aller Fälle wird er sich erst darüber klar, dass er etwas Fressbares gefunden hat, wenn er eigentlich schon wieder weitergekrabbelt ist. Deshalb ist er auf Catanias Hochgeschwindigkeitsaufnahmen oft dabei zu beobachten, wie er kurz verwirrt innehält, einen Schritt zurück macht – und erst nach einer zweiten Berührung mit seiner Sternnase seine Beute verschlingt.

Wie bei vielen Tieren, die die Natur etwas anders geformt hat als den Rest ihrer Gattung, ist auch beim Sternnasenmaulwurf die Sternnase nicht die einzige Eigenart. So hat er im Gegensatz zu den meisten anderen Maulwürfen einen langen Schwanz, in dem er seine Fettreserven für den Winter speichert, um auf diese Weise zu verhindern, dass sein Rumpf zu dick für seine eigenen Gänge wird. Anders als die meisten seiner Artverwandten kann der Sternnasenmaulwurf außerdem schwimmen und tauchen. Er jagt in Teichen nach Fliegenlarven und auf dem Grund lebenden Krebsen und hat auch dabei eine ganz besondere Methode entwickelt, um seine Beute aufzuspüren. Wieder setzt er dazu seine Nase ein, greift aber ausgerechnet unter Wasser auf ihre ursprüngliche Funktion zurück und erschnüffelt damit seine Opfer. Um auch unter Wasser riechen zu können, bläst er ständig kleine Luftblasen vor seinen Nasenlöchern auf und saugt sie sofort wieder in die Nase zurück. So ist er in der Lage, die winzigen Geruchsmoleküle wahrzunehmen, die seine Beutetiere ins Wasser abgeben, und findet auch im nassen Element stets schnell und effizient Nahrung.

Doch auch für die Tentakeln an der Nase des Maulwurfs hat die Forschung eine weitere Funktion entdeckt, auch diese wieder einfach, genial und schwierig zu beobachten. Offenbar mag es der Maulwurf nicht, wenn ihm beim Graben Schmutz in die Nasenlöcher gerät – vielleicht hat er vorm Spiegel doch mal gedacht, dass das mit seiner Nase bei einem zu starken Nießer passiert ist, und ist seitdem in dieser Hinsicht etwas vorsichtig. Deswegen legt er sich stets schützend seine Tentakeln über die Nasenlöcher, wenn er im Dreck wühlt, hält sich mit den kleinen Fingern an seiner Schnauze also selbst die Nase zu.

7. Psychokiller

Täter: Sepie
Opfer: Schwimmkrabbe
Tatort: Nordsee

Innerhalb des sehr alten und artenreichen Tierstamms der Weichtiere gelten die Tintenfische als die absoluten Intelligenzbestien und haben das mit Abstand größte Gehirn. Wissenschaftler vergleichen ihre Intelligenz mit der von Delfinen, Hunden und Affen. Manche gehen sogar so weit, sie der des Menschen anzunähern. Von ihren geistigen Anlagen her, heißt es, könnten Tintenfische es irgendwann genauso weit bringen wie *Homo sapiens*, und falls wir es irgendwie vermasseln, stehen die Chancen nicht schlecht, dass sie eines Tages unsere Nachfolge in Sachen Weltherrschaft antreten. Schon jetzt scheinen wir die fremdartig aussehenden Vielarmer insgeheim solcher Ambitionen zu verdächtigen. Und wann immer in literarischen oder filmischen Schreckensvisionen Außerirdische auftauchen, die die Welt erobern wollen, haben sie eine auffällige Neigung, mit riesigen Köpfen und langen Tentakeln ausgestattet zu sein (der bereits 1898 von dem englischen Schriftsteller H. G. Wells veröffentlichte Science-Fiction-Roman *Der Krieg der Welten* ist ein Beispiel, Hollywoodproduktionen wie *Independence Day* und *Men in Black* sind andere). *Cephalopoden* heißt der zoologische Fachausdruck für die glibbrigen Meeresbewohner: Kopffüßer. Und dass sie praktisch nur aus einem grotesk überproportionierten Denkschädel mit einem unmittelbar angeschlossenen Satz tödlicher Fangarme zu bestehen scheinen, lässt sie wohl gleichzeitig so faszinierend wie unheimlich auf uns wirken.

Sowohl in der freien Natur als auch in Gefangenschaft werden Tintenfische immer wieder bei den verblüffendsten Verhaltensweisen beobachtet. Wenn im Meer lebende Tiere beispielsweise mit der Größe ihrer Wohnhöhle nicht zufrieden sind, schleppen sie Steine heran, um

sie kleiner zu machen, oder blasen mit einem Strahl aus ihrer Wasserdüse Sand weg, um sie zu vergrößern. Auch mit menschengemachten
Materialen wissen Tintenfische umzugehen. Schon der französische
Meeresforscher und Tierfilmpionier Jacques-Yves Cousteau bewun-
derte die Geschicklichkeit, mit der Kraken zu ihnen ins Wasser gewor-
fene Weinflaschen entkorkten. Und als vor Kurzem im Münchner
Tierpark Hellabrunn ein paar Tierpfleger einem ihrer Tintenfische
vormachten, wie man ein Gemüseglas aufschraubt, um an eine darin
eingeschlossene Garnele zu kommen, hatte das Tier den Trick genauso
schnell raus wie jeder Schimpanse.

Auch Privatleute, die Tintenfische halten, zeigen sich immer wieder aufs Neue von der »geistigen Präsenz« ihrer tentakeltragenden
Lieblinge beeindruckt. Geht man im Dunkeln durch das Zimmer, in
dem das Aquarium steht, erzählen sie, folgen die Tintenfische einem
aufmerksam mit ihren großen, ernsten Augen durch den Raum. Wenn
man ihnen das Peace-Zeichen zeigt, heben sie als Antwort zwei Arme.
Und wenn man sie zu lange aus den Augen lässt, findet man sie trop-
fend und sich mühsam mit schlaff herabhängendem Körpersack aufwärts hangelnd am nächsten Bücherregal wieder.

In seinem Buch *Das Schwein, das gern zur Arbeit ging* erzählt
der Wissenschaftsautor Eugene Linden von einem Tintenfisch in einem
amerikanischen Labor, der ein sogar noch durchdachter wirkendes
Verhalten an den Tag legte. Der Tintenfisch wurde oft mit Garnelen
gefüttert, eines Tages jedoch war er wohl mit dem Frischegrad seines
Futters nicht zufrieden. Kurze Zeit nach der Fütterung trat die Wis-
senschaftlerin an sein Aquarium, die ihn normalerweise versorgte,
und sah, dass er keine einzige Garnele angerührt hatte. Zu ihrer großen Überraschung wurde sie jedoch ebenfalls Zeuge, wie er jetzt das
gesamte verdorbene Mahl demonstrativ in den Abfluss schob – und
ihr dabei die ganze Zeit über vorwurfsvoll in die Augen guckte.

Als ein Zeichen für die hohe Intelligenz der Tintenfische wird
auch gewertet, wie sie mit ihren Farben und Mustern umgehen. Sie benutzen die mithilfe spezieller muskelgesteuerter Farbzellen erzeugten
Körpermuster in der Regel, um sich zu tarnen, und der in dem Kapitel »Tödliche Tarnung« beschriebene Mimikrykrake kombiniert seine
Farbmuster sogar mit bestimmten Körperhaltungen, um gefährliche
Tiere nachzuahmen und sich so vor Feinden zu schützen. Doch prak-

tisch alle Tintenfische beherrschen das eine oder andere Farbenspiel, verschmelzen im Notfall blitzschnell mit dem Riff, in dem sie leben, oder lassen wie der kleine australische Blauringkrake ihre prächtigen Warnfarben aufleuchten, wenn ihnen jemand zu nahe kommt (was Touristen unglücklicherweise oft erst recht dazu bringt, den hübschen, hochgiftigen Winzling in die Hand zu nehmen).

Auch zu so fortgeschrittenen sozialen Zwecken, wie sich gegenseitig vor nahenden Gefahren zu warnen, setzen die Tintenfische ihre Farbmuster ein, und bei ihrer Paarung kommen sie ebenfalls auf höchst raffinierte Weise zum Einsatz. Ein in den Riffen der Karibik lebender Kalmar etwa, der insgesamt mehr als 30 Körpermuster in seinem Repertoire hat, tritt während der Balz den Weibchen in einem dezenten einfarbigen Grauton gegenüber, den Männchen hingegen in einem aggressiv wirkenden Streifenkleid, das unter Tintenfischexperten »Intensiv Zebra« genannt wird. Doch auch für den Fall, dass er parallel ein Weibchen bezirzen und einen Rivalen vertreiben muss, hält er das passende Muster bereit. Dann trägt er auf der einen Seite seines Körpers Grau und auf der anderen die aggressiven Streifen und zeigt sich praktisch von seiner besten und schlechtesten Seite gleichzeitig. Ein anderer Tintenfisch, eine Riesensepie, die wie der Kalmar zur Gruppe der zehnarmigen Tintenfische gehört und leicht an ihrem keilförmigen Körper und kurzen Tentakeln zu erkennen ist, setzt ihre Farbmuster bei der Paarung ebenfalls auf sehr einfallsreiche Weise ein. Zur Paarungszeit veranstaltet diese Tintenfischart regelrechte Massenorgien auf dem Meeresgrund, bei denen allerdings die größten und stärksten Männchen eifersüchtig über die zahlenmäßig schwächer vertretenen Weibchen wachen. Um trotzdem zum Zug zu kommen, nehmen deswegen kleinere Männchen Farbe und Musterung der Weibchen an und schleichen sich in dieser Verkleidung an den größeren Männchen vorbei. Sie benutzen ihre Farbmuster, um in Frauenkleidern zu den Weibchen zu gelangen, als »getarnte Tuntenfische«, wie ein Beobachter es einmal nannte, und haben mit dieser Strategie bei der Fortpflanzung fast ebenso viel Erfolg wie ihre körperlich überlegenen Rivalen.

Wie raffiniert Tintenfische mit ihren Farbmustern umgehen, hat einen amerikanischen Wissenschaftler sogar zu der Annahme verleitet, dass sie sich damit nicht nur tarnen und gegenseitig austricksen, sondern richtiggehend unterhalten. Der inzwischen verstorbene Forscher glaubte, dass ihre visuellen Signale ganz ähnlich funktionieren wie die Nomen, Verben und Adjektive, aus denen sich unsere Sprache zusammensetzt. Und wenn er auch nie herausfinden konnte, was die Tintenfische einander genau erzählen, sind doch zumindest private Tintenfischhalter in der Regel fest davon überzeugt, dass sie jede noch so feine Stimmungsnuance ihrer Schützlinge genau an dem jeweiligen Farbmuster ablesen können, das sie gerade tragen.

Eine Tintenfischart setzt ihre Farbmuster allerdings auch noch zu ganz anderen Zwecken ein als denen der Tarnung, der Abschreckung oder der Mitteilung von Gefühlszuständen. Bei diesen Tintenfischen scheinen sich die hohe Intelligenz, die man den Tieren allgemein nachsagt, und das raffinierte Spiel mit Farben und Mustern, das man an ihnen beobachten kann, auf besonders unheimliche Weise zu verbinden. Sie setzen ihre Farbmuster ein, um eine Kraft auszuüben, an die die meisten Leute nicht einmal bei Menschen glauben und die sie erst recht nicht einem niederen Tier des Meeres zutrauen würden: die Kraft der Hypnose.

Sepia officinalis, der Gemeine Tintenfisch, ist der an den Küsten Europas am häufigsten zu findende Tintenfisch überhaupt. Er kommt im Mittelmeer, im Atlantik und auch in der Nordsee vor, und wenn man dort am Strand über einen kleinen weißen Schulp stolpert, wie man ihn zu Hause schon in den Käfigen von Kanarienvögeln gesehen hat, dann stehen die Chancen gut, dass er einmal zu einem Gemeinen Tintenfisch gehört hat. Die längliche Kalkstruktur, an der sich die Kanarienvögel ihre Schnäbel wetzen, bildet das harte Innenskelett der Sepie, die vor sehr langer Zeit mal wie der nah mit ihr verwandte Nautilus eine harte Außenschale besaß, diese aber im Laufe ihrer Entwicklungsgeschichte ganz nach innen verlagert hat – vielleicht, um sich besser mit ihren Artgenossen unterhalten zu können. Im Normalmodus stellt sie jedenfalls heute ein hübsches, mal champagnerfarben-braunes, mal rötlich-weißes Zebramuster auf ihrem von einem schmalen Flossensaum umkränzten Körper zur Schau und hat wie alle ihrer Art zehn Arme, von denen allerdings meistens nur acht zu sehen sind. Den Zusatz *officinalis*, der auch oft in lateinischen Fachbezeichnungen für medizinisch wirksame Pflanzen und Kräuter auftaucht, trägt sie, weil ihre zu Pulver getrocknete Tinte früher als Heilmittel in

Apotheken verkauft wurde. Es sollte gegen Kopfschmerzen, Verdauungsbeschwerden und Blasenschwäche helfen.

Wie alle Tintenfische ernährt sich *Sepia officinalis* hauptsächlich von Fischen und Krustentieren und zu ihren Leibspeisen gehören auf dem sandigen Meeresboden umherwandernde Kreaturen wie *Liocarcinus holsatus*, die ebenfalls in Nordsee, Atlantik und Mittelmeer sehr oft vorkommende Schwimmkrabbe. Die Krabbe zu fassen zu bekommen, ist für die Sepie jedoch nicht immer ganz leicht. Denn *holsatus* ist nicht nur fähig, sich im Sand einzugraben, wenn Gefahr droht, oder mithilfe ihres zu kleinen Paddeln umgebildeten vierten Beinpaares davonzuschwimmen. Wie alle Krabben hat sie auch scharfe Scheren an den Armen, mit denen sie im schlechtesten Fall der Sepie auf schmerzhafte Weise ein paar Tentakeln kürzen kann.

Die Sepie versucht normalerweise, sich von hinten an die Krabbe anzuschleichen und sie mit einem plötzlichen Satz zu packen. Hat jedoch die Krabbe die Sepie bereits bemerkt, wendet die Sepie die genau entgegengesetzte Strategie an und geht in eine höchst auffällige Form der Offensive. Sie schwimmt genau dorthin, wo die Krabbe sie am besten sehen kann, genau vor ihre erschrocken dreinblickenden Stielaugen, verharrt mit sich sanft wellendem Flossenkranz auf einem Fleck und schaltet auf LSD-Modus. Sie positioniert sich geradewegs im Blickfeld der Krabbe und beginnt, sie mithilfe ihrer Körpermuster zu hypnotisieren.

Officinalis hat wie alle Sepien nicht nur einfache Farbzellen in der Haut, mit Pigmenten gefüllte und sich je nach Farbwunsch zusammenziehende und ausdehnende Chromatophoren. Sie besitzt auch sogenannte Flitterzellen, Irido- und Leucophoren genannt, die das einfallende Licht so reflektieren und brechen, dass ein metallischer, irisierender und sogar leuchtender Effekt entsteht. Wenn sie jetzt unmittelbar vor der Krabbe im Wasser schwebt, ist es, als hätte man dem verdutzten Tier eine in tausend bunten Farben angestrahlte Discokugel vor die Nase gehängt.

Die Sepie lässt immer wieder das gleiche psychedelische Farbmuster über ihren Körper wandern, und die Krabbe vergräbt sich nicht, schwimmt nicht davon, bewegt noch nicht einmal mehr ihre im ersten Schreckmoment drohend erhobenen Scheren. Sie steht einfach nur still da und sieht fasziniert zu – genau wie irgendein armer Teufel, der sich in Las Vegas von der hübschen Assistentin eines Show-Hypnotiseurs auf die Bühne hat locken lassen und gleich waagerecht zwischen zwei Stühlen vor dem Publikum in der Luft schweben wird.

Auch echte Hypnotiseure benutzen manchmal Lichtreflexe, um ihren Hypnotisanden die Kontrolle über ihr Bewusstsein zu nehmen, zum Beispiel eine im Licht der Bühnenscheinwerfer funkelnde Taschenuhr, die sie in stetem Rhythmus vor dem Gesicht ihres Opfers hin- und herpendeln. Und ganz wie ein menschlicher Bühnenmagier bewegt auch die Sepie bei ihrer Nummer zwei ihrer Arme in stetigem Rhythmus hin und her, scheint pulsierendes Licht, zerfließende Farben und gleitende Köpermuster auf gespenstisch menschliche Weise noch durch das hypnotisierende Hin und Her ihrer Tentakeln unterstützen zu wollen.

Wissenschaftler glauben, dass die Sepie diese Bewegung hauptsächlich ausführt, um von den zwei langen Fangarmen abzulenken, die sie unter ihren anderen Armen versteckt trägt. Doch was immer sie mit dem Wedeln beabsichtigt, es funktioniert: Die Krabbe bewegt sich keinen Millimeter mehr, steht in starrer Trance vor ihrem Mörder wie das sprichwörtliche Kaninchen vor der Schlange. So hat die Sepie alle Zeit der Welt, um ein wenig um ihr Opfer herumzuschwimmen, sich den richtigen Winkel auszusuchen – und schließlich blitzschnell ihre Fangarme vorschießen zu lassen und die unsanft aus ihrer Trance erwachende Krabbe mit einem plötzlichen Ruck zu sich zu ziehen.

Manche Aquariumsbesitzer machen sich einen Spaß daraus, ihren zehnarmigen Haustieren jeden Tag eine Krabbe vorzusetzen, weil sie sich an diesem spektakulären Fall von Tierhypnose einfach nicht sattsehen können. Was sie am meisten daran fasziniert, berichten sie, ist gar nicht so sehr das psychedelische Farbenspiel, das menschlich anmutende Armwedeln oder der blitzschnelle Tentakelschuss am Ende. Sondern die Tatsache, dass die Sepie ganz genau zu wissen scheint, wann sie die Krabbe so weit hat: wann ihr Opfer so sehr unter Hypnose steht, dass sie ohne Bedenken zum Angriff übergehen kann.

Nicht nur beim Fangen, auch beim Fressen hat die Sepie ein paar fiese Tricks auf Lager. Um nicht doch noch einen schmerzhaften Kniff abzukriegen, umschlingt sie sofort, nachdem sie die Krabbe gepackt hat, mit ihren Armen die Scheren ihres Opfers, ganz so, wie Hummerfischer ihrem Fang sofort kleine Gummibänder anlegen, um nicht von ihm verletzt zu werden. Dann öffnet sie den Rückenpanzer der Krabbe mithilfe des harten schnabelförmigen Kiefers, den sie in der Mitte ihrer Arme trägt, lähmt das Tier mit einem Nervengift und zersetzt sein Inneres mithilfe spezieller Enzyme, die in ihrem Speichel enthalten sind. Nach und nach saugt sie die Krabbe aus wie wir beim Abendessen manchmal ein einzelnes Krabbenbein. Braucht dazu aber – und jetzt würde die Krabbe sich etwas Hypnose wahrscheinlich durchaus wünschen – meistens über eine Stunde.

Täter: Hermelin
Opfer: Kaninchen
Tatort: England

Der Zustand der Hypnose, in den Krabben von Sepien versetzt werden, ist noch nicht sehr genau untersucht. Bei dem weitaus berühmteren Beispiel von Schlange und Kaninchen ist die Wissenschaft sich dagegen inzwischen einig, dass es sich im strengen Sinne gar nicht um Hypnose handelt, sondern um eine Art Angststarre, in die das Kaninchen ganz von selbst verfällt, sobald eine Schlange plötzlich den Kopf vor ihm aus dem Gras hebt. Hypnotische Fähigkeiten haben wir dem mythologisch ohnehin zu allem fähig gehaltenen Reptil wohl hauptsächlich deswegen zugeschrieben, weil es durchsichtige, permanent über den Augen liegende Lider hat. So sehen wir die Schlange nie blinzeln, auch dann nicht, wenn ein Kaninchen vor ihr sitzt, und haben zwangsläufig den Eindruck, sie bringe das arme Tier allein Kraft ihres eindringlichen Blickes dazu, so regungslos vor ihr sitzen zu bleiben.

Grob gesagt stimmt das auch, doch irgendwelche unsichtbaren geistigen Kräfte oder psychischen Strahlen, die in dem Moment von den Augen der Schlange in die des Kaninchens übergehen, sind dabei nicht im Spiel. Und wenn überhaupt, dann ist es in gewissem Sinne das Kaninchen, das in den Kopf seines Gegenübers eindringt.

Wann immer ein Tier von einem Raubtier überrascht wird, hat es zwei Möglichkeiten: so schnell wie möglich das Weite zu suchen oder so still wie möglich auf seinem Platz zu verharren. Wenn der Räuber schon zu nahe ist, um eine Flucht Erfolg versprechend erscheinen zu lassen, versuchen viele Tiere ihr Glück mit der zweiten Option. Sie wissen, dass viele Raubtiere sich bei der Jagd an den Bewegungen ihrer Beutetiere orientieren, und hoffen, dass ihr Jäger sie nicht bemerkt, selbst wenn er nur ein paar Zentimeter entfernt ist. Auch dass Raubtiere oft kein Aas mögen, scheint vielen Tieren instinktiv bewusst zu sein, und manche haben über die Angststarre hinaus einen regelrechten Totstellreflex entwickelt, um diese Abneigung auszunutzen. Sie stellen sich tot, um dem Tod zu entgehen – und zwar mit allem Drum und Dran.

Wir kennen dieses Verhalten von Käfern und Asseln, die regungslos auf dem Rücken liegen bleiben, wenn wir sie mit dem Finger umstupsen, und oft erst eine halbe Minute später wieder aus ihrer Starre erwachen und eilig davonkrabbeln. Doch auch Vögel und Frösche beherrschen den Trick und häufig reicht es auch bei ihnen, sie einfach auf den Rücken zu legen, um die todesähnliche Trance auszulösen. Auch Schlangen selbst benutzen die Technik und manche Arten strecken dabei sogar die Zunge aus dem Maul, als lägen sie in den letzten Zügen einer schrecklichen Krankheit. Das amerikanische Opossum geht so weit, beim Sichtotstellen ein spezielles Sekret abzusondern, das es zusätzlich zu seinem kadaverhaften Aussehen auch *riechen* lässt wie einen Kadaver.

Nicht alle Raubtiere fallen allerdings auf die Schauspielkünste anderer Tiere herein. Egal ob ihre Beutetiere leichenstarr auf dem Rücken liegen oder stockstill auf der Stelle sitzen, sie fressen sie trotzdem. Und für diese Raubtiere wäre es natürlich ein großer Vorteil, wenn sie die Angststarre bei ihren Opfern nicht erst auslösen würden, nachdem sie sich schon bis auf einen Meter an sie herangepirscht haben, sondern bereits viel früher. Gerade bei Tieren, die nicht nur auf Kommando zu Stein erstarren, sondern auch schnell laufen können, würde das den Jagderfolg der Raubtiere beträchtlich erhöhen.

Ein Tier hat deswegen eine Methode erfunden, um die Angststarre bei seinen Beutetieren schon aus der Entfernung auszulösen. Es hat einen Weg gefunden, seine Beutetiere selbst dann auf diesen Verteidigungsreflex verfallen zu lassen, wenn es noch viele Meter entfernt ist. Und wie es das macht, dürfte so ziemlich die abgedrehteste Psychonummer sein, die es im Tierreich gibt.

»Wieselflink« ist zwar eine stehende Redewendung. Aber *Mustela erminea*, das Kurzschwanzwiesel, ist nicht flink genug für das

Wildkaninchen, *Oryctolagus cuniculus*, das es wie die Schlange für sein Leben gerne frisst. Das Kurzschwanzwiesel ist besser unter dem Namen Hermelin bekannt und wird wegen seines schönen weißen Winterfells in manchen Teilen Europas immer noch intensiv bejagt und gezüchtet. Doch auch vom Menschen unbehelligt und in seinem ungewohnten Sommerkleid – brauner Rücken, weißer Bauch, schwarzes Schwanzende – ist es noch in vielen ländlichen Gegenden Mittel- und Nordeuropas anzutreffen. Es ernährt sich vorwiegend von kleinen Nagetieren, macht aber auch regelmäßig Jagd auf Kaninchen.

Selbst wenn ein Wiesel jedoch eine ganze Wiese voller Wildkaninchen um sich hat, ist es oft nicht in der Lage, auf herkömmlichem Wege eines davon zu erbeuten. Die wilden Kaninchen sind in der Regel nicht nur ein ganzes Stück größer als das Wiesel, sondern auch wesentlich schneller. Rennt das Wiesel auf eines der Kaninchen zu, muss dieses meist nur ein, zwei Haken schlagen und hat seinen Verfolger abgehängt.

Das geht oft so weit, dass die Kaninchen den kleinen Störenfried auf ihrer Wiese kaum noch beachten. Sie konzentrieren sich wieder ganz darauf, ihren Klee zu kauen, und nur noch ab und zu hoppelt eins von ihnen wie beiläufig ein paar Meter weiter, wenn das Wiesel mal wieder einen seiner aussichtslosen Angriffe startet. Es muss zum Verrücktwerden für das Wiesel sein. Ein ums andere Mal jagt es den Kaninchen hinterher, aber immer wieder entwischen sie ihm, ja scheinen sich geradezu einen Spaß daraus zu machen, ihm davonzuhoppeln – ein Mensch hätte in der gleichen Situation längst die Nerven verloren, wäre ausgeflippt. Und genau das scheint das Wiesel im nächsten Moment auch zu tun.

Das Wiesel beginnt mit einem wirren Zickzacklauf mitten über die Wiese. Es flitzt mal hierhin, mal dorthin, ohne sichtbaren Sinn und Verstand, geht dann dazu über, auf dem grünen Sommerrasen Bocksprünge zu machen und Pirouetten zu drehen, jagt nach seinem eigenen Schwanzende, rollt sich im Gras herum und schlägt dann wieder wie aus dem Nichts einen Salto. Als habe es die Tollwut. Oder als werde es von einer Wespe verfolgt, die die Tollwut hat.

Das Wiesel tanzt. Es führt den seltsamsten Veitstanz auf, den man jemals in der freien Natur zu Gesicht bekommen hat. Und die Kaninchen sehen zu. Auf einmal blicken sie doch wieder von ihrem Klee auf.

Manche hören sogar ganz auf zu mümmeln. Sie alle sehen fasziniert dem wild gewordenen Wiesel in ihrer Mitte zu, das es immer toller treibt, mal mit beiden Pfoten aufstampft wie ein pelztragendes Rumpelstilzchen, mal durch die Luft wirbelt wie ein buschschwänziger Derwisch.

Es mag schon jetzt die Angst sein, die die Kaninchen an ihren Plätzen hält. Doch ihre Augen sprechen eine andere Sprache. Wir haben es geschafft, scheinen ihre Blicke zu sagen: Die kleine Nervensäge ist uns so lange ohne Erfolg hinterhergehetzt, dass sie den Verstand verloren hat.

Doch so seltsam und sinnlos sein Verhalten auch sein mag, das Wiesel tanzt weiter und die Kaninchen gucken weiter zu. Entweder sind sie wirklich starr vor Schreck oder die Show ist einfach zu gut, um sie sich entgehen zu lassen. Seht nur, wie sie umherhüpft, die kleine Knalltüte, scheinen sie zu denken. Seht nur, wie sich unser ärgster Feind vor uns zum Affen macht. Merken dabei aber nicht, wie das Wiesel immer näher kommt.

Bei seinem Finale gibt sich das Wiesel noch einmal besondere Mühe. Es ist jetzt ganz nah an den Kaninchen dran und springt so toll durch die Gegend, dass niemand den Saal verlässt, auch die Zuschauer in der ersten Reihe nicht. Noch ein Bocksprung, eine Kehrtwende, ein Satz schräg nach hinten, ein Satz schräg nach vorne. Und plötzlich ist das Wiesel wieder ganz normal, wirkt kein bisschen verrückter als jedes andere Tier des Waldes auch – und hat ein Kaninchen am Nacken.

Eine Sekunde lang scheinen die anderen Kaninchen zu glauben, dass auch das noch zur Vorstellung gehört. Doch dann begreifen sie endlich und schießen davon. Hoppeln ein Stück weiter, in sichere Entfernung, und sehen verdutzt zu, wie das Wiesel seine Beute davonzerrt: seine Gage für die verrückteste Show der Welt – die abgedrehteste Psychonummer des Tierreichs.

Wissenschaftler bezeichnen den bizarren Tanz des Kurzschwanzwiesels als »proteanisches Verhalten«: eine Art strategischen Irrsinn, den manche Tiere gezielt als Jagd- oder Fluchttaktik einsetzen. Boxer, die mit unvorhersebaren Körperbewegungen ihre Gegner täuschen, verhalten sich ähnlich. Und von australischen Aborigines ist bekannt, dass sie ebenfalls wilde Tänze aufführen, um Kängurus in Trance zu versetzen, die sie erlegen wollen.

In den ländlichen Regionen Englands sind die Wiesel so berühmt für ihre verrückten Tänze, dass viele Pubs und Gaststätten dort den Namen »The Waltzing Weasel« tragen: »Zum Walzer tanzenden Wiesel«.

Täter: Kleiner Leberegel
Opfer: Ameise
Tatort: Deutschland

Die Sepie und der Hermelin verstehen es, die Gedanken ihrer Opfer zu ihren eigenen mörderischen Zwecken zu beeinflussen. Aber der wohl abgefeimteste Psychokiller der Tierwelt ist der Kleine Leberegel, *Dicrocoelium dendriticum*, ein parasitärer, etwa ein Millimeter langer Wurm, der in der Leber von Weidetieren wie Schafen und Kühen lebt. Gewöhnliche Hypnotiseure und Gedankenmanipulateure dringen mit ihrem Geist in den ihrer Opfer ein, um sie sich gefügig zu machen. Doch der Kleine Leberegel verzichtet auf so subtile, unterschwellige Methoden. Er dringt ebenfalls in das Gehirn seiner Opfer ein. Aber nicht mit seinem Geist, sondern gleich mit seinem ganzen Körper.

Der Kleine Leberegel kommt hauptsächlich in der Leber von Gras fressenden Nutztieren wie Schafen, Kühen und Ziegen vor. Aber auch bei Pferden, Kamelen, Rehen, Hasen, Schweinen, Hunden, Katzen und Vögeln wurde er schon gefunden. Selbst beim Menschen kommt er manchmal vor. Und als ein paar Schweizer Wissenschaftler in ihrem Labor kürzlich versuchten, einen Goldhamster damit zu infizieren, klappte auch das.

Wegen seiner abgeflachten, der zweischneidigen medizinischen Punktierklinge ähnlichen Form wird der Leberegel auch Lanzettegel genannt. Er lebt in den Gallengängen der Leber, dort, wo die zur inneren Körperreinigung notwendige Galle produziert wird, die dann über die Gallenblase in den Darm läuft, um bei der Verdauung fettreicher Nahrungsmittel zu helfen. Kommt der Leberegel sehr häufig vor, kann er in den Gallengängen Entzündungen hervorrufen. Auch kann das Gewebe, von dem er sich ernährt, krankhaft wuchern und verhärten. Aber generell schwächt der winzige Schmarotzer seinen Wirt nur leicht, kann in besonders schlimmen Fällen Appetitlosigkeit und Abmagerung verursachen, auch Gelbsucht und Blutmangel, aber nur in den seltensten Fällen den Tod. Denn der Egel braucht seinen Wirt. Nicht nur um selbst von ihm zu leben. Sondern auch um die erste Phase seines außerhalb des Wirtstieres stattfindenden und höchst kompliziert ablaufenden Fortpflanzungskreislaufs einzuleiten.

Die Leberegel paaren sich in den galligen Gängen der Leber und schicken von dort ihre winzigen, nur 30 bis 40 Nanometer großen Eier mit der Gallenflüssigkeit auf die Reise in den Darm, von wo sie in die Außenwelt ausgeschieden werden – das heißt in der Regel in Form eines dampfenden Kuhfladens auf irgendeine Wiese platschen. Die Eier des Leberegels sind extrem kälte- und hitzeresistent, und die schon voll ausgebildete und mit winzigen Flimmerhärchen besetzte Larve, die jedes Ei enthält, kann ganze Winter unversehrt überstehen, insgesamt bis zu 20 Monate voll intakt in ihrem Mikroei ausharren. Wenn sie Glück hat, wird sie jedoch vorher von einer Schnecke gefressen, dem ersten sogenannten Zwischenwirt des Kleinen Leberegels.

Die Larve des Leberegels schlüpft im Darm der Schnecke aus ihrem Ei, bleibt aber auch hier ihrem Ursprungsmilieu treu und flimmert sich zur Darmanhangdrüse durch, die bei Schnecken die Funktion der Leber innehat. Hier setzt die Larve sich fest, bildet eine neue, wimpernlose Haut aus, über die sie sich ernähren kann, und macht im Laufe von etwa vier Monaten insgesamt drei vollständige körperliche Verwandlungen durch. Am Ende dieser Verwandlungen steht ein riesiges Heer von Minilarven, die allesamt einen langen Schwanz haben und von der Darmanhangdrüse in die Lunge der Schnecke wandern, wo sie der Schnecke so starke Atemprobleme bereiten, dass sie sie schließlich in Form von kleinen Schleimballen wieder ausscheidet.

Diese Schleimballen werden nun von Ameisen gefressen, und wer jetzt schon denkt, dass sich der Kleine Leberegel eine ziemlich komplizierte Methode ausgedacht hat, um sich fortzupflanzen, sollte abwarten. Denn auch in der Ameise bringen die Larven noch einmal eine weitschweifige Wanderung hinter sich, die in der Regel zwei weitere Monate in Anspruch nimmt und an deren Ende eine erneute Verwandlung steht. Die etwa 50 Larven, die es beim Gefressenwerden schaffen, im Kropf der Ameise zu landen, finden auch dort nicht zur

Ruhe, sondern wandern über den Brustkorb in den Kopf der Ameise und von dort wieder zurück in den Kropf. Und gehen hier, einmal von ihrer Rundreise zurückgekehrt, wiederum in ein neues Larvenstadium über, diesmal mit einer dicken Hülle ausgestattet sowie der wertvollen Fähigkeit, Geschlechtsorgane auszubilden.

Eine Larve bleibt jedoch im Kopf der Ameise zurück. Vielleicht ziehen die Larven Streichhölzer, vielleicht diskutieren sie ganz demokratisch aus, wer von ihnen die verantwortungsvolle Aufgabe übernehmen soll. Jedenfalls setzt sich eine der Larven im Gehirn der Ameise fest und vollbringt dort einen so erstaunlichen Akt seelischer Manipulation, dass die Wissenschaft bis heute nicht herausgefunden hat, wie er genau funktioniert.

Das Gehirn einer Ameise setzt sich aus zwei miteinander verbundenen Nervenknoten zusammen, von denen der größere oberhalb und der kleinere unterhalb der Speiseröhre liegt und hauptsächlich für die Betätigung der Mundwerkzeuge zuständig ist. Genau hier, im sogenannten Unterschlundganglion, nistet sich die Leberegellarve ein und sorgt dafür, dass die Ameise den Verstand verliert.

Die winzige Larve, die auch »Hirnwurm« genannt wird, verwandelt die Ameise in ihren persönlichen Zombie. Abends, wenn die Dämmerung hereinbricht und all die anderen fleißigen Ameisen in ihren Ameisenhügel zurückkehren, schert die besessene Ameise plötzlich aus der Kolonne aus, sucht sich den nächstbesten Grashalm, erklimmt ihn bis zur Spitze und beißt sich dort mit ihren Kieferzangen fest. Der Kleine Leberegel sitzt in ihrem Kopf wie der hebelschaltende Pilot eines japanischen Spielzeugroboters und sorgt nicht nur dafür, dass sie einfach so die eigenen Reihen verlässt – eine pflichtvergessene Undenkbarkeit, die ihr sonst nie und nimmer unterlaufen würde –, sondern löst bei ihr auch eine Kieferstarre aus, die bis zum nächsten Morgen anhält und der mit fest verschlossenen Beißzangen und abgestrecktem Hinterleib an einen Grashalm geklammerten Ameise vielleicht genug Zeit gibt, um wenigstens kurz mal die Frage in ihrem fremdgesteuerten Hirn aufblitzen zu lassen, was um Himmels willen sie dort eigentlich tut.

Wenn die Larven des Kleinen Leberegels sich in Form von winzigen Schleimbällchen von ihrem ersten Zwischenwirt, der Schnecke, ausscheiden lassen, ist es normalerweise Mai oder Juni. Jetzt, zwei

Monate später, wenn sie die geistige Kontrolle über ihren zweiten Zwischenwirt übernommen haben, ist es in der Regel Hochsommer und auf den Weiden steht das Gras in vollem Saft. Die winzigen Larven hoffen darauf, dass in der lauen Abenddämmerung oder im milden Licht des Morgens eine Kuh, ein Schaf oder eine Ziege an der Stelle vorbeikommt, wo die Ameise sich an ihren Halm klammert, und diesen zusammen mit ein paar anderen saftigen Halmen abfrisst. Nachdem die Ameise verdaut wurde, können dann die in ihrem Kropf enthaltenen Larven über den Darmzugang der Gallenblase in die Leber ihres neuen Wirtstieres wandern, sich dort paaren und ihren ganzen haarsträubenden Fortpflanzungskreislauf von Neuem beginnen.

Sollte ihr Plan nicht gleich in der ersten Nacht aufgehen, sollte also kein Rind oder Schaf auftauchen, das die Ameise frisst, ist das für die Larven nicht schlimm. Zwar wacht die Ameise kurz nach Sonnenaufgang aus ihrer Trance auf, wandert zurück zu ihrem Ameisenhügel und nimmt ihr altes Leben wieder auf, als sei nie etwas passiert. Aber pünktlich, sobald die Sonne untergeht, verlässt sie auch am folgenden Abend wieder wie ein Schlafwandler ihr Ameisenvolk und erklimmt den nächstbesten Grashalm. Wie eine winzige Wäscheklammer heftet sie sich an seine Spitze und harrt so lange Nacht für Nacht auf der Wiese aus, bis ihr bizarrer Akt des Selbstmords, zu dem sie von dem winzigen Wurm in ihrem Hirn gezwungen wird, endlich gelungen ist.

Würde die Ameise sich auch tagsüber an ihren Halm klammern und ihren dunklen Insektenleib der Sonne aussetzen, würden die Larven in ihrem Körper vor Hitze sterben. Deswegen lassen die Larven die Ameise am Tage ihr normales Leben weiterführen. Und übernehmen erst immer abends wieder die Kontrolle über ihren Verstand.

Der Kleine Leberegel vollführt den komplizierten Kreislauf, in dessen Verlauf eine Schnecke schwer krank wird und eine Ameise sich umbringt, um mit seiner Hilfe von Weidetier zu Weidetier zu gelangen und sich möglichst weit zu verbreiten. Die meisten Ameisen, die mit den Larven des Leberegels befallen sind, halten sich in unmittelbarer Nähe ihres Ameisenhügels auf; und Viehbauern, die ihre Herden vor einer Infektion mit dem hinterlistigen kleinen Schmarotzer schützen wollen, zäunen die Ameisenhügel auf ihrem Weideland weiträumig ab und verhindern so, dass ihre Tiere das um die Hügel herum wachsende Gras fressen. Auch mähen sie das Heu, mit dem sie ihre Stalltiere füttern, immer nur mittags, wenn die Sonne am höchsten steht und das Risiko am geringsten ist, dass irgendwo eine geistesgestörte Ameise an einem Grashalm klebt.

Einige Bauern haben sich sogar eine Methode ausgedacht, in den raffinierten Fortpflanzungskreislauf des Leberegels einzugreifen und ihn quasi mit seinen eigenen Mitteln zu schlagen. Sie halten zusätzlich zu ihren Kühen und Schafen Federvieh auf ihren Weiden: Hühner, Gänse, Enten oder Truthähne. Die fressen mit Vorliebe Schnecken – den ersten Zwischenwirt des Kleinen Leberegels – und machen so dem schlauen kleinen Schmarotzer einen Strich durch die Rechnung.

Der Große Leberegel übrigens, der bis zu drei Zentimeter lange Vetter des Kleinen Leberegels, hat einen ähnlich komplexen Kreislauf ausgetüftelt, um sich fortzupflanzen. Er lässt jedoch die Psychonummer mit der Ameise aus, befällt als Zwischenwirt nur eine halb im Wasser lebende Schneckenart und klammert sich dann selbst an Uferpflanzen fest, um von einem Rind oder einem Schaf gefressen zu werden.

Etwas mehr Fantasie wiederum beweist *Leucochloridium paradoxum*, ein ebenfalls parasitär lebender Saugwurm und naher Verwandter der beiden Egel. Sein Hauptwirt sind nicht Kühe oder Schafe, sondern Vögel. Und um diese auf seinen Zwischenwirt, die Bernsteinschnecke, aufmerksam zu machen, hat er sich einen ähnlich verrückten Trick ausgedacht wie der Kleine Leberegel.

Die winzigen Larven von *Leucochloridium* sammeln sich zu langen Schläuchen, die durch den ganzen Körper der Schnecke verlaufen und bis in ihre Fühler reichen. Dort bilden sie zwei sogenannte Fühlermaden, wie grellgrüne Raupen leuchtende und auffällig pulsierende Verdickungen, die die Schnecke nicht mehr wie ihre normalen Fühler einziehen kann. Und mit denen sie gegen ihren Willen die Aufmerksamkeit ihrer Fressfeinde auf sich zieht wie ein mit leuchtenden Signalstäben winkender Fluglotse.

8. Scharfschützen

Täter: Chamäleon
Opfer: Gottesanbeterin
Tatort: Tansania

Im Hochland von Tansania klettert ein Chamäleon einen Ast entlang. Am anderen Ende sitzt eine Gottesanbeterin und nagt an einem Käfer. Sie gehört der in Afrika weitverbreiteten Spezies *Sphodromantis centralis* an, ist etwa sieben Zentimeter groß und leicht an ihrem dreieckigen Kopf und ihren wie zum Gebet gefalteten Fangarmen zu erkennen. Dazu muss man sie allerdings erst einmal entdecken. Wenn die große grüne Fangheuschrecke zwischen den Blättern eines Baumes auf Beute lauert, harrt sie oft stundenlang vollkommen regungslos in ihrer Gebetshaltung aus. Sie bewegt sich erst, wenn ihr ein Käfer oder irgendein ein anderes Insekt zu nahe kommt, dann aber blitzschnell. Ihre Arme, die eigentlich umgebildete Beine sind, bestehen aus drei langen Gliedern, von denen das vorderste innen mit Dornen besetzt ist und sich wie ein Taschenmesser gegen das zweite Glied einklappen lässt. Um damit ein Insekt zu packen, braucht die Gottesanbeterin gerade mal eine Zehntelsekunde. Sie ist so schnell mit ihren Armen, dass sie Fliegen aus der Luft fangen kann und sogar ein Kung-Fu-Kampfstil nach ihr benannt ist.

Das Chamäleon hingegen wirkt auf den ersten Blick wie das langsamste Tier, das die Natur je erschaffen hat. Um von der Gottesanbeterin nicht bemerkt zu werden, klettert es im Zeitlupentempo den Ast entlang und wippt dabei immer wieder mit seinem grünen flachen Körper vor und zurück wie ein sich im Wind wiegendes Blatt. Das dauert, und bevor es auch nur in die Nähe seines Ziels gelangt, ist reichlich Zeit, um es etwas besser kennenzulernen.

Es handelt sich um ein Exemplar der Spezies *Chamaeleo jacksonii*, des Ostafrikanischen Dreihorn-Chamäleons. Alle Chamäleons stammen ursprünglich aus Ostafrika, wo die Entwicklungsgeschichte dieser 160 Arten umfassenden Reptiliengruppe vor etwa 60 Millionen Jahren ihren Anfang genommen hat. Im Laufe der Zeit haben die Tiere sich jedoch über den gesamten afrikanischen Kontinent ausgebreitet und sind heute auch in den am Mittelmeer gelegenen Südzipfeln Europas, in der Türkei, auf der Arabischen Halbinsel und in Indien zu finden. Sogar nach Bayern und Böhmen haben es einige Arten zwischenzeitlich geschafft, zumindest wurden dort etliche der ältesten Fossilien gefunden, die es von Chamäleons gibt. Ein plötzlicher Klimawandel – in diesem Fall zum Kälteren hin – hat den bayrischen Chamäleons dann aber den Garaus gemacht.

Jacksonii hat sich auf solche Abenteuer erst gar nicht eingelassen und ist seinem entwicklungsgeschichtlichen Ursprungsgebiet treu geblieben. Es lebt in Kenia und Tansania und dort vor allem in den kühlen Regenwäldern, die die Flanken von Bergen wie dem Mount Kenya oder dem Mount Meru bedecken. Es wird um die 30 Zentimeter groß und wie bei vielen Chamäleons, die auf Bäumen leben, ist seine Grundfarbe grün. Aber wie die meisten dieser ungewöhnlichen Echsen kann auch das Dreihorn-Chamäleon seine Farbe wechseln. Es benutzt dazu die gleichen, als Chromatophoren bezeichneten Pigmentzellen, die auch die Tintenfische in den Kapiteln »Tödliche Tarnung« und »Psychokiller« in ihrer Haut tragen. Und wie diese benutzt das Chamäleon seine verschiedenen Farben und Muster nicht nur, um sich zu tarnen, sondern auch, um sich mit seinen Artgenossen zu verständigen und seine Gefühle auszudrücken.

Die Gefühlswelt der Chamäleons ist vielseitiger, als man aus ihrem Anblick schließen würde. Ist ihre Haut blass, sind sie krank, müde oder – wie manche privaten Chamäleonbesitzer glauben – traurig. Färbt sich ihre Haut plötzlich dunkel, haben sie Angst. Nur bei der Balz und beim Kampf mit Paarungsrivalen setzen die Tiere in der Regel buntere Farben und Muster auf. Exemplare der Spezies *jacksonii* sogar für beide Tätigkeiten dieselben.

Nähert sich ein Rivale, stellt sich das Dreihorn-Chamäleon auf seinem Ast seitwärts, damit sein Körper größer wirkt, und lässt seine Haut in grellem Grün oder in blaugrünen Tigerstreifen aufleuchten. Zusätzlich öffnet es sein Maul, dessen Schleimhäute leuchtend gelb sind, und gibt ein lautes, aggressives Zischen von sich. Meistens legt der schmächtigere der beiden Gegner daraufhin sofort ein aschfahles Büßergewand an. Wie ein kleiner Büroangestellter, der sich beim Anblick seines Chefs sofort in die nächste Schreibtischlücke zwängt, lässt er sich kopfüber vom Ast hängen und wartet unterwürfig, bis der andere in voller Pracht über ihm vorbeigeklettert ist. Stehen sich zwei körperlich ebenbürtige Männchen auf einem Ast gegenüber, kann es jedoch schon mal zum Kampf kommen. Dabei setzen die Dreihorn-Chamäleons dann die auf der Nase und oberhalb der Augen sitzenden Hörner ein, von denen sie ihren Namen haben.

Den Kampf gewinnt, wer seinen Gegner zuerst vom Baum schubst. Doch ernsthaft verletzt wird dabei normalerweise selbst der Unterlegene nicht. Er federt den Sturz ab, indem er seine Lunge aufbläht (was er in den meisten Fällen sowieso bereits getan hat, um entweder seine Angebetete oder seinen Rivalen zu beeindrucken).

Auf den Ästen der von ihm bewohnten Bäume bewegt sich *Chamaeleo jacksonii* fort, indem es behutsam einen Fuß vor den anderen setzt – so behutsam, dass es auch jetzt auf dem Ast, auf dem die Gottesanbeterin sitzt, immer noch mehr als einen Meter von seinem Ziel entfernt ist. Wie bei allen Chamäleons sind auch beim Dreihorn-Chamäleon im Laufe seiner Entwicklung die Zehen eines jeden Fußes zu zangenförmigen Klauen verwachsen, mit denen sich jeder Ast perfekt umschließen lässt. Sollte auch das noch nicht genug Halt geben, kann das Chamäleon zusätzlich seinen Schwanz um Äste und Zweige wickeln und so seine Balance halten. Deswegen käme es auch nie auf die Idee, in Gefahrensituationen seinen Schwanz abzuwerfen, wie andere Echsen das tun. Kommt ihm ein Feind zu nahe, lässt es sich stattdessen lieber selbst fallen: Es tut so, als fiele es tot vom Baum. Diese Technik wird »Thanatose« genannt (nach Thanatos, dem griechischen Gott des Todes) und mag auf den ersten Blick etwas paradox bei einem Tier wirken, das entwicklungsgeschichtlich so große Mühen auf sich genommen hat, um sicher auf Ästen und Zweigen herumklettern zu können. Doch um sich vor den Folgen seines Sturzes zu schützen, hat das Chamäleon ja seinen Lungen-Airbag, und es ist meistens auch dann noch am Leben, wenn es aus großer Höhe auf den Dschungelboden geplatscht ist und keinen Mucks mehr von sich gibt.

Feind wie Freund erkennt das Chamäleon mithilfe seiner ausgezeichneten Augen, die – während alle anderen bisher aufgezählten

Merkmale auch andere Tiere besitzen – einzigartig im Tierreich sind. Damit ihm immer genug Zeit bleibt, um sich im Zeitlupentempo vor möglichen Angreifern in Sicherheit zu bringen, kann das Chamäleon bis zu einen Kilometer weit sehen (auch Beutetiere kann es auf diese Distanz ausmachen, was ihm aber natürlich nicht viel bringt). Viel außergewöhnlicher ist jedoch, dass es seine Augen unabhängig voneinander bewegen kann: eine Form des gewohnheitsmäßigen Extremschielens, die so noch bei keinem anderen Geschöpf der Tierwelt beobachtet wurde.

Die größtenteils von Haut umschlossenen Augen des Chamäleons stehen seitlich von seinem Kopf ab wie kleine Sternwarten, und als sitze in jeder ein eigenes Team von Astronomen, bewegt sich jedes Auge ständig unabhängig vom anderen hin und her. Mal schweift ein Auge nach oben und das andere gleichzeitig nach unten, dann wieder eins nach vorne und das andere im selben Moment nach hinten – als versuche die kleine Echse, sich mit ihren Augenbewegungen selbst schwindlig zu machen. Tatsächlich weiß man bis heute nicht genau, wie sie ihre oft in komplett entgegengesetzte Richtungen gehenden Augenschwenks im Hirn verrechnet und miteinander in Einklang bringt. Aber fest steht, dass sie auf diese Weise fast ihre ganze Umgebung fortwährend nach potenziellen Beutetieren und potenziellen Feinden absuchen kann, ohne dafür auch nur einmal den Kopf drehen zu müssen.

Auch auf die Gottesanbeterin ist das Chamäleon mithilfe seiner frei schwenkbaren Augen gestoßen. Wie das Chamäleon gibt sich die große Fangheuschrecke gerne als harmloses Blatt aus. Aber vermutlich hat sie sich durch die plötzliche Bewegung verraten, mit der sie den Käfer gepackt hat, den sie gerade verspeist. Nach der Ortung hat das Chamäleon sie mithilfe seiner extrem verformbaren Hornhaut herangezoomt wie mit einem Teleobjektiv und auf äußerliche Anzeichen von Fressbarkeit geprüft. Und sich dann auf den Weg zu ihr gemacht.

Für den braucht das Chamäleon allerdings jetzt schon eine halbe Ewigkeit. Obwohl inzwischen so gut wie alle nennenswerten Informationen, die es über das Ostafrikanische Dreihorn-Chamäleon zu erzählen gibt, auf dem Tisch sind und auch die Gottesanbeterin ihr Mahl schon fast beendet hat, ist das Chamäleon immer noch mehr als

30 Zentimeter von ihr entfernt. Und bleibt jetzt zu allem Überfluss auch noch stehen.

Das Chamäleon fixiert zwar seine Beute weiterhin mit den Augen. Doch dabei verharrt es praktisch bewegungslos auf seiner Position und schaukelt nur noch ein bisschen vor und zurück, wie ein Kinderspielzeug, dem die ohnehin schon schwachen Batterien endgültig ausgegangen sind – und das ausgerechnet auf den letzten Zentimetern. Weil man sie nie beim Fressen beobachtete, glaubte man früher, dass Chamäleons sich von Luft ernähren, und diesen Irrglauben kann man jetzt sehr gut nachvollziehen: Wie sollten die Tiere bei diesem Tempo auch jemals etwas anderes zwischen die Zähne bekommen?

Sphodromantis centralis, die Afrikanische Gottesanbeterin, verfügt selbst über ein recht ansehnliches Paar seitlich vom Kopf abstehender Glubschaugen und hat das Chamäleon wahrscheinlich trotz seiner Blattverkleidung längst bemerkt – die benutzt sie ja schließlich selbst ständig. Doch obwohl das große drachenartige Ungetüm jetzt schon ziemlich nah an sie herangekrochen ist, gibt sie ihren Käfer nicht auf und springt noch nicht davon. Denn wenn der grüne gehörnte Drache sich auch schneller als in Super-Slowmotion bewegen könnte, hätte er das mit Sicherheit längst getan. Nein: Es muss sich um den mit Abstand lahmsten Dschungeldrachen handeln, den der afrikanische Regenwald jemals hervorgebracht hat. Und da *Sphodromantis* nirgendwo an ihrem Jäger so blitzschnell hervorschnellende Kung-Fu-Arme entdecken kann wie die, mit denen sie sich selbst ihr Mittagessen gefangen hat, beharrt sie hochmütig darauf, dieses in aller Ruhe abzuschließen – selbst dann noch, als das große, schuppige Ungetüm langsam sein Maul zu öffnen beginnt.

Wie wollte der Drache ihr auf diese Distanz schließlich schon gefährlich werden? Etwa, indem er Feuer spuckt?

Seine blitzschnell hervorschießende, sich auf die Länge seines eigenen Körpers ausdehnende Zunge ist neben seinen Augen das zweite Merkmal, das das Chamäleon einzigartig im Tierreich macht. Kurz vor jedem Schuss passiert immer das Gleiche. Das Chamäleon bleibt stehen, richtet beide Schwenkaugen gleichzeitig auf seine Beute und schaukelt mit seinem Körper noch ein wenig vor und zurück, um die Tiefenschärfe genauer einzustellen. Dann öffnet sich das Maul, die wie ein kurzer, dicker Gummi im Kehlsack liegende Zunge quillt hervor und wird schließlich durch das ruckartige Zusammenziehen eines ringförmigen Muskels aus dem Maul geschleudert.

Wie der Fanggriff der Gottesanbeterin dauert auch der Zungenschuss des Chamäleons nur eine Zehntelsekunde, überquert dabei aber eine weitaus größere Distanz. Er stellt eine der schnellsten Bewegungen dar, die es in der Tierwelt überhaupt gibt. Und verfehlt so gut wie nie sein Ziel.

Beim Auftreffen auf die Beute verformt sich die fleischige, mit klebrigem Speichel bedeckte Zungenspitze zu einer Art Saugnapf, der sich fest an die Beute ansaugt oder diese sogar halb umschließt. Wie ein Bungeeseil, das sich auf seine äußerste Länge gedehnt hat, zieht sich die Zunge von selbst wieder zusammen. Und befördert die sich hochmütig in Sicherheit wiegende Gottesanbeterin geräuschlos und schnell in das Maul des Chamäleons, wo es seine Beute genüsslich mit seinen harten Kiefern zerkaut und schließlich hinunterschluckt.

»Wurmzüngler« werden Chamäleons auch genannt, und nicht nur um sich ihr Essen zu fangen benutzen sie ihre wurmartige Zunge, sondern auch zum Trinken. Normalerweise lecken sie damit einfach den Tau von den Blättern, wie andere Tiere auch. Doch auch beim Trinken haben einige Arten besondere Techniken entwickelt, mit denen sie sich die besondere Länge und Elastizität ihrer Zunge zunutze machen. Regnet es in Strömen, legen einige Chamäleons zum Beispiel ihre Zunge an ein großes Blatt und lassen so den Regen in ihr Maul laufen – wie über eine körpereigene Wasserleitung. Und haben sie den Regen verpasst, lassen sie sich auch davon nicht die Laune verderben. Dann schießen sie einfach mit ihrer Zunge nach vom Blattwerk herabhängenden Tropfen und kühlen auf diese Weise ihre Kehle.

Fast will es scheinen, als seien Chamäleons ganz und gar von ihrer Zunge abhängig, um ihren Nahrungserwerb zu bestreiten. Aber zumindest beim Ostafrikanischen Dreihorn-Chamäleon ist das nicht der Fall. Es frisst auch gerne Schnecken – vermutlich die einzigen Tiere, die so langsam sind, dass es sie auch ohne den Einsatz seiner Zunge erbeuten kann.

Täter: Schützenfisch
Opfer: Mangrovengrille
Tatort: Südostasien

Toxotes jaculatrix, der Schützenfisch, lebt in den Brackwasserzonen tropischer Küstengebiete, dort, wo Flüsse und Meere sich treffen und Süß- und Salzwasser sich mischt. Er ist an den Küsten Indiens, Chinas, Südostasiens und Australiens zu Hause, und am häufigsten findet man ihn in seichten, von Mangroven überwachsenen Meeresarmen und Lagunen, wo die Gezeiten dafür sorgen, dass sowohl Temperatur als auch Salzgehalt des Wassers sich alle paar Stunden ändern. Der Schützenfisch hat sich an diese ständig wechselnden Lebensverhältnisse angepasst, sie machen ihm schon seit vielen Tausend Jahren Evolutionsgeschichte nichts mehr aus. Etwas wirklich Besonderes ist er aber wegen einer anderen Spezialisierung.

Auch *Apteronemobius asahinai*, die Mangrovengrille, ist im Lebensraum des Schützenfischs zu Hause. Sie wird etwas mehr als einen Zentimeter groß und ernährt sich von Algen, die auf dem Uferschlamm und an den Wurzeln der Mangrovenwälder wachsen. Um an die Algen heranzukommen, muss die Grille stets die Ebbe abwarten, da Schlamm und Wurzeln dann erst vom sinkenden Wasser freigegeben werden. Kehrt die Flut zurück, klettert die Grille die Mangroven hinauf und harrt in den Zweigen der strauchartigen Bäume aus, bis unter ihr das Buffet wieder eröffnet wird. Während sie auf den Mangroven herumklettert, muss sie sich vor allem vor einer bestimmten Eidechsenart in Acht nehmen, dem Mangrovenskink. Auch Vögel können ihr gefährlich werden. Doch im Allgemeinen schützt ihre unauffällige braune Körperfarbe sie ziemlich gut vor den Räubern des Landes und der Luft. Und wenn sie über dem Wasser auf einem Blatt sitzt und hungrig auf die Rückkehr der Ebbe wartet, muss sie sich in der Regel keine allzu großen Sorgen machen, dass einer ihrer Feinde sie entdeckt.

Doch Feinde hat die Grille auch im Wasser. Wann immer sie ihr Köpfchen hungrig über den Rand des Blattes streckt, um einmal mehr den Wasserstand zu prüfen, kann es sein, dass das von unten beobachtet wird.

Von unten? Was sollte ihr von unten schon für eine Gefahr drohen, muss sich die Grille zu Recht fragen. Sie befindet sich immerhin einen ganzen Meter über dem Wasserspiegel, und obwohl sich eben unter ihr die von hellen Lichtflecken gesprenkelte Wasseroberfläche bewegt hat und sie kurz glaubte, einen silbern glänzenden Schatten zwischen den verschwommenen Wurzeln der Mangroven zu erkennen, scheint der Anlass zur Sorge gering. Einige ihrer Artgenossen sind schon von Fischen gefressen worden, natürlich. Aber nur weil sie ungeschickt genug waren, von ihrem Blatt herunterzufallen, strampelnd auf dem Wasser landeten und so eine leichte Beute für die großen schuppigen Räuber abgaben. Solange sie sich nur gut festhält, hat die Grille nichts zu befürchten, sagt ihr ihr Instinkt. Und als die mit den verzweigten Schatten der Mangroven gemusterte Fläche unter ihr tatsächlich bricht und ein spitzlippiges geöffnetes Maul zum Vorschein kommt, kann ihr das nur vorkommen wie ein schlechter Witz. Sollte das große silberne Ungetüm dort unten tatsächlich glauben, sie täte ihm den Gefallen und fiele ihm einfach so in den Schlund? Nun, dann bekam da unten im Wasser sein Gehirn wohl zu wenig Luft.

Toxotes jaculatrix gehört zur Ordnung der Barschartigen, wird etwa 25 Zentimeter groß und ist so hübsch anzusehen, dass er auch gerne als Zierfisch in Aquarien gehalten wird. Sein Schuppenkleid ist silbern und auf dem Rücken mit breiten schwarzen Bändern gemustert, die es schwerer machen sollen, ihn unter der von Licht und Schatten gefleckten Wasseroberfläche der Mangrovenwälder zu erkennen. Sein Körper ist schmal, sodass er von oben nur als schwarz-silbern gestreifter Strich im Wasser zu erkennen ist, und von der Seite gesehen ist das Auffälligste daran die weit hervorstehende Unterlippe.

Toxotes bedeutet »Bogenschütze« und der Zusatz *jaculatrix* geht auf die römische Jagdgöttin Diana zurück, die eine Meisterin darin war, Wild mit dem Speer zu erlegen. Um seinen eigenen »Speer« zu schleudern, legt der Schützenfisch die Zunge an den Gaumen, damit beide zusammen eine Röhre bilden, und zieht dann blitzschnell die Kiemen zusammen, sodass mit hohem Druck Wasser durch diese Röhre gepresst wird. Er steht dabei fast senkrecht im Wasser – in der Regel genau unter seinem Ziel, um den Abschusswinkel leichter berechnen zu können – und hat das Maul ein paar Millimeter über die Wasseroberfläche erhoben.

Die Mangrovengrille versteht nicht, was sie trifft. Es ist kein Wassertropfen, sondern ein ganzer Wasserstrahl, und er kommt auch nicht von oben, wo Nässe und Regen normalerweise herkommen, sondern von irgendwo *unter ihr* – und zwar, wie ihr vielleicht mit einer letzten Verschaltung in ihrem kleinen Grillenhirn klar wird, aus genau der Richtung, wo sie eben noch das in absurd scheinender Erwartung geöffnete Maul unter sich gesehen hat. Der Strahl trifft sie mit solcher Wucht, dass sie senkrecht in die Luft geschleudert wird – und im Fallen sieht sie, wie der silberne Schatten, der zu dem Maul gehört, auch schon zu dem Punkt eilt, wo sie gleich auf das sonnengemusterte Wasser unter den Mangroven treffen wird. Die nächste Eröffnung des Algenbuffets muss ohne sie stattfinden. Kaum auf dem Wasser aufgekommen, wird sie auch schon verschluckt.

Schützenfische beherrschen den Trick, einen langen Wasserstrahl aus dem Maul zu spucken und damit Insekten von Uferpflanzen zu schießen, bereits im Kindesalter, und schon Exemplare, die nicht größer sind als ein kleiner Finger, spucken zehn bis 20 Zentimeter weit. Ausgewachsene Fische erreichen mit ihrer eingebauten Wasserpistole Schussweiten von bis zu vier Metern, treffen allerdings nur auf eine Distanz von eineinhalb Metern wirklich zielgenau und haben für alle Fälle einen Schnellfeuermodus, der es ihnen erlaubt, bis zu sieben Schüsse in rascher Folge abzugeben. Sie benutzen ihre Wasserpistole immer dann, wenn ihre Beute zu hoch über dem Wasser sitzt, um danach zu springen, und erlegen damit nicht nur Grillen, sondern auch flugfähige Insekten wie Libellen und Schmetterlinge, die von der Wucht des Wasserstrahls k.o. geschlagen werden oder so durchnässt, dass sie mit bleischweren Flügeln von ihrem Blatt plumpsen. Auch mit einer gemeinen Hausfliege und einem Aquarium funktioniert der Trick, wenn man die Fliege irgendwie dazu kriegt, am Rand des Aquariums herumzukrabbeln – und vielleicht ist das auch der eigentliche Grund dafür, warum der Schützenfisch bei Aquarianern so beliebt ist.

Während die grundsätzliche Funktionsweise ihrer internen Spritzpistole den Fischen offenbar von Geburt an vertraut ist, werden sie zu wirklichen Scharfschützen erst durch viel Übung und Erfahrung, wie menschliche Schützen auch. Die Augen der Fische bleiben beim Schießen stets knapp unter der Wasseroberfläche, und dass aufgrund der unterschiedlichen Brechung des Lichts die Schussbahn über

Wasser eine ganz andere ist, als man unter Wasser glaubt, müssen die jungen Schützenfische erst in vielen frustrierenden Versuchen lernen. Selbst wenn sie ihre Beute endlich einmal getroffen haben, kann es gut sein, dass ein anderer Artgenosse schon längst bei ihr ist, während sie noch mit vor Jägerstolz höher schlagendem Herzen auf sie zuschwimmen – und sie trotz ihres Volltreffers letztendlich wieder leer ausgehen.

Doch auch in der Kunst, ihre aufs Wasser fallende Beute möglichst schnell zu erreichen, werden die Fische mit der Zeit besser, und Versuche an der Universität Freiburg haben gezeigt, dass sie dabei zum Teil erstaunliche Rechenleistungen zustande bringen. Der Konkurrenzkampf unter den Fischen ist hart, sie jagen gerne in größeren Gruppen – halbstarken Killerschwadronen, die mit ihren Wasserpistolen wild durch die Gegend ballern und sich sofort auf alles stürzen, was dabei von den Bäumen fällt –, und wenn man in dieser Umgebung nicht verhungern will, muss man sich ranhalten. Erfahrene Exemplare von *Toxotes jaculatrix* berechnen deswegen schon im Augenblick ihres Treffers, wo ihre Beute landen wird, und schwimmen dann sofort blind auf diese Stelle zu. Nur die erste Zehntelsekunde nach dem Treffer müssen sie sehen, um genau zu wissen, wo der Aufschlagpunkt des vom Blatt geschleuderten Objekts liegen wird. So als ob Lehmann einen Abschlag macht und Ballack genau zum Ball läuft, ohne sich auch nur ein einziges Mal danach umzusehen.

Täter: Pistolenkrebs
Opfer: Weißshrimp
Tatort: Atlantik

Während des Zweiten Weltkriegs setzte die amerikanische Marine erstmals flächendeckend Sonar ein, um Schiffe der gefürchteten deutschen U-Boot-Flotte aufzuspüren, die vor der Ostküste der USA immer wieder nach England auslaufende Frachter versenkten. Schon Leonardo da Vinci hatte im 15. Jahrhundert erkannt, dass »man Schiffe über sehr weite Entfernungen hören kann, wenn man ein Rohr ins Wasser taucht und das andere Ende an sein Ohr hält«, und die

Marine horchte nun die Küstengewässer auf verdächtige Motorengeräusche ab oder sendete selbst Schallsignale aus und lauschte, ob ihr Echo von einem der U-Boote zurückgeworfen wurde. Als die Aufklärungsschiffe vor der Küste Floridas kreuzten, passierte jedoch etwas Merkwürdiges. Plötzlich war aus den Kopfhörern der Sonargeräte nur noch ein anhaltendes eigenartiges Knistern zu hören – ein Geräusch, als würde ein munteres Feuer in einem Kamin prasseln oder Fett in einer Pfanne brutzeln. Die militärischen Waffenexperten an Bord folgerten sofort, der Feind habe eine perfide neue Abwehrwaffe entwickelt. Irgendwie hatte die deutsche Ingenieurskunst es fertiggebracht, einen störenden Klangteppich über die von Korallenriffen gesäumte Küste Floridas zu legen: Die feindlichen U-Boote verhinderten ihre Ortung durch das amerikanische Sonar, indem sie auf unerklärliche Weise dafür sorgten, dass das gesamte Küstengebiet sich anhörte wie eine fröhlich vor sich hin brutzelnde Pfanne Popcorn.

Damals nahm die wissenschaftliche Erforschung des sogenannten Pistolen- oder Knallkrebses, der in den USA auch »snapping shrimp« genannt wird, ihren Anfang. Denn von nichts anderem, erkannte die US-Marine schließlich, wurde der ihre sonaren Ortungssysteme störende Klangteppich verursacht: von einer kleinen, selten größer als fünf, sechs Zentimeter werdenden Garnele, die zu Millionen in den tropischen Riffen Floridas lebt und an einem Arm eine vergrößerte Schere trägt, mit der sie einen lauten Knall erzeugen kann, wenn sie sie ruckartig zuschnellen lässt. Machen das viele der kleinen Garnelen auf einmal, entsteht ein charakteristisches Knistern, das auch vielen Hobbytauchern von ihren Tauchgängen in tropischen Gewässern her vertraut ist. Doch nicht nur mit seinen eigentümlichen Knallgeräuschen macht der Pistolenkrebs seinem Namen alle Ehre. Wie man heute weiß, schießt er bei jedem Knall auch scharf – und bringt seine Beute unter Wasser auf ganz ähnliche Weise zur Strecke wie der Schützenfisch es über Wasser tut.

Als der Krieg vorbei war, erkannten die Wissenschaftler bald, dass es sich bei den *Alpheidae*, wie die in 600 verschiedenen Arten vorkommenden Pistolenkrebse mit wissenschaftlichem Namen heißen, auch dann um äußerst erforschenswerte Tiere handelt, wenn sie nicht gerade mit ihren Knallgeräuschen amerikanische U-Boot-Jäger in Verwirrung setzen. Die Krebse kommen vor allem in den warmen

Gewässern der Karibik und des Indopazifik vor, sind aber auch in den Küstengewässern der gemäßigten Zonen zu finden und manche Arten sogar in den kühleren Meeren des Nordens. Wie schon die US-Militärs herausfanden, leben sie meistens in küstennahen Korallenriffen, bauen sich dort tiefe Schutzgänge in den Sand und bewohnen diese oft in enger Gemeinschaft mit einem ebenfalls am Meeresboden lebenden Fisch, mit dem sie eine außergewöhnliche Symbiose verbindet.

Denn der Pistolenkrebs ist zwar schwer bewaffnet, kann aber nicht gut sehen und hat deswegen seinen persönlichen Wachmann: die Grundel. Grundeln sind zylinderförmige Fische mit bulligen Köpfen und hervorstehenden Augen, und wenn ein Pistolenkrebs an einem seiner unterirdischen Gänge gräbt, kann man in aller Regel eine Grundel vor dem Ausgang im Sand liegen und aufmerksam die Umgebung im Auge behalten sehen. Der Pistolenkrebs gräbt seine Gänge bis zu einen Meter tief in den Meeresboden hinein, häuft Sand und Steine auf seine große Schere und trägt eine Ladung nach der anderen nach draußen, und wenn dabei kleine Schnecken oder Krebse mit aus dem Eingang geschippt werden, schnappt die Grundel sich diese Leckerbissen. Ihr eigentlicher Job besteht jedoch darin, aufzupassen, dass sich kein Raubfisch oder sonstiger Fressfeind dem Gang nähert, und jedes Mal, bevor der Krebs aus dem Gang kommt, sucht er mit seinen Fühlern Kontakt zu seinem Wachfisch, um sicherzugehen, dass die Luft rein ist. Ist der Schutzgang fertig, legt sich der Krebs in den Eingang und die Grundel knapp davor, sodass der Krebs auch jetzt mit seinen Fühlern ständig Kontakt zu ihr halten kann. Nähert sich Gefahr, schlägt die Grundel heftig mit dem Schwanz und zuerst der Krebs und dann die Grundel selbst ziehen sich in den sicheren Bau zurück. In ganz brenzligen Situationen verliert die Grundel allerdings manchmal die Nerven und liegt schon bibbernd in der Höhle, während der halbblinde Krebs noch draußen in der von ihren Flossen aufgewirbelten Sandwolke hockt und sich fragt, was los ist.

Auch die Nächte verbringt das seltsame Paar einträchtig zusammen in der Höhle des Krebses und nur die Grundel steht ab und zu auf, um draußen im Sand nach Weichtieren zu wühlen. Der Pistolenkrebs hingegen geht meistens tagsüber auf die Jagd, legt sich neben die Grundel vor seinen Gang und wartet darauf, dass etwas Fressbares vorbeischwimmt. Und erlegt seine Beute dann mit einer höchst eindrucksvollen Technik, die – neben dem Schutz, den seine Höhle bietet, und den bei ihrem Aushub anfallenden Snacks – wahrscheinlich entscheidenden Anteil daran hat, dass die Grundel ihn so gerne als besten Freund haben will.

Um seinen Höhleneingang besser zu tarnen, zerrt der Pistolenkrebs oft ganze Korallenbrocken herbei und schiebt sie so lange hin und her, bis er selbst und auch die Grundel kaum noch dahinter zu sehen sind. Schwimmt dann irgendein argloser Passant wie *Penaeus setiferus* vorbei, der Atlantische Weißshrimp, springt der Krebs plötzlich hinter den Felsen hervor und feuert wie ein Wilder mit seiner Schere in die Luft. Er feuert so laut, dass es noch einen Kilometer weiter Hobbytaucher und Marineoffiziere hören können – und der Shrimp, eigentlich ein gar nicht so entfernter Verwandter des Pistolenkrebses, sinkt regungslos zu Boden.

Der Knall, den der Pistolenkrebs produziert, wenn er seine Schere zuschnellen lässt, ist etwa 200 Dezibel laut. Früher dachte man, dass der Krebs allein mit der Lautstärke dieses Geräuschs seine Opfer betäubt oder sogar tötet. Doch inzwischen weiß man, dass er sie mithilfe eines Wasserstrahls außer Gefecht setzt, der bei jedem Schuss aus seiner Schere hervorschießt. Und dass es erstaunlicherweise auch dieser Wasserstrahl ist, der den Knall erzeugt.

Vor einiger Zeit untersuchte die Biologin Barbara Schmitz, die damals am Zoologischen Institut der Technischen Universität München tätig war, den Scherenschuss des Pistolenkrebses mithilfe einer Hochgeschwindigkeitskamera. Dabei fiel ihr auf, dass sich bei jedem Schuss eine kleine Gasblase vor der Schere des Krebses bildete. Kurz darauf kam der an der niederländischen Universität Twente lehrende Hydrodynamiker Detlef Lohse zu einem Vortrag nach München und Schmitz erzählte ihm von ihrer merkwürdigen Beobachtung. Lohse vermutete sofort, dass das Phänomen genau in sein Spezialgebiet fiel – die sogenannte Sonolumineszenz –, und machte sich zusammen mit seiner Münchner Kollegin daran, es genauer zu untersuchen.

Die Wissenschaftler fixierten einen Pistolenkrebs in einem Glasbecken und kitzelten ihn so lange mit einem Pinsel, bis er losballerte. Sie filmten die Schüsse des Krebses mit einer Hochgeschwindigkeitskamera, die mehr als 40000 Bilder pro Sekunde machte, und hielten gleichzeitig ein Unterwassermikrofon ins Wasser, um später Bild- und

Tonspur genau miteinander abgleichen zu können. Auf diese Weise wollten sie exakt bestimmen, in welcher Phase des Schussvorgangs das Schussgeräusch ertönt – der Knallkrebs also seinen Knall von sich gibt. Was sie herausfanden, war verblüffend.

Bis zu den Versuchen hatte man es als selbstverständlich betrachtet, dass der Knall des Pistolenkrebses dadurch entsteht, dass die zwei Hälften seiner Schere aufeinanderschlagen – wodurch auch sonst? Jetzt jedoch stellten die Wissenschaftler fest, dass es sich bei den merkwürdigen Blasen, die Schmitz vor der Mündung der Schere beobachtet hatte, um sogenannte Kavitationsblasen handelte – große Luftblasen, zu denen sich winzige Luftblasen ausdehnen, wenn in einer Flüssigkeit der Druck schlagartig abfällt – und dass der Knall, den man beim Schuss des Krebses unter Wasser hörte, dadurch entstand, dass diese Blasen wieder in sich zusammenfielen.

Auf den Hochgeschwindigkeitsaufnahmen der Forscher lässt sich der ganze komplexe Vorgang in jedem seiner einzelnen Schritte genau beobachten. Die untere Scherenhälfte des Pistolenkrebses besitzt auf der Innenseite eine kleine Aushöhlung, die obere eine Art Zapfen, der genau in diese Aushöhlung hineinpasst, und wenn beide Hälften sich blitzschnell schließen, wird ein Wasserstrahl mit etwa 100 km/h Geschwindigkeit aus der Schere gedrückt. Der Strahl schießt mit solcher Geschwindigkeit durchs Wasser, dass unmittelbar vor der Schere ein sehr starker Unterdruck entsteht und jedes noch so winzige im Wasser befindliche Luftbläschen sich innerhalb eines Sekundenbruchteils zu einer sehr viel größeren Luftblase ausdehnt. Vor der Schere sammelt sich die sogenannte Kavitationsblase – auf dem Film kann man erkennen, dass sie spitz zuläuft, genau wie die Flamme, die aus der Mündung eines Pistolenlaufs schlägt – und exakt in dem Moment, in dem diese Blase unmittelbar darauf wieder in sich zusammenfällt, verzeichnet das Unterwassermikrofon den stärksten Ausschlag: der 200-Dezibel-Knall ertönt. Gleichzeitig leuchtet an der Mündung der Schere ein mit bloßem Auge nicht erkennbarer Lichtblitz auf, ein kompliziertes hydrophysikalisches Phänomen, das sich Sonolumineszenz nennt, das die Wissenschaftler in diesem Fall jedoch »Shrimpolumineszenz« tauften. Und ebenfalls beinah genau gleichzeitig fliegt der kleinen Krabbe, die die Forscher für ihre Versuche in der Schusslinie des Krebses festgebunden hatten, von der Druckwelle fast die Schädeldecke weg.

Im Innern von Kavitationsblasen entstehen kurzzeitig Temperaturen von mehreren Tausend Grad und die Blasen entwickeln eine solche Kraft, dass schnell drehende Schiffsschrauben, an denen sie sich ebenfalls manchmal bilden, davon schwer beschädigt werden können. Der Pistolenkrebs tötet seine Opfer nicht dadurch, dass er, wie früher angenommen, einfach wild in der Gegend herumballert und darauf baut, dass die enorme Lautstärke seiner Schüsse seine Opfer außer Gefecht setzt. Sondern er zielt mit seiner hydrodynamisch unterstützen Hochdruckpistole ganz genau auf seine Beute. Dabei knallt und blitzt es und es wird sogar enorm heiß. Und mit der Hochgeschwindigkeitskamera gefilmt, mit einem Unterwassermikrofon belauscht und mit dem Wissen eines Physikers beobachtet, entsteht der Eindruck, dass der Pistolenkrebs unter Wasser in noch wahrerem Sinne auf seine Opfer »schießt« als Chamäleon und Schützenfisch es über Wasser tun.

Der Pistolenkrebs schießt mit seiner Pistole nicht nur andere Krebse, Garnelen und Krabben ab, sondern auch Fische und Tintenfische, die zum Teil ein ganzes Stück größer sind als er selbst. Besonders furchterregende Filmaufnahmen eines kanadischen Forscherteams zeigen ihn sogar dabei, wie er mit seiner kleineren Schere einen Korallenfisch festhält und mit der größeren so lange Kopfschüsse auf sein Opfer abgibt, bis dieses sich nicht mehr rührt – wie ein kaltblütiger Auftragskiller. Auch die Grundel lag nicht falsch: Die dümmste Wahl hat sie beim Aussuchen ihres Symbiosepartners bestimmt nicht getroffen. Denn zur Abwehr von Feinden benutzt der Pistolenkrebs seine Pistole ebenfalls, kann damit selbst große Fische aus dem Konzept bringen, beinahe ebenso gut wie amerikanische U-Boot-Jäger, und schreckt sogar nicht davor zurück, auf Taucher zu ballern, wenn diese ihm und seinem WG-Partner zu nahe kommen.

Auch bei Auseinandersetzungen mit seinen eigenen Artgenossen setzt der Pistolenkrebs seine Pistole natürlich ein, und wenn in einem Riff Revier- oder Paarungsstreitigkeiten zwischen zwei Pistolenkrebsen ausbrechen, geht jedes andere Geräusch der Unterwasserwelt im Sperrfeuer ihrer hydrodynamischen Duelle unter. Anders als bei der Jagd auf Garnelen und Fische halten die Krebse bei den Schusswechseln mit ihresgleichen allerdings einen Sicherheitsabstand. Über kleine Härchen auf ihren Scheren spüren sie, wie stark der Wasserstrahl ist, den ihr Gegner auf sie abfeuert. Auf diese Weise können die Duellanten ermitteln, wer von beiden die größere Kanone hat, ohne einander ernsthaft zu verletzen. Und da auch weibliche Pistolenkrebse solche Härchen auf ihren Scheren haben, enden gemischtgeschlechtliche Konfrontationen, die als Duell beginnen, nicht selten im Bett – wie im modernen Western.

Dann leben fortan zwei Pistolenkrebse einträchtig mit ihrer Wachgrundel in ein und derselben Höhle, und obwohl man es sich kaum vorstellen kann, finden manche Pistolenkrebse auch zu noch größeren Lebensgemeinschaften zusammen, ohne dass die Schießereien gleich überhandnehmen wie in Dodge City. Eine erst kürzlich entdeckte, besonders kleine Art von Pistolenkrebs zum Beispiel lebt in Verbänden von mehreren Hundert Tieren in Schwämmen und bildet dabei sogar richtige kleine Staaten, was bisher bei noch keinem anderen Meerestier beobachtet wurde. Genau wie in den Staaten von Ameisen oder Bienen gibt es bei dieser Garnelenart eine Königin, die für den Nachwuchs sorgt, jede Menge Arbeiterinnen, die sich auf verschiedene Weise um die Königin und ihren Nachwuchs kümmern, und eine gesonderte Soldatenkaste, die für den Schutz der Kolonie zuständig ist. Und genau wie bei den Ameisen die Exemplare mit den größten Kieferzangen zum Bewachen des Nests abgestellt werden, sind es bei den Pistolenkrebsen die mit den dicksten Schießeisen.

9. Hightechwaffen

Täter: Delfin
Opfer: Hering
Tatort: Atlantik

Wenn man sieht, wie wohl sich Delfine im Wasser fühlen, fällt es schwer, sich vorzustellen, dass sie ursprünglich mal Landtiere waren. Vor ein paar Jahren wurde in Pakistan das Skelett eines etwa wolfsgroßen Landsäugetiers gefunden, das Forscher zu einem frühen Vorläufer der Wale und Delfine erklärten, die beide biologisch zur selben Ordnung gehören. *Pakicetus inachus*, so der Name des an Land lebenden »Wals«, wandelte vor etwa 50 Millionen Jahren auf Erden und ähnelte von seiner Erscheinung her einer übergroßen, langbeinigen Ratte. Bestimmte Besonderheiten an seinem Knochenbau veranlassten die Forscher jedoch, ihn ganz anderen und für den Laien höchst unterschiedlich wirkenden Tiergruppen zuzuordnen. Das Innenohr von *Pakicetus* war so geformt wie sonst nur das Innenohr von Walen und wies ihn als frühen, an Land lebenden Vorfahr der großen Meeressäuger aus. Die besondere Form seiner Sprunggelenke hingegen fand man in der modernen Fauna sonst nur noch bei den sogenannten Paarhufern, meist pflanzenfressenden Tieren mit einer geraden Anzahl von Zehen, wie Rind, Schwein, Hirsch, Kamel, Nilpferd oder Antilope. So unwahrscheinlich es klingen mag: Der frühe Vorfahr des Wals entpuppte sich gleichzeitig auch als früher Verwandter der Giraffe.

Die Wissenschaftler nehmen inzwischen an, dass sowohl die heutigen Wale als auch die heutigen Paarhufer von einer noch früher als *Pakicetus* lebenden Gruppe von Säugetieren abstammen, die sie *Cetartiodactyla*, also »Wal-Paarhufer« nennen. Von den in so gegensätzliche Richtungen weisenden Besonderheiten, die sie an den Knochen des pakistanischen Urzeitsäugers fanden, waren sie auch gar nicht so überrascht. Denn schon zuvor hatten Untersuchungen an der DNA von Walen und Paarhufern darauf hingewiesen, dass diese Tiergruppen eng miteinander verwandt sein müssen. Das Nilpferd, zeigten diese Untersuchungen, ist mit den Walen sogar enger verwandt als mit jedem Schwein, jedem Rind und überhaupt jedem anderen Paarhufer, und seine amphibische Lebensweise wird allgemein als Hinweis darauf gewertet, wie die ursprünglich an Land lebenden »Wal-Paarhufer« den ersten Schritt zum Leben im Wasser gemacht haben könnten (wie sie also eigentlich ins Wasser zurückkehrten, nachdem sie wie alle anderen Landtiere vor ewigen Zeiten daraus hervorgegangen waren). *Pakicetus inachus*, der Urahn der heutigen Wale und Delfine, hat diesen Weg einfach nur besonders mutig beschritten. Im Laufe seiner Entwicklung hat er seine Nasenlöcher nicht einfach nur auf den höchsten Punkt seiner Schnauze wandern lassen wie das Nilpferd, sondern auf den höchsten Punkt seines Kopfes, wo sie zu einem einzigen großen Atemloch verschmolzen. Und fortan seine immer noch auf der Lungenatmung der Landtiere basierende Existenz nicht nur mit halb aus dem Wasser ragenden Haupt in irgendwelchen afrikanischen Tümpeln zugebracht wie sein vorsichtigerer Vetter – sondern gleich ganz wie ein Fisch, nämlich in den Weiten der sieben Weltmeere.

Hier haben sich besonders die Delfine unverkennbar prächtig entwickelt, und als kürzlich japanische Fischer einen Delfin aus dem Meer holten, dem zwei fußgroße Stummel am Hinterleib gewachsen waren, genau dort, wo seine urzeitlichen Vorfahren noch ihre langen Hinterbeine hatten, wurde das sofort als anatomischer Atavismus gewertet, als körperlicher Entwicklungsschritt gegen die Laufrichtung der Evolution – so wie wenn ein Mensch mit dem Haarkleid eines Affen oder einem langen Schwanz am Steiß geboren würde. Im Laufe der Jahrmillionen hat *Pakicetus inachus* seine Vorderbeine zu Flossen umgebildet, seine Hinterbeine ganz abgeworfen und sich eine ordentliche Schicht wärmenden Körperfetts angefressen. Sein einstiges Fell hat er abgelegt und nur auf der Schnauze ein paar winzige Härchen zurückbehalten. Dafür hat er jetzt eine Haut, die sich alle zwei Stunden von selbst peelt und dadurch so wassergleitsam und glatt bleibt, dass die Schönheitsindustrie Millionen verdienen könnte, wenn sie hinter ihr Geheimnis käme. Aus der durch die Wälder der Urzeit staksenden Riesenratte ist einer der erfolgreichsten und charismatischsten Meeressäuger überhaupt geworden: der Delfin. Er ist so erfolgreich, dass er in allen Meeren der Welt heimisch ist und in über 40 verschiedenen Arten vorkommt. Am besten vertraut ist er uns aber wohl in Gestalt von *Tursiops truncatus*, des Großen Tümmlers, der im Fernsehen als »Flipper« berühmt wurde und das Bewusstsein, wie perfekt er an seinen neuen Lebensraum angepasst ist, nicht nur durch seine übermütigen Luftsprünge und Wasserspiele auszudrücken scheint, sondern auch durch das permanente Lächeln, das seine Schnauze ziert.

Große Tümmler sind für ihre hohe Intelligenz bekannt. Sie haben ein größeres Gehirn als der Mensch und jeder Zoowärter kann bestätigen, wie leicht es ihnen fällt, raffinierte akrobatische Kunststücke zu erlernen oder sich diese sogar selbst auszudenken. Doch nicht nur in Gefangenschaft, auch in der freien Natur zeigen die Tiere viele komplexe Verhaltensweisen, die uns oft seltsam vertraut vorkommen. Sie müssen nicht erst dazu abgerichtet werden, Spaß am Spielen zu haben, sondern tollen auch in ihrem natürlichen Lebensraum ausgelassen miteinander herum, spielen unter Wasser Fangen oder surfen in der Brandung wie kalifornische Wellenreiter. Auch gehören sie zu einer der wenigen Tierarten, die wie der Mensch Sex nicht nur zu Zwecken der Fortpflanzung hat, sondern ebenso rein zum Spaß, und überhaupt gilt ihr Sozialleben als außerordentlich hoch entwickelt. Sie ziehen meistens in Gruppen von fünf bis zehn Tieren durchs Meer, kümmern sich jahrelang liebevoll um ihren Nachwuchs und im Notfall auch um ihre ausgewachsenen Artgenossen. Erkrankt ein Mitglied der Gruppe, halten es seine Gefährten über Wasser, damit es atmen kann (ein Verhalten, mit dem die Tiere auch schon menschlichen Ertrinkenden das Leben gerettet haben sollen). Wird in der Gruppe ein Junges geboren, bilden alle Mitglieder einen Ring um das gebärende Weibchen, um es vor Haiangriffen zu schützen.

Es ist nicht allzu lange her, da wurde auch der Gebrauch von Werkzeugen, der als ein weiteres Merkmal hoch entwickelter geistiger Fähigkeiten gilt, zum ersten Mal bei Großen Tümmlern in der freien Natur beobachtet. In der westaustralischen Shark Bay stießen Forscher auf Exemplare, die bei der Futtersuche Meeresschwämme wie eine Art Mundschutz einsetzen. Wollen die Tümmler im Meeresboden nach im Sand versteckten Fischen und Krebsen wühlen, suchen sie sich erst einen Schwamm, reißen ihn vom Boden ab und stülpen ihn sich wie eine Haube über die Schnauze. Die Forscher vermuten, dass die klugen Kleinwale sich so gegen die Stiche von Seeigeln und giftigen Meeresschnecken schützen.

Auch die Verständigung der Tiere untereinander ist so komplex und ausgefeilt wie bei kaum einer anderen Tierart und manche Forscher glauben, dass, wenn sie sie nur gründlich genug studieren, sie sich irgendwann mit den Delfinen genauso unterhalten können wie mit einem Menschen. Die Tiere benutzen eine Vielzahl von Schnatter-, Knarr-, Quietsch- und Klicklauten, um sich miteinander zu verständigen, und offensichtlich hat sogar jedes von ihnen seinen eigenen Namen – einen ganz bestimmten Pfeifton, den es jedes Mal von sich gibt, wenn es sich seinen Artgenossen nähert, und den diese sogar dann noch erkennen, wenn er von einer neutralen Computerstimme nachgeahmt wird.

Doch die schlauen, im Meer lebenden Nachkommen der urzeitlichen pakistanischen Landratte benutzen ihre charakteristischen Laute nicht nur, um einander zu erkennen, sondern auch, um sich in ihrer Umwelt zurechtzufinden und Beute aufzuspüren. Um auch in dunklen und trüben Gewässern in ihrer neuen aquatischen Lebensweise erfolgreich zu sein, haben sie ein hoch kompliziertes sonares Orientierungs- und Ortungssystem entwickelt, das jeden U-Boot-Kapitän vor Neid erblassen lassen würde und Militärtechniker auf der ganzen Welt eifrig nachzubauen versuchen. Im Tierreich verfügt über ein ähnlich hoch entwickeltes Schallortungssystem sonst nur die Fledermaus, die ihre hohen Schreie ebenfalls zur Orientierung und Beutesuche nutzt. Doch im Gegensatz zur Fledermaus benutzt der Delfin seinen Sonar vermutlich nicht nur, um im Meer damit wie ein moderner Fischkutter Fischschwärme ausfindig zu machen und sogar einzelne Beutetiere noch punktgenau zu orten. Sondern, wie amerikanische Wissenschaftler erst vor Kurzem herausgefunden haben wollen, auch auf noch viel direktere, tödlichere und verblüffendere Weise: als eine mithilfe von Schallwellen funktionierende Hightechwaffe, wie sie auch die geschicktesten menschlichen Waffenkonstrukteure noch nicht zu entwickeln wussten.

Der Große Tümmler erzeugt seine über ein weites Frequenzspektrum reichenden Laute in einer Reihe verschieden großer Luftsäcke, die er in seiner Stirn trägt und die durch ventilartige Öffnungen miteinander verbunden sind. Er erzeugt sein charakteristisches Quietschen und Knarren, indem er Luft von einem Sack in den anderen drückt und dabei die Öffnungen dazwischen verengt oder vergrößert, nach dem gleichen Prinzip wie bei einem Dudelsack oder einem Luftballon, den man zum Quietschen bringt, indem man seine Öffnung zusammenquetscht.

Auch die Klicklaute, die er vor allem zur Schallortung einsetzt, erzeugt der Delfin in diesen Luftsäcken. Je nachdem, in welcher Umgebung er herumschwimmt und zu welchem Zweck er sie benutzt, sendet er die Laute in verschiedenen Abständen und Frequenzen aus. Er bündelt sie über seine sogenannte Melone, eine gewölbte Fettscheibe, die er vorne in der Stirn trägt, und nimmt das von einem nahen Riff oder einem fernen Fischschwarm zurückgeworfene Echo über seinen ebenfalls mit einer fetthaltigen Masse gefüllten Unterkiefer wieder auf, von wo es dann zu seinen seitlich am Kopf liegenden Innenohren weitergeleitet wird. Will der Delfin sich einfach nur in seiner Umgebung orientieren, sendet er etwa 20 Klicklaute pro Sekunde aus. Will er ein potenzielles Beutetier näher untersuchen, peilt er es mit einer Art sonarem Schnellfeuer von bis zu 800 Klicklauten pro Sekunde an. Neuesten Untersuchungen zufolge sind die Zähne des Delfins so angeordnet, dass sie ähnlich wie eine Antenne funktionieren und ihm zusätzlich helfen, das mit dem Echo zu ihm zurückgeworfene Bild möglichst präzise zu empfangen. Auf Weiten von bis zu 200 Metern kann er sich so selbst in trübem Wasser einen vor ihm schwimmenden Fisch genau »ansehen«. In seinem Kopf entsteht dabei nicht nur ein präzises Bild von Größe, Aussehen, Schwimmrichtung und Geschwindigkeit des angepeilten Objekts, sondern wie bei einer Ultraschalluntersuchung kann der Delfin auch förmlich in den Körper seines Beutetiers hineinschauen. Aus der Ferne kann er erkennen, wie schnell das Herz eines Fisches schlägt – und weiß so, ob sein Opfer ihn schon hinter sich bemerkt hat oder nicht.

Doch das Sonar des Großen Tümmlers kann allem Anschein nach noch mehr. Meeresforscher beobachteten bei ihren Tauchgängen immer wieder, wie Delfine bei der Jagd ihre Beute auch auf kurze Distanzen noch gezielt mit Schallwellen beschossen, selbst in klarem Wasser, wo sie eigentlich gut sehen konnten. Und immer wieder stellten Forscher auch die Hypothese auf, dass die Delfine damit mehr taten, als ihre Opfer nur genau zu orten oder »anzusehen«. Erst vor Kurzem jedoch gelang es zwei amerikanischen Wissenschaftlern, mithilfe von Videoaufnahmen und Versuchen zu belegen, was schon lange vermutet wurde: dass die Delfine ihre Beutefische mithilfe ihrer Schallsalven nicht nur aufspüren und durchleuchten, sondern auch betäuben und töten.

Ken Marten von der Umweltorganisation Earthtrust auf Hawaii und Denise Herzing von der Florida Atlantic University in Boca Raton berichten über ihre Beobachtungen in der Zeitschrift *Aquatic Mammals*, einem internationalen Fachblatt zur Erforschung von Meeressäugern.

Marten beobachtete Große Tümmler bei der Verfolgung des Atlantischen Herings *Clupea harengus* (den der Tümmler noch wesentlich gewohnheitsmäßiger verspeist als sein größerer, im Kapitel »Mörderbanden« beschriebener Verwandter, der Buckelwal). Dabei fiel ihm auf, dass die Delfine die Fische immer wieder mit lauten Knalllauten beschossen, die sich genau in dem niedrigen Frequenzbereich bewegten, den die Heringe am besten hören können. Der Wissenschaftler schloss daraus, dass es dem Tümmler bei seinem Beschuss nicht darum geht, dem Hering auf der Spur zu bleiben, sondern dessen Hörapparat zu zerstören. Als erstem Forscher gelang es ihm auch, einen Delfin dabei zu filmen, wie er bei der Jagd solche tiefen Detonationslaute auf einen Fisch abfeuerte. Später beschoss Marten in einem Hafenbecken einen Schwarm Sardellen mithilfe einer Schallkanone mit ähnlichen Lauten und beobachtete den gleichen Effekt, der ihm auch schon draußen im Meer aufgefallen war: Die durch das Wasser hallenden Donnerschläge übten eine so starke Wirkung auf die Fische aus, dass sie unter ihrem Beschuss anfingen, im Kreis zu schwimmen, wie betäubt zu erstarren – und einige von ihnen sogar starben.

Denise Herzing berichtet sogar von einem noch erstaunlicheren Einsatz der sonaren Hightechwaffe des Delfins. Sie beobachtete Atlantische Fleckendelfine bei der Jagd auf am Meeresboden lebende Aale, die sich im Sand vergraben, um sich vor Räubern zu verstecken. Die Delfine schwammen mit gesenkter Schnauze über den Sand und beschossen den Boden bei ihrer Suche immer wieder mit im mittleren Frequenzbereich gehaltenen Schallsalven. So lange, bis die Aale den

Krach offensichtlich nicht mehr aushielten, benommen aus ihren Verstecken krochen – und von den Delfinen mit Leichtigkeit verspeist werden konnten.

Trotz dieser verblüffenden Beobachtungen glauben jedoch nicht alle Wissenschaftler daran, dass Delfine ihre Beute tatsächlich mithilfe ihres Sonars ausschalten können. Und ausgerechnet zwei ebenfalls auf Hawaii arbeitende Kollegen von Ken Marten haben bald nach der Veröffentlichung seines Forschungspapiers aufwendige Experimente durchgeführt, die seine Schlussfolgerungen klar zu widerlegen scheinen.

Die beiden für das Hawaiianische Institut für Meeresforschung arbeitenden Biologen haben sich für ihren Versuch mit einem Kollegen aus Holland zusammengetan und ihr Experiment an einem niederländischen Forschungsinstitut durchgeführt. Auch ihrer Meinung nach spricht vieles für die These, dass Delfine eine körpereigene Sonarkanone besitzen: nicht nur die Beobachtung ihres Verhaltens in der Nähe großer Fischschwärme, sondern auch, dass so flinke und geschickte Schwimmer wie Kalmare immer wieder ohne die geringsten Bissspuren in ihren Mägen gefunden werden, sowie die allgemein bekannte Tatsache, dass man mit Sprengstoff, der ebenfalls einen lauten Knall erzeugt, sehr gut fischen gehen kann. Aber so sehr die Forscher sich auch bemühten: Fische mithilfe lauter Töne auszuknocken, wollte ihnen unter Laborbedingungen einfach nicht gelingen.

Das Team benutzte drei verschiedene Fischarten für sein Experiment, darunter auch den Atlantischen Hering, und beschoss diese jeweils mit Geräuschsalven in mehreren verschiedenen Lautstärken und Frequenzen. Die Wissenschaftler bauten einen speziellen, 50 Zentimeter breiten Schwimmkäfig, der sich mit den Fischen durch das Versuchsbecken bewegte, und befestigten vorne an dem Käfig einen leistungsfähigen Unterwasserlautsprecher, mit dem sie ihre Versuchstiere beschallten. Aufgrund der niederländischen Tierschutzgesetze durften sie nur Zuchtfische für ihr Experiment verwenden, weil manche Wildfische die Neigung haben, in Gefangenschaft in Hungerstreik zu treten, und dann unverhältnismäßig leiden. Auch die Fische unverzüglich zu »euthanisieren«, wenn sie Anzeichen starker körperlicher Schmerzen zeigten, waren die Wissenschaftler verpflichtet. Doch diese Maßgabe erwies sich als unnötig.

Die Forscher beschossen ihre Heringe, Wolfsbarsche und Dorsche mit Klicklauten in einer Frequenz von 18, 55 und 122 Kilohertz, einzeln oder in Gruppen von vieren, in einer Lautstärke von 193, 208 und 213 Dezibel, in Salven, die sich stufenweise von 100 bis 700 »Klicks« pro Sekunde hochstaffelten, mal nur sieben Sekunden lang ins Käfiginnere gerichtet, mal über eine ganze Minute hinweg und selten aus größerer Entfernung als 25 Zentimeter. Doch die Fische scherten sich nicht darum. Die Wissenschaftler ließen sowohl über dem schwimmenden Käfig als auch seitlich davon Kameras mitlaufen, um jedes kleinste Anzeichen von Benommenheit oder Schwindel sofort zu erkennen, jedes noch so unmerkliche Schwanken, jedes noch so minimale Abweichen von der normalen Schwimmachse. Doch die Fische schwammen in dem von infernalischem Lärm widerhallenden Versuchsbecken umher wie im friedlichsten aller Gartenteiche. Wie die Forscher entnervt in ihrem Versuchsbericht festhielten, machten die Tiere sich noch nicht einmal die Mühe, sich wenigstens von jener Seite des Käfigs fernzuhalten, auf der der Lautsprecher hing.

So viel Mühe das hawaiianisch-niederländische Forscherteam aber auch darauf verwendete, die Laute von Delfinen und anderen Walen möglichst naturgetreu nachzubilden, ausgerechnet die niederfrequenten Knalllaute, die Ken Marten in seiner Veröffentlichung erwähnte, verwendeten die Wissenschaftler bei ihrem Experiment seltsamerweise nicht – und äußern selbst die Vermutung, dass darin vielleicht der Schlüssel zur tödlichen Wirkung des Delfin-Sonars liegen könnte.

Wieder andere Experimente – diesmal mit Menschen – deuten allerdings darauf hin, dass auch das vielleicht noch nicht das ganze Geheimnis ist. Auch die Militärtechniker und Waffenkonstrukteure dieser Welt sind natürlich längst auf die Idee gekommen, eine Sonarkanone zu bauen, eine Hightechwaffe, die ähnlich wie die körpereigene des Delfins funktioniert und ihre Opfer mit lauten tiefen Tönen außer Gefecht setzt, mit sogenanntem Infraschall, der eine noch viel niedrigere Frequenz hat als der K.o.-Knall des Delfins. Der Infraschall, hieß es, würde das Gleichgewichtsorgan angreifen und dazu führen, dass dem damit Beschossenen dermaßen übel wird, dass er keine Gegenwehr mehr leisten kann – eine ideale Waffe zum Beispiel für Einsätze gegen Geiselnehmer, da Schall ab einer bestimmten Lautstärke auch durch Gebäudewände und andere feste Hindernisse dringt. Doch wie der Physiker Jürgen Altmann von der Universität Dortmund in einer Studie zum Infraschall berichtet, sind die menschlichen Schallkanonen denen des Delfins offenbar weit unterlegen. Die NASA hat schon in den Sechzigerjahren Experimente mit niederfrequentem Schallbeschuss durchgeführt, fand Altmann heraus. Doch im Gegensatz zu den Sardellen in Ken Martens Versuch spürten damals die Probanden kaum etwas vom Einsatz der mit Sonar arbeitenden Hightechwaffe – höchstens einen leichten Druck auf den Ohren.

Täter: Zitteraal
Opfer: Wildpferd
Tatort: Venezuela

Als Alexander von Humboldt im Jahre 1804 von seiner großen Südamerika-Expedition zurückkehrte, hatte er etwa 6 000 Pflanzenarten neu bestimmt und auch das Verhalten unzähliger exotischer Tiere zum ersten Mal wissenschaftlich beschrieben. Er hatte Zeichnungen von Piranhas und Riesenschlangen angefertigt, sich an Krokodile angeschlichen und riskante Selbstversuche mit giftigen Insekten durchgeführt und wäre bei mehr als einer Gelegenheit fast den Pranken eines Jaguars zum Opfer gefallen. Kein anderes Tier erwies sich jedoch auf der Reise des großen deutschen Naturforschers als so gefährlich zu fangen und zu untersuchen wie ein äußerlich eher harmlos wirkender, einem europäischen Speisefisch ähnelnder Fisch: *Electrophorus electricus*, der Zitteraal.

Humboldt durchquerte mit seinem Reisegefährten Aimé Bonpland die Llanos von Venezuela, eine weite, vom Orinoko durchflossene Weidelandschaft, als ihre Führer ihnen von den Zitteraalen erzählten, die in dieser Gegend in schlammigen Tümpeln und in den trägen Zuflüssen des großen Stroms leben. Auch in Europa hatte man bereits von dem bis zu zwei Meter langen, aalähnlichen südamerikanischen Flussfisch gehört. Humboldt wusste, dass die Einheimischen ihn »tremblador« nannten, den Zitterer, und dass er angeblich mit seinen Stromstößen regelmäßig durchs Wasser watende Rinder und Maultiere tötete. Sofort setzte er alles daran, ein lebendiges Exemplar dieser wunderlichen Kreatur in die Finger zu kriegen.

Der Entdeckungsreisende versprach den einheimischen Indianern eine Belohnung von zwei Piastern für jeden lebenden Zitteraal, den sie ihm beschafften. Doch die Furcht der Indianer vor den Tieren war zu groß und auch nach drei Tagen war noch keiner von ihnen mit einem der Fische im Lager des Wissenschaftlers aufgetaucht. Humboldt machte sich also selbst auf die Jagd, wie schon bei anderen Tieren. Doch sobald die Aale sein Fangnetz im Wasser bemerkten, vergruben sie sich im Schlamm. Die Indianer schlugen vor, ein aus der Wurzel eines einheimischen Strauches gewonnenes Gift in den Tümpel mit den Aalen zu streuen, ein Mittel, mit dem sie sonst auch auf Fischjagd gingen und das die Aale betäuben würde. Doch Humboldt wollte das Phänomen der organischen Elektrizität an gesunden und nicht an halbtoten Tieren untersuchen und so brachte er die Indianer schließlich dazu, eine andere Fangmethode anzuwenden.

Um die Zitteraale zu fangen, trieben die Indianer Wildpferde aus der umliegenden Steppe zusammen und jagten sie in einen der Tümpel mit den Fischen. Und boten Humboldt damit ein Schauspiel, mit dessen Schilderung er nach seiner Rückkehr sowohl in deutschen Gelehrtenhörsälen als auch in feinen Pariser Salons seine Zuhörer in den Bann schlug:

»Der ungewohnte Lärm vom Stampfen der Rosse treibt die Fische aus dem Schlamm hervor und reizt sie zum Angriff. Die schwärzlich und gelb gefärbten, großen Wasserschlangen gleichenden Aale schwimmen auf der Wasserfläche hin und drängen sich unter den Bauch der Pferde und Maultiere. Der Kampf zwischen so ganz verschieden organisierten Tieren gibt das malerischste Bild. Die Indianer mit Harpunen und langen dünnen Rohrstäben stellen sich in dichter Reihe um den Teich. Die Aale, betäubt vom Lärm, verteidigen sich durch wiederholte Schläge ihrer elektrischen Batterien. Lange scheint es, als solle ihnen der Sieg verbleiben. Mehrere Pferde erliegen den unsichtbaren Streichen, von denen die wesentlichsten Organe allerwärts getroffen werden; betäubt von den starken, unaufhörlichen Schlägen sinken sie unter. Andere, schnaubend, mit gesträubter Mähne, wilde

Angst im starren Auge, raffen sich wieder auf und suchen dem um sie tobenden Ungewitter zu entkommen. Ehe fünf Minuten vergingen, waren zwei Pferde ertrunken.«

Den Eingeborenen gelang es schließlich, einige halbwegs unversehrte Aale für Humboldt aus dem Wasser zu fischen, und er konnte an ihnen endlich nach Herzenslust das Phänomen des sogenannten Galvanismus untersuchen, der »Tierelektrizität«, die gerade erst von dem italienischen Arzt Luigi Galvani entdeckt worden war. Allerdings nicht, ohne vorher die unsichtbare Kraft der in seinen Aufzeichnungen nach ihrem lateinischen Gattungsnamen *Gymnotus* genannten Fische ebenfalls zu spüren zu bekommen:

»Den ersten Schlägen eines sehr großen, stark gereizten Gymnotus würde man sich nicht ohne Gefahr aussetzen. Ich erinnere mich nicht, je durch die Entladung einer großen Leidner Flasche eine so furchtbare Erschütterung erlitten zu haben wie die, als ich unvorsichtigerweise beide Füße auf einen Gymnotus setzte, der eben aus dem Wasser gezogen war.«

Nachdem Humboldt und Bonpland einige Stunden lang Experimente an den Zitteraalen durchgeführt hatten, litten sie noch bis zum nächsten Tag an Muskelschwäche, Gelenkschmerzen und Übelkeit. Bei der »Leidner Flasche«, mit deren Wirkung Humboldt die der Aale verglich, handelte es sich um die älteste Form eines elektrischen Kondensators, eines technischen Geräts, in dem zwischen zwei verschieden gepolten Flächen eine elektrische Spannung aufgebaut wird und so eine elektrische Ladung gespeichert werden kann. Und wie man heute weiß, funktionieren die »elektrischen Batterien« der Zitteraale tatsächlich nach genau dem gleichen Prinzip.

Die Zitteraale sind eigentlich gar keine Aale, sondern Karpfenfische mit einem sehr langen Schwanz, und dieser besteht fast ausschließlich aus zu winzigen Batterien umgebildeten Muskelzellen, sogenannten Elektrozyten. Schon normale Muskelzellen werden ja durch elektrische Reize stimuliert, die vom Gehirn über Nervenfasern an sie weitergegeben werden. *Electrophorus electricus* hat diese Funktion einfach nur zu seinen eigenen Zwecken leicht verändert.

Die Zellkörper der Elektrozyten haben die Form von flachen Plättchen angenommen, die jeweils nur auf einer Seite an eine Nervenfaser angeschlossen sind. So kann der Zitteraal ein elektrisches Potenzial zwischen den sich gegenüberliegenden Zellmembranen aufbauen, indem er einfach nur daran denkt – also ein elektrisches Signal von seinem Hirn zu den in seinem langen Schwanz sitzenden Elektromuskeln schickt.

In jeder einzelnen Elektrozyte entsteht jeweils nur eine Spannung von etwa einem zehntel Volt. Aber wie eine Taschenlampe, in der auch erst mehrere hintereinandergeschaltete Batterien genug Spannung erzeugen, um ihr Licht zum Brennen zu bringen, hat der Zitteraal viele Elektrozyten in seinem langen, etwa vier Fünftel seines Körpers ausmachenden Schwanz hintereinandergeschaltet: ungefähr 5000 bis 6000, manche Wissenschaftler glauben sogar noch viel mehr. Wenn er »Feuer« denkt, entlädt sich eine Spannung von 500 bis 800 Volt. Die Natur hat ihn zu so etwas wie einer im Wasser schwimmenden Hochspannungsleitung gemacht, die nur über Elektrizität nachzudenken braucht, um ihre Umgebung damit aufzuladen. Wie ein zwei Meter langes, armdickes Elektrokabel schlängelt er in den trüben Wassern des Amazonasbeckens umher. Eine natürliche Hightechwaffe, die betäubende und in manchen Fällen sogar tödliche Stromstöße austeilen kann.

Die mehr oder weniger blinden Zitteraale benutzen das elektrische Spannungsfeld, das sie um sich herum im Wasser aufbauen, zur Orientierung und zur Kommunikation, hauptsächlich aber zur Jagd. Wenn die Aale in den schlammbraunen Gewässern ihrer Heimat umherschwimmen, senden sie fortwährend schwache, nur etwa zehn Volt starke Impulse in ihre Umgebung aus und nehmen das Echo der Impulse über spezielle Sinnesgruben in ihrem Kopf wieder auf. Dieses fortwährende elektrische Knattern spielt unter anderem bei der Paarung der Aale eine Rolle und verrät paarungsreifen Exemplaren, ob es ausreichend zwischen ihnen knistert. Vor allem aber vermittelt es dem Aal ein genaues Bild seiner Umwelt und verrät ihm, ob er gerade dabei ist, in eine Wasserpflanze hineinzuschwimmen, oder ob sich irgendwo in seiner Nähe ein potenzielles Beutetier aufhält. Spürt der Zitteraal etwas Fressbares durch seine Aura aus elektrischen Impulsen schwimmen – einen kleinen Fisch, einen Krebs oder einen Lurch etwa –, löst er augenblicklich einen seiner 800-Volt-Stromstöße aus. So betäubt er kurzzeitig alles, was sich im Umkreis von einem Meter um ihn herum bewegt. Und kann seine Beute dann in aller Ruhe in sein großes Maul saugen und hinunterschlucken.

Der Zitteraal kann viele Starkstromentladungen hintereinander abgeben und braucht jeweils immer nur den Bruchteil einer Sekunde, um seine Batterien wieder neu aufzuladen. Er setzt seine Schockmethode nicht nur bei der Jagd ein, sondern auch zur Verteidigung, und hält mit seinen Stromstößen selbst Krokodile davon ab, ihm zu nahe zu kommen. Der fachgerechte Umgang mit Zitteraalen ist so schwierig, dass sie kaum als Haustiere verkauft werden. In Australien ist es Privatleuten sogar gesetzlich verboten, einen Zitteraal zu halten, weil die Behörden Angst haben, er könnte seinem Besitzer entwischen und ahnungslose Badende unter Strom setzen. Der Aal selbst schützt sich mittels einer dicken, mit Schleim überzogenen Isolierhaut vor seinen eigenen Stromstößen.

In einem Lehrfilm, der 1954 von dem christlich orientierten amerikanischen Moody Institute of Science gedreht wurde und in dem ein evangelischer Pastor durch die Sendung führt, werden die elektrischen Eigenschaften von *Electrophorus electricus* auf besonders originelle Weise vorgeführt. Der in einem weißen Kittel auftretende Pastor schließt seinen elektrischen Freund »Joe« an ein Panel mit 40 Glühbirnen an und bringt so auf einen Schlag alle 40 Birnen zum Leuchten. Sogar fünf Leute aus dem Publikum verbindet er mit dem auf einem Tisch aufgebahrten Tier zu einem geschlossenen Stromkreis und verabreicht ihnen so einen leichten Elektroschock, über den sie überrascht lachen.

Heutzutage geht es da im Fernsehen härter zu. In der amerikanischen Spielshow *Fear Factor*, in der die Kandidaten Mutproben bestehen müssen, um hohe Geldpreise zu gewinnen, bestand eine Aufgabe kürzlich darin, mehrere kleine Zitteraale mit bloßen Händen aus einem Aquarium zu fischen. Teilnehmerin Pam Green war überrascht, dass die Fische anzufassen sich tatsächlich genauso anfühlte, als würde man in eine Steckdose greifen. Doch wie der große Alexander von Humboldt, der bei seiner Expedition keine Gefahr scheute, um die faszinierenden Tiere aus ihren trüben Tümpeln ins klare Licht der Wissenschaft hervorzuzerren, ließ sich auch die junge Amerikanerin nicht durch solche kleinen Unannehmlichkeiten von ihrer Mission abbringen. »Die Elektroschocks haben tierisch wehgetan«, erklärte sie in einem Interview nach der Sendung. »Aber mich davon abzuhalten, die Viecher da rauszuholen, das haben sie nicht geschafft. Ich hab trotzdem eins nach dem andern da rausgeholt.«

Täter: Schleiereule
Opfer: Feldmaus
Tatort: Deutschland

Wenn man im Winter in ländlichen Gegenden spazieren geht, mit leise knirschenden Schritten an zugeschneiten Feldern und Wiesen vorbeiläuft und etwas Glück hat, kann man ein verblüffendes Schauspiel beobachten. Am besten, man geht am Waldrand entlang und bleibt vielleicht sogar kurz stehen, um die winterliche Stille zu genießen, lässt den Atem in regelmäßigen Wolken zum grauen Himmel aufsteigen und den Blick in aller Ruhe über die vor einem ausgebreitete Schneedecke schweifen. Dann kann es sein, dass plötzlich – von irgendwo zwischen den schneebedeckten Bäumen – ein geisterhaftes fliegendes Phantom mit braunen Flügeln, weißem Bauch und einem herzförmigen weißen Schleier über dem Gesicht herangleitet, leiser noch als der eigene Atem. Einen verzauberten Moment lang schwebt es lautlos mit weit ausgebreiteten Schwingen und aufmerksam auf die Schneedecke gerichteten schwarzen Augen durch die Luft, macht noch ein, zwei unmerkliche und mit starrem Kopf ausgeführte Schwenks – und stößt dann blitzschnell mit den Krallen zuerst in den blanken Schnee hinab.

Die Eule, als die man das lautlos herangeschwebte Phantom schließlich erkennt, schlägt am Boden zum ersten Mal laut mit den Flügeln. Dann erhebt sie sich wieder in die Luft und trägt ein kleines braunes Etwas mit sich davon. Gegen den grauen Himmel ist gerade so das winzige schwarze Näschen zu erkennen – und der fadenfeine, schon leblos herabbaumelnde Schwanz.

Eine Feldmaus hat die Eule sich geschnappt, registriert man in der sofort wieder eingekehrten Stille verblüfft. Wo die Eule hundert

Meter weiter zwischen den Bäumen verschwindet, sieht man einen letzten Flügelschlag. Doch dann wendet man den Blick sofort wieder dem weißen Feld zu, findet schließlich die Stelle, wo die Eule die dichte Schneedecke durchstoßen hat – und fragt sich verblüfft, wie sie wissen konnte, dass darunter eine Maus krabbelt.

Wenn die kalte Jahreszeit Eis und Schnee bringt, wird das Leben für alle in freier Flur überwinternden Tiere härter. Für einige jedoch bringt der Winter auch gewisse Vorteile mit sich. Wie alle anderen Wald- und Wiesenbewohner muss *Microtus arvalis*, die Feldmaus, jetzt mühsam unter dem kalten Schnee nach Nahrung wühlen, um über den Tag zu kommen. Doch eine große Sorge, die sonst allen Feldmäusen ständig im Nacken sitzt, fällt nun von ihr ab: die Angst, auf freiem Feld von einem Habicht, einem Bussard oder einem anderen Raubvogel gesichtet zu werden und aus heiterem Himmel seinen scharfen Krallen zum Opfer zu fallen.

Feldmäuse legen sich weitverzweigte Gänge unter der Erde an, mit vielen unauffälligen Zugängen, in die sie jedes Mal schnell verschwinden können, wenn draußen bei der Futtersuche Gefahr droht. Doch im Winter können sie ihre Gänge auch über der Erde bauen, in der hohen Schneeschicht, die dann oft Wiesen und Felder bedeckt, und im Schutz des blickdichten Schneedachs den Boden in aller Ruhe nach vom Herbst übrig gebliebenen Gräsern und Samen absuchen. Das Nahrungsangebot ist karger und die Wetterverhältnisse sind unwirtlicher als in anderen Jahreszeiten. Aber die ängstliche kleine Mäuseseele kann endlich einmal ausruhen von dem ständig drohenden Unheil, das sonst über ihr schwebt, und, wenn wirklich nirgendwo mehr etwas zu Fressen zu finden ist, auch noch auf die Vorräte zurückgreifen, die sie im Sommer in ihrem Bau versteckt hat.

Mit einem Jäger rechnet die Maus jedoch nicht, wenn sie schnuppernd durch ihre schützenden Schneetunnel krabbelt. *Tyto alba*, die Schleiereule, hat im Gegensatz zur Feldmaus keinen Nahrungsvorrat, der ihr durch die kalte Jahreszeit hilft. Sie legt noch nicht einmal wie andere Tiere Fettreserven an, von denen sie zehren könnte, wenn es kalt wird, und muss deshalb den ganzen Winter über weiterjagen. Auch für sie ist das Nahrungsangebot jetzt jedoch viel spärlicher als im Sommer, und obwohl sie normalerweise nur nachts auf die Jagd geht, muss sie im Winter ihre Beutesuche oft auch auf die hellen Stunden des Tages ausdehnen. Diese Stunden verschläft sie sonst vor fremden Blicken geschützt in einem hohlen Baum, einer einsamen Felshöhle oder auf einem verlassenen Scheunenboden. Doch nun lauert sie auch am Tag irgendwo am Waldrand still auf einem Ast – gleichermaßen unbemerkt von nichts ahnenden Spaziergängern und nichts ahnenden Feldmäusen.

Für diejenigen, die der Schleiereule einst ihren Namen gegeben haben, sah der herzförmige weiße Federkranz in ihrem Gesicht aus wie ein Hochzeitsschleier. In Wirklichkeit stellt er jedoch ein hoch entwickeltes körpereigenes Radarsystem dar, eine sich aus zwei gefiederten Radarschüsseln zusammensetzende Schallortungsanlage, mit der die Eule Geräusche noch genauer wahrnehmen und orten kann als jede Fledermaus mit ihren großen, spitzen Ohren.

Vögel besitzen normalerweise überhaupt keine sichtbaren Ohren, doch die Schleiereule hat zwei so groß wie kleine Teller – und das mitten im Gesicht. Wie bei allen Vögeln liegen bei ihr die Gehörgänge seitlich am Kopf. Während bei anderen Vögeln aber auch die winzigen Gehöröffnungen, in die die Gehörgänge münden, seitlich am Kopf liegen und von einem unauffälligen Kranz kleiner Federn umgeben sind, liegen bei der Schleiereule die Gehöröffnungen genau neben den Augen und sind jeweils von einem großen gewölbten Trichter aus besonders steifen Spezialfedern umgeben. Würde man der Eule diese Federn ausreißen, man würde sie dem sicheren Hungertod ausliefern.

In den großen Schalltrichtern im Gesicht der Schleiereule wird jedes noch so feine Schallsignal aus ihrer Umgebung aufgefangen und gebündelt, und da in der Mitte jedes Trichters Auge und Gehöröffnung genau nebeneinanderliegen, kann die Eule jede Geräuschquelle gleichzeitig optisch und akustisch genau anpeilen und ihre Wahrnehmungen exakter als andere Tiere in Beziehung zueinander setzen. Nimmt sie ein auffälliges Geräusch in ihrer Umgebung wahr, hört sie mit ihren großen Ohrentrichtern sofort, wo es herkommt, und hat mit ihren scharfen Augen diese Stelle auch sofort genau im Blick.

Beim Jagen fliegt die Eule mit auf den Boden gerichteten Schalltrichtern niedrige Patrouillenflüge über Wiesen und Felder oder sitzt still auf einem Ast und horcht ihre Umgebung ab. Sie kann ihren Kopf um fast 180 Grad drehen und so ihren Radar über das Gelände schwenken, ohne dass das Rascheln einer stärkeren Bewegung sie verrät. Hört sie ein verdächtiges Geräusch, richtet sie sofort ihre Schalltrichter darauf wie ein Richtmikrofon. Wie bei einer Augenlinse kann sie sogar den Krümmungsgrad der Schalltrichter verändern und so ihr Gehör genau auf die Stelle einstellen, von der das Geräusch kommt: ihre Ohren sozusagen auf das Geräusch fokussieren.

Hat die Schleiereule das Geräusch genau geortet und fällt es in ihr Beuteschema – wie das Rascheln einer Feldmaus unterm Schnee zum Beispiel –, gleitet sie sanft von ihrem Ast und breitet die Flügel aus. Nicht nur im Gesicht, auch an ihren großen Schwingen trägt sie Hightech: Die Oberseiten sind jeweils mit besonders weichen Federn bedeckt, damit die Eule sich auch in der Luft durch kein Geräusch verrät und ihr empfindliches Schallortungssystem nicht von Nebengeräuschen gestört wird. Denn mit diesem peilt sie noch bis zum allerletzten Moment ihr unterm Schnee krabbelndes Ziel an wie ein moderner Jagdbomber. Dann stößt sie mit ihren scharfen Krallen durch die Schneedecke, um ihr überraschtes Opfer zu packen.

Die Schleiereulen haben ihr hochkomplexes Schallortungssystem hauptsächlich entwickelt, um in der Nacht auf die Jagd gehen zu können, wenn sie selbst vor anderen Raubvögeln sicher sind und auch ihre Beutetiere sich in Sicherheit wiegen. Zwar können wie alle Eulen Schleiereulen nachts wesentlich besser sehen als Menschen. Doch ein japanischer Wissenschaftler hat herausgefunden, dass sie auch im Dunkeln ihre Beute fast ausschließlich mithilfe ihres Hörsinns aufspüren. Der Forscher setzte eine Schleiereule in einen komplett abgedunkelten Raum und ließ Mäuse um sie herumkrabbeln, allerdings auf schallschluckenden Schaumstoffmatten, sodass die Eule sie nicht hören konnte. Wie erwartet, blieb sie ruhig auf ihrem Ständer sitzen. Erst als der Wissenschaftler jeder Maus einen Faden mit einem laut raschelnden Papierknäuel am Ende an den Schwanz band, ging sie wieder auf die Jagd. Jetzt konnte sie die Mäuse mit ihrem Hightech-Radar wieder orten – und stürzte sich mehrmals zielsicher auf die kleinen Papierknäuel, die die zu Tode erschreckten Nager hinter sich durch die Dunkelheit schleppten.

In der freien Natur kann die Schleiereule mit ihren Radarohren Mäuse unter einer Schneedecke von bis zu zehn Zentimetern orten. Wächst die Schneedecke höher, kann jedoch selbst sie die Mäuse nicht mehr hören. In besonders schneereichen Wintern kommt es deshalb manchmal vor, dass die außergewöhnlichen Vögel verhungern und in ganzen Landstrichen aussterben. Besonders erfahrene und schlaue Tiere verlassen jedoch ihre angestammten Jagdreviere rechtzeitig. Sie wandern in warme Flusstäler und andere Gebiete ab, wo der Schnee nicht so hoch liegt – und sie ihre kleinen Opfer wieder zielgenau darunter ausfindig machen können.

10. Mordwerkzeuge

Täter: Seeotter
Opfer: Seeohr
Tatort: Kalifornien

Enhydra lutris, der Seeotter, war wahrscheinlich das erste Tier der Weltgeschichte, das unter Artenschutz gestellt wurde. Schon 1799, genau 100 Jahre bevor in Deutschland mit dem Deutschen Bund für Vogelschutz einer der ältesten Vereine zum Artenschutz überhaupt gegründet wurde, wurden in Russland Gesetze erlassen, die die Jagd auf Seeotter an den Küsten des Nordpaziks einschränken sollten. Bis dahin war den wegen ihres Fells begehrten Tieren allerdings auch vielerorts schon bis zu ihrer vollständigen Ausrottung nachgestellt worden.

Das Fell der Seeotter gilt als das dichteste und feinste im ganzen Tierreich. Mit den Pfoten vorne an ihrem Körper und den Flossen am hinteren Ende wirken die im Wasser lebenden Mardertiere wie eine Mischung aus dem auch in Deutschland heimischen Fischotter und einer Robbe. Im Gegensatz zur Robbe hat der Seeotter jedoch keine wärmende Fettschicht unter der Haut, die ihn vor der Kälte des Wassers schützt, und hat sich deswegen ein besonders dichtes Fell wachsen lassen. Pro Quadratzentimeter hat es etwa 100 000 Haare, so viele wie ein Mensch auf seinem ganzen Kopf, und fühlt sich so seidig und weich an, dass es der Seeotter als Spezies fast nicht überlebt hätte.

Im Jahre 1742 kehrten russische Matrosen von einer Expedition des dänischen Seefahrers Vitus Bering mit einem ganzen Schiff voller Seeotterfelle zurück, die sie auf den vor Kamtschatka gelegenen Kommandeursinseln erbeutet hatten. Bering, der Entdecker der Durchfahrt zwischen Russland und Alaska, starb auf der vom russischen Zaren beauftragten Expedition an Skorbut, ebenso wie die Hälfte seiner Mannschaft. Doch die Überlebenden wurden durch den Verkauf

Zielschießen ungeschlagen: Auf eine Distanz von eineinhalb Metern holt der Schützenfisch jede Grille vom Blatt.

Elektrische Organe und Radarohren: Sowohl Zitteraal als auch Schleiereule orten ihre Opfer mit Hilfe ausgeklügelter Hightechsysteme.

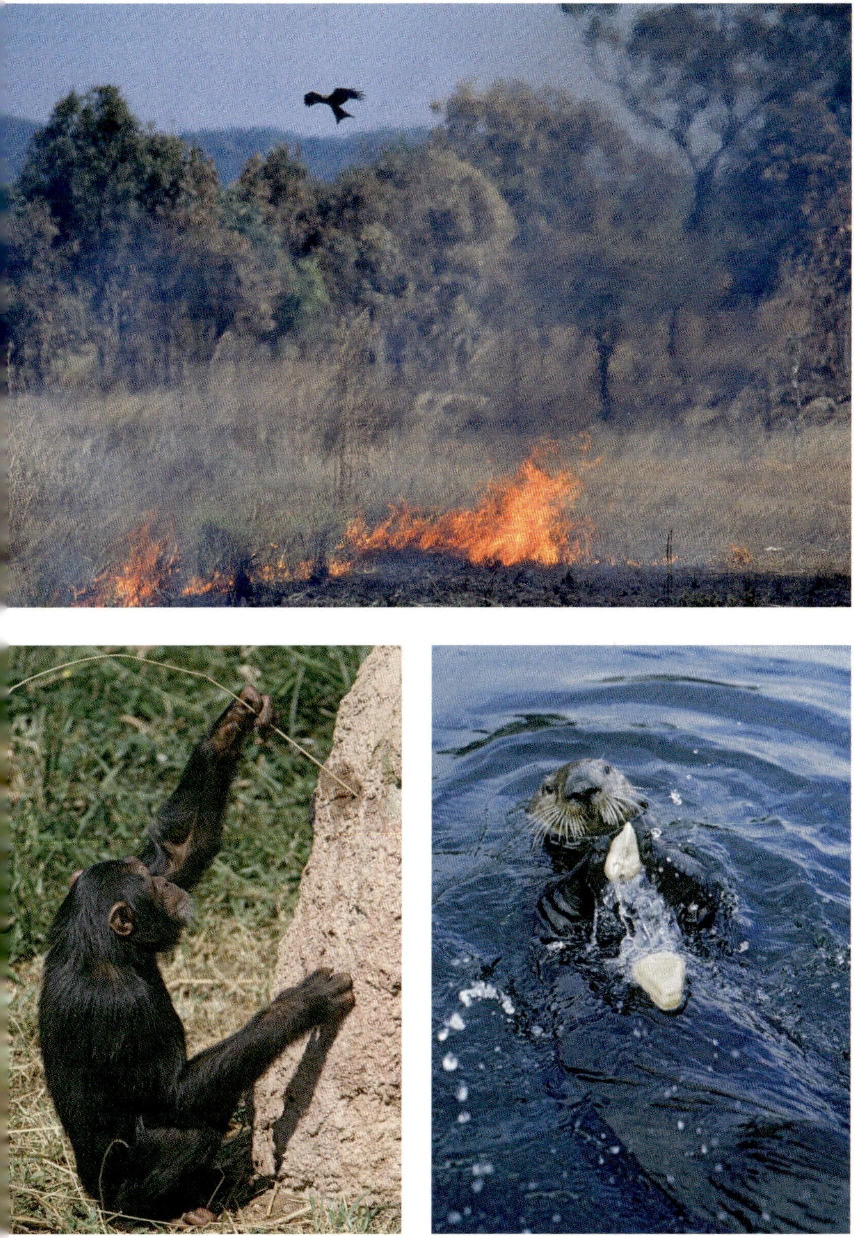

ckel, Grashalm, Amboss: Schwarzmilan, Schimpanse und Seeotter haben
lernt, Mordwerkzeuge bei der Jagd einzusetzen.

Grenzenloser Jagdinstinkt: Um Beute zu machen, geht der Killerwal sogar an Land, taucht der Tölpel wie ein Fisch ins Meer hinab.

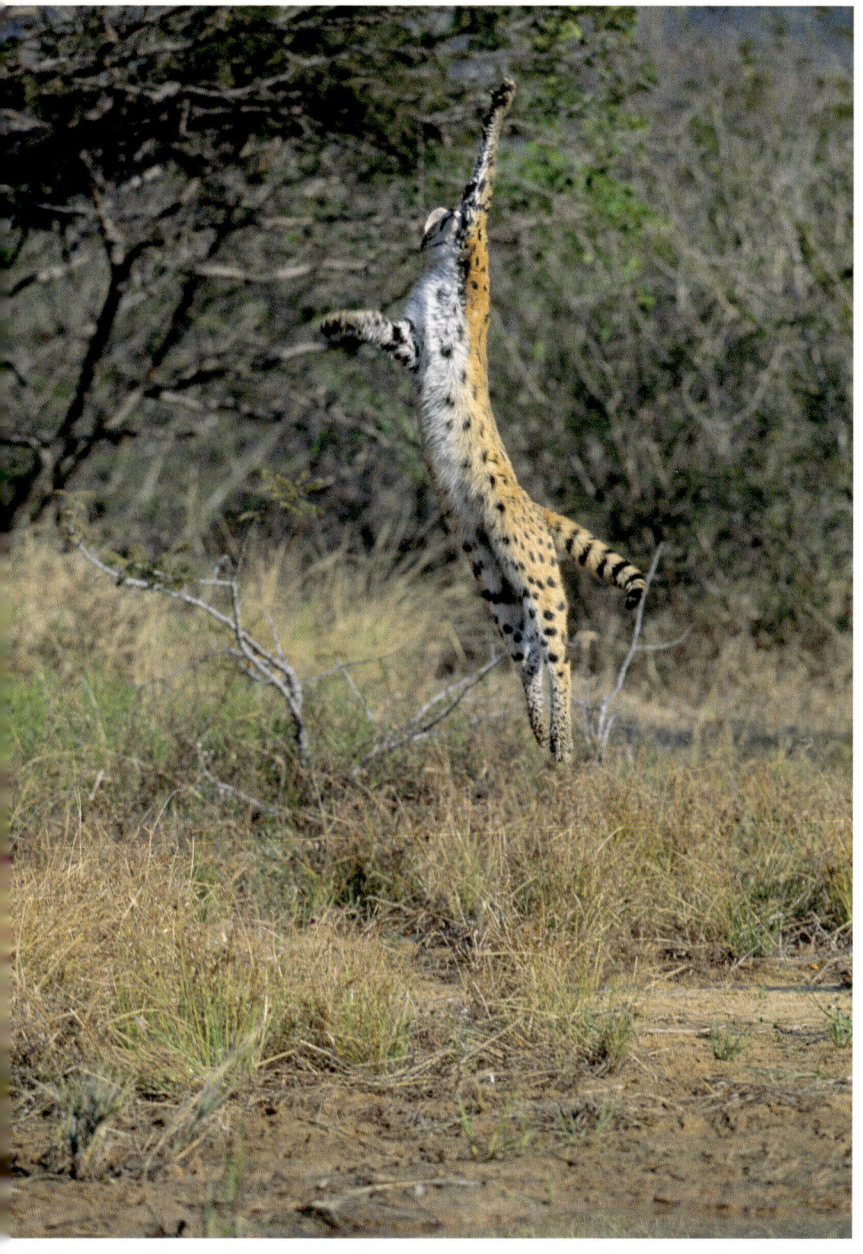

uch der Serval kennt beim Jagen keine Grenzen: Bis zu drei Meter hoch springt *in die Luft und schlägt geschickt Vögel zu Boden.*

Wenig bekannte Mörder sind Seestern und Marienkäfer: Der eine verspeist massenhaft Miesmuscheln, der andere zu Tausenden Blattläuse.

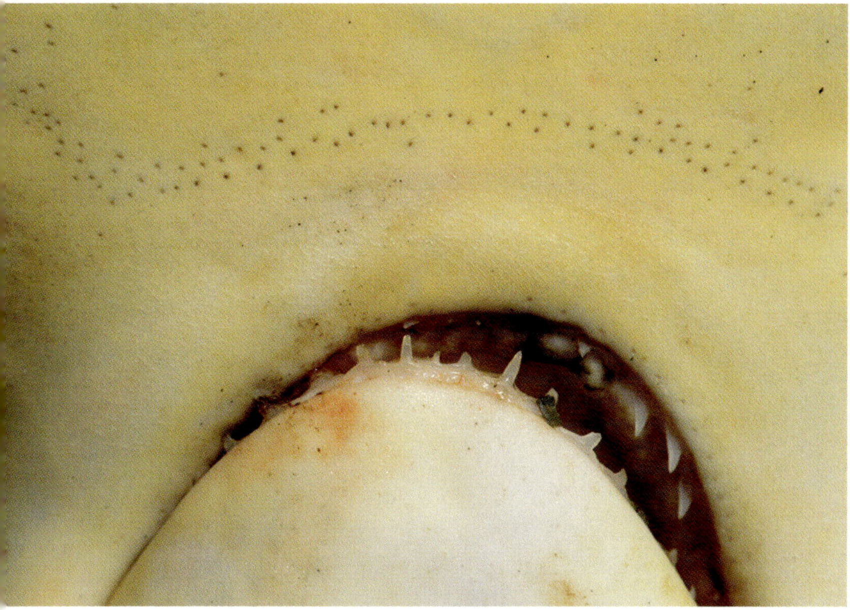

ssverstanden und verfemt: Der Hammerhai ist kein Hammermörder, die
dermaus zwar tatsächlich ein Vampir, aber ein netter.

XV

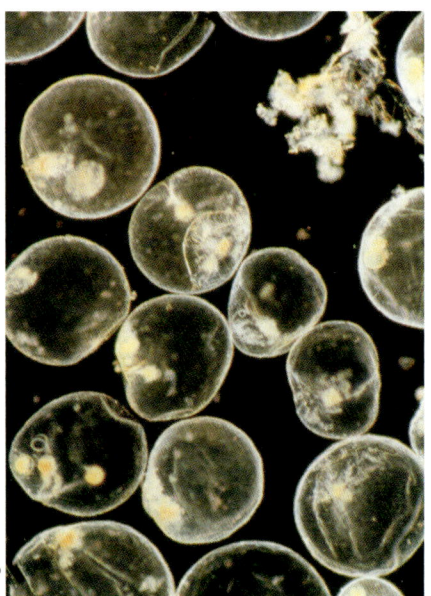

*Mordkomplizen: Der Eisbär tötet mit dem Eisfuchs zusammen, das Meeres-
leuchttierchen mit Tintenfischen und der Honiganzeiger mit Menschen.*

der Otterfelle reich und lösten eine groß angelegte Jagd auf die Tiere aus, die sich bald auf sämtliche Küsten und Inseln des hohen Nordpazifiks erstreckte. 1776 machte sich der damals schon fast 50-jährige englische Seefahrer James Cook zu einer Entdeckungsreise in den Nordpazifik auf, kam in der Beringstraße nicht viel weiter als Bering selbst und wurde später auf Hawaii von zornigen Eingeborenen ermordet. Aber auch seine Crew kam mit Seeotterfellen im Laderaum von der misslungenen Forschungsfahrt zurück, fand in einem chinesischen Handelshafen heraus, wie wertvoll die Felle waren, und kurbelte damit die internationale Jagd auf die Seeotter so stark an, dass letztendlich auch die 1799 verabschiedeten russischen Artenschutzgesetze ihr keinen Einhalt gebieten konnten. Nicht nur in Nordjapan, auf den Kurilen, entlang der Küste Kamtschatkas und auf den Kommandeursinseln wurden die Seeotter praktisch ausgerottet, sondern auch entlang der amerikanischen Pazifikküste, wo sich ihr Verbreitungsgebiet einst bis hinunter nach Mexiko erstreckt hatte, und in Alaska – was einer der Hauptgründe gewesen sein soll, warum Russland die große nördliche Landmasse 1867 so billig an die USA abgab. Bis im Jahre 1911 sämtliche Seeotter jagenden Nationen sich schließlich darauf einigten, die Jagd zu stoppen, waren vermutlich etwa eine Million Seeotter an den Küsten des Nordpazifiks erschlagen und auf der ganzen Welt zu Pelzmänteln verarbeitet worden. 1 000 bis 2 000 Exemplare in rund einem Dutzend verstreuter kleiner Kolonien waren laut wissenschaftlichen Schätzungen noch übrig.

Heute hat sich der Bestand der Seeotter wieder einigermaßen erholt und rund um das Beringmeer leben etwa 200 000 Tiere an den Küsten Russlands, Alaskas und der dazwischenliegenden Inseln. Auch in Kalifornien lebt wieder eine kleine Population, und hier sind die Seeotter auch wieder zu einem Wirtschaftsfaktor geworden, diesmal allerdings ganz anderer Art: Die sympathischen, oft beim Rückenschwimmen zu beobachtenden Wassermarder gelten als Touristenattraktion, werden auf Postkarten abgebildet und in Souvenirshops als Plüschtiere und Plastikfiguren verkauft.

Die kalifornischen Seeotter leben hauptsächlich an den malerischen Felsküsten südlich von San Francisco und bewohnen die in langen grünen Bändern vom Meeresgrund aufsteigenden Kelpwälder, die der Küste vorgelagert sind. Hier schwimmen Weibchen mit ihrem neugeborenen Jungen auf dem Bauch zwischen den Felsen umher, spritzen Männchen sich gegenseitig beim Paarungskampf Wasser ins Gesicht oder treiben die Seeotter einfach nur schlafend auf dem Rücken, die Füße in die Höhe gestreckt wie ein Schwimmer, der toter Mann spielt, und halb in eines der auf dem Wasser schwimmenden Kelpbänder eingewickelt, damit sie beim Dösen nicht aufs offene Meer hinaustreiben. Die meiste Zeit des Tages verbringen die Otter jedoch mit der Jagd. Sie pflegen ihr dichtes Fell gewissenhaft und blasen regelmäßig Luftblasen zwischen seine feinen Härchen, damit es sie besser warm hält. Doch das allein reicht nicht zum Schutz gegen die kalten Temperaturen des Nordpazifiks und so haben die Seeotter einen Stoffwechsel entwickelt, der dreimal so hoch ist wie bei Landsäugetieren und sie dazu zwingt, täglich etwa ein Viertel des eigenen Körpergewichts an Nahrung aufzunehmen. Deswegen sind die Seeotter bis zu 16 Stunden eines Tages damit beschäftigt, Muscheln, Meeresschnecken und Seeigel vom Meeresgrund hochzuholen und zu verspeisen. Und haben dabei im Laufe ihrer beinah vorzeitig beendeten Entwicklungsgeschichte einige Verhaltensweisen hervorgebracht, die – ähnlich wie ihr zärtlicher Umgang mit ihrem Nachwuchs, das Rückenschwimmen und Wasserspritzen – zum Teil verblüffend menschlich wirken.

Der Seeotter ist bestens für die Unterwasserjagd gerüstet. Er bleibt zwar in der Regel bei seinen Tauchgängen nicht viel länger unter Wasser als ein Mensch, der ohne Sauerstoffflasche taucht, meist nicht mehr als ein bis eineinhalb Minuten. Aber mit seinen kräftigen Flossenschlägen und seinen schlängelnden Körperbewegungen kommt er viel schneller auf den Grund hinab und hat deshalb keine Schwierigkeiten, auch in Tiefen von 40, 50 Metern nach Beute zu suchen. Seine für Säugetiere sehr außergewöhnlich aufgebauten Augen erlauben es ihm, genauso gut unter Wasser wie über Wasser zu sehen, und um Muscheln und andere Schalentiere von den Felsen abzureißen, hat er ausfahrbare Krallen an den Vorderpfoten. Erntet er mehr Muscheln vom Meeresboden ab, als er in den Pfoten tragen kann, steckt er sie sich unter die Achselhöhle oder in lose Falten seines Fells, in denen er sie so bequem und sicher zurück nach oben tragen kann wie in einer Jackentasche.

Eine der Leibspeisen der Seeotter sind Seeigel, die ja auch in japanischen Restaurants manchmal als Delikatesse angeboten werden, und Wissenschaftler glauben, dass der Seeotter eine entscheidende Rolle dabei spielt, die Verbreitung der algenfressenden Stachelhäuter in den kalifornischen Kelpwäldern auf ein naturverträgliches Maß zu begrenzen. Hat ein Seeotter einen Seeigel vom Meeresboden hochgeholt, legt er ihn sich mit der flachen Seite nach unten auf den Bauch, drückt mit den Pfoten geschickt die Stacheln des kleinen Tiers nach oben und knetet so lange an ihnen herum, bis alle abgebrochen sind. Dann beißt er ein Loch in die Schale des Seeigels und schlürft seine weichen Innereien aus. Manche Seeotter essen pro Tag so viele Seeigel einer purpurfarbenen Sorte, dass man beim Sezieren toter Seeotter schon violett eingefärbte Knochen fand.

An das eiweißreiche Innenleben von Muscheln und Krebsen kommen Seeotter meist ebenso problemlos heran. Auch diese Schalentiere bearbeiten sie in Rückenlage, haben oft gleich mehrere davon auf ihrem Bauch liegen und zerbeißen ihre harte Schutzhülle mit extra für solche Zwecke entwickelten, besonders breiten und kräftigen Backenzähnen. Bei bestimmten Schalentieren reichen aber die körpereigenen Waffen nicht aus, mit denen Mutter Natur den Seeotter ausgestattet hat, und er muss auf körperfremde Mordwerkzeuge zurückgreifen, um an sein Ziel zu gelangen.

Die Abalone- oder Irismuschel gilt als eine der schönsten Muscheln der Welt. Sie wird bis zu 25 Zentimeter groß und ihr ganz mit Perlmutt überzogenes Inneres schillert in tausend Farben. Man kann sie in vielen Souvenirläden der Südsee und Südostasiens finden, aber auch in manchem mit Muscheln dekorierten deutschen Badezimmer, wo sie aufgrund ihrer Größe dann meist als Schmuck- oder Seifenschale dient.

Die Abalone ist allerdings gar keine Muschel, sondern eine Meeresschnecke, ein sogenanntes Seeohr, und das, was man normalerweise für eine ihrer Hälften hält, ist in Wirklichkeit schon ihre ganze Schale, die sie im lebendigen Zustand wie einen Helm auf dem Kopf trägt, um sich damit vor Fressfeinden zu schützen, während sie algenfressend über die Felsriffe seichter Küstengewässer kriecht. Das, was den schönen Glanz auf der Innenseite der Schale verursacht, ist eine Verbindung aus mikroskopisch feinen Kalkplättchen und einer Art Mörtel aus Eiweißablagerungen, die das Licht unregelmäßig bricht und so schillernde Farbeffekte erzeugt – und die Schneckenschale nach außen hin zu einem der am schwersten zu knackenden Schutzpanzer macht, den es im Tierreich überhaupt gibt.

Die Schale des Seeohrs ist so hart, dass Ingenieure der Universität von Kalifornien kürzlich ihre Zusammensetzung untersucht haben, um neue Werkstoffe zur Herstellung kugelsicherer Westen zu entdecken. Zu ihrer Überraschung fanden die Techniker heraus, dass die Schale so hart ist, weil sie zu einem gewissen Teil weich ist. Sie besteht zu 95 Prozent aus harten Kalkplättchen, zu fünf Prozent jedoch aus einer Art Eiweißklebstoff, der steif genug ist, um die Plättchen zusammenzuhalten, aber auch elastisch genug, um sie bei einem harten Treffer verrutschen zu lassen und so die Kraft des Schlags zu absorbieren. Die Wissenschaftler halten diese Verbindung aus harten und weichen Materialien für die widerstandsfähigste Verbindung, die theoretisch überhaupt möglich ist.

Die Seeohren sind auch an den Küsten Kaliforniens weitverbreitet und *Haliotis rufescens*, die auf das Fressen der Rotalge spezialisierte Rote Abalone, darf dort auch von Menschen aus dem Meer geholt werden – allerdings nur nördlich von San Francisco, wo die Taucher sie den Seeottern nicht wegschnappen. Wie in der Südsee wird die Schnecke in Kalifornien wegen ihrer schönen Schale aus dem Meer geholt. Aber ebenso wegen ihres Fußes, dessen weißes, wohlschmeckendes Fleisch genau wie das des Seeigels von Japanern und Seeottern gleichermaßen geschätzt wird.

Der Fuß der Schnecke stellt allerdings auch das größte Hindernis dabei dar, sie vom Meeresboden aufzusammeln. Sobald die Schnecke merkt, dass Gefahr im Verzug ist, saugt sie sich mit dem dicken runden Muskel reflexartig an dem Felsen fest, auf dem sie gerade sitzt. Und ist davon dann genauso schwer abzukriegen wie ein mit Sekundenkleber gefüllter Saugnapf.

Menschen, die in Kalifornien nach Seeohren tauchen, dürfen dies aufgrund besonderer Gesetze nur ohne Flasche tun und benutzen dabei ein spezielles Stemmeisen, ohne das es ihnen kaum möglich wäre, die festgesaugten Rundschnecken von den Felsen zu lösen. Der Seeotter besitzt so ein Werkzeug aber natürlich nicht und lange dachte man deshalb, dass er die Schnecken erbeutet, indem er unbemerkt an sie herantaucht und sie packt, bevor sie sich mit ihrem Saugmechanismus an den Fels heften können. Tatsächlich fängt der Seeotter einen kleinen Teil der Seeohren auch genau auf diese Weise. Inzwischen weiß man jedoch, dass auch er meistens ein Werkzeug benutzt, um die Seeohren von ihren Felsen zu lösen. Und dabei eine zugleich rabiatere und doch subtilere Methode anwendet als die menschlichen Taucher.

Wenn ein Seeotter zu einem Seeohr hinabtaucht, tut er das selten mit leeren Händen, sondern bringt meistens einen dicken, kantigen Stein mit in die von wogenden Kelpbändern verhangene und nur hier und da von schräg durch die Algen fallenden Sonnenstrahlen erhellte Tiefe. Mit diesem Stein schlägt er so fest auf die Schale der Meeresschnecke ein, wie es nur geht. So lange, bis er ein Loch in die Schale gehauen hat, durch das er mit seinen scharfen Krallen ihre Eingeweide hervorzerren kann, und sie sich schließlich entkräftet von ihrem Untergrund löst.

Die Schale ist hart – die härteste, die theoretisch möglich ist – und der Seeotter braucht meistens mehrere Tauchgänge, um sie zu zertrümmern. Drei bis fünf Mal taucht er pro Seeohr mit seinem eineinhalb Kilo schweren Stein in die Tiefe, hämmert im Takt von drei Schlägen pro Sekunde auf die Schnecke ein und holt dazwischen immer nur zehn Sekunden Luft. Hat er den anstrengenden Teil hinter sich, legt er sich die große Rundschnecke mit der ungeschützten Seite nach oben auf den Bauch und löffelt ihr zartes weißes Fleisch aus ihrem Schutzpanzer wie aus einer hübschen japanischen Porzellanschale.

Manche Schalentiere lassen sich wesentlich leichter vom Meeresboden heraufholen als das Seeohr, erweisen sich dann jedoch als viel schwieriger zu essen. Im Gegensatz zum Seeohr sind dies nämlich oft echte Muscheln – und die haben nicht nur eine, sondern zwei harte und fest verschlossene Hälften, an denen sich auch der Seeotter mit seinem Spezialgebiss die Zähne ausbeißt.

Doch auch für diesen Fall hat das kluge Tier wieder spezielles Werkzeug parat, das er zum Teil sogar längere Zeit in seinen Fellfalten mit sich herumträgt. Ist die Schale einer Muschel oder eines Krebses zu hart, um sie mit den Zähnen zu knacken, legt er einen flachen Stein auf seinen Bauch, platziert seine Beute obendrauf und haut dann mit einem zweiten Stein auf sie ein. Dieser gleich mit mehreren Werkzeugen arbeitenden Ambossmethode hält kein Schalentier lange stand und der Seeotter kommt auch hier bald an die dringend von seinem rasenden Stoffwechsel benötigten Eiweiße.

Junge Seeotter lernen den Gebrauch der Mordwerkzeuge von ihren Müttern und amerikanische Forscher haben beobachtet, wie schon ein nur sieben Wochen altes Jungtier mit den Pfoten auf eine Muschel einschlug, die ihm seine Mutter auf den Bauch gelegt hatte. Man glaubt, dass die Technik aus einer Art Frustreaktion entstanden ist: Irgendwann einmal machte es einen Seeotter so sauer, eine Muschel mit den Zähnen nicht aufzukriegen, dass er sich schließlich einen Stein schnappte und damit wutentbrannt auf das widerspenstige Schalentier einhämmerte.

Täter: Schimpanse
Opfer: Wanderameise
Tatort: Tansania

Was die Herstellung und Verwendung von Werkzeugen angeht, sind die Primaten, zu deren taxonomischer Ordnung auch der Mensch gehört, die mit Abstand geschicktesten und vielseitigsten Wesen, die es gibt. Um Maden aus engen Baumlöchern zu pulen, wie das Fingertier im Kapitel »Hausfriedensbruch«, muss der Mensch sich nicht über Jahrtausende hinweg einen spindeldürren Spezialfinger wachsen lassen, sondern kann einfach eine Häkelnadel benutzen. Statt das ganze Leben mit einem auf und ab wippenden angelartigen Fortsatz auf der Stirn zu verbringen, wie der Anglerfisch im Kapitel »Tödliche Verlockung«, kann der Mensch einfach eine echte Angel zum Fischfang verwenden, von denen die meisten Modelle sich nach Gebrauch bequem wieder zusammenschieben lassen. Um Verehrer anzulocken, steht Menschenfrauen eine weitaus größere Auswahl an Parfums zur Verfügung als der Bolaspinne im Kapitel »Tödliche Begierde«. Und wenn einen Menschenmann die Lust überkommt, mit einem Wasserstrahl auf Insekten zu schießen, muss er dazu nicht mühsam das Weitspucken lernen, wie der Schützenfisch im Kapitel »Scharfschützen«, sondern kann in die nächste Spielzeughandlung gehen und sich eine Wasserpistole kaufen – oder einfach den Gartenschlauch aufdrehen. *Homo faber*, der technisch begabte Mensch, braucht keine spitzen Zähne und keine scharfen Krallen, keinen giftigen Stachel und keine riesigen Kieferzangen, um durchs Leben zu kommen, und auch keine der noch viel raffinierteren Körperwaffen, die die Natur sich im Laufe ihrer langen Geschichte für manche ihrer Kreaturen hat einfallen lassen, wie die körpereigene Schallkanone des Delfins oder den aus Muskelzellen entstandenen Elektroschocker des Zitteraals im Kapitel »Hightechwaffen«. Was immer der Mensch zum Überleben braucht, baut er sich aus Materialien, die er außerhalb von sich selbst vorfindet, draußen in der Welt. Er lebt in einer Höhle mit Klimaanlage und Thermopen-Fenstern, wenn er vor die Tür muss, trägt er eine wind- und wasserabweisende Schutzhaut aus Mikrofasern, und für jeden Handgriff und jede Verrichtung des Lebens hat er einen Gegenstand oder gleich eine ganze Maschine parat, die sie ihm leichter macht. Auch im Herstellen von tödlichen Waffen und tödlichem Kriegsgerät – von jedem nur erdenklichen Mordwerkzeug – ist er bekanntlich nicht gerade unbedarft.

Die Affen, des Menschen nächste Verwandte, sind ihm allerdings in Sachen Werkzeuggebrauch dicht auf den Fersen, viel dichter, als man denkt. Und viele ihrer Verhaltensweisen würden wir eher auf Schaubildern in naturgeschichtlichen Museen oder in Fernsehdokumentationen über die Entstehungsgeschichte des Menschen zu sehen erwarten als bei unseren behaarten Vettern in der freien Wildbahn. Wie Steinzeitmenschen und Neandertaler bewerfen Affen ihre Gegner mit Ästen und Steinen, wenn sie sich bedroht fühlen, und während der Burenkriege Anfang des 20. Jahrhunderts sollen Paviane in Südafrika sogar regelmäßig holländische Soldaten auf diese Weise aus ihren Nahrungsgebieten vertrieben haben. Affen hämmern mit scharfkantigen Steinen auf hartschalige Früchte ein, um an ihr Fruchtfleisch zu gelangen, und eine bestimmte, in Südostasien lebende Affenspezies bearbeitet auf diese Art auch Austern, ähnlich wie der im vorhergehenden Abschnitt beschriebene Seeotter. Andere Früchte wiederum waschen Affen sorgfältig, bevor sie sie fressen, und nach ihren Mahlzeiten wischen sie sich manchmal mit einem Blatt das Gesicht ab wie mit einer Serviette. Auch ihr Fell reinigen sie mit Blättern, wenn es dreckig ist (ein Affenjunges wurde sogar einmal dabei beobachtet, wie es einen seiner Füße auf diese Weise reinigte, nachdem es damit aus Versehen einem Zoologieprofessor auf den Kopf getreten war). Affen bauen sich Sitzpolster aus Palmblättern, Affen zerkauen Grashalme, um damit wie mit einem Schwamm Wasser aufzunehmen, Affen benutzen abgebrochene Äste, um damit mit Früchten behangene Zweige in die Reichweite ihrer Hände herunterzubiegen. Und schließlich haben sie es auch darin zu einer hohen Kunstfertigkeit gebracht, aus den ihnen zur Verfügung stehenden Materialien Mordwerkzeuge zu basteln.

Pan troglodytes, der in Afrika lebende Gemeine Schimpanse, ist Meister einer Form des Werkzeuggebrauchs, die unter Verhaltensforschern »Ameisenangeln« genannt wird. Wie bei der Jagd der Schimpansen auf Stummelaffen, die im Kapitel »Mörderbanden« beschrieben wird, war es auch in diesem Fall wieder die berühmte britische Primatenforscherin Jane Goodall, die als Erste einen Bericht über das ungewöhnliche Verhalten der Affen veröffentlichte. Auch diesmal sorgte sie mit ihren Erkenntnissen wieder für großes Aufsehen in der Fachwelt.

Goodall beobachtete die verblüffend clevere Beutestrategie im Gombe-Nationalpark in Tansania, wo sie alle ihre Feldstudien betrieb. Immer wieder hatte sie gesehen, wie Schimpansen dünne Zweige von Sträuchern abknickten oder einen dicken Grashalm aus dem Boden rissen und damit im Dschungel verschwanden. Eines Tages folgte sie einem der Affen auf seiner mysteriösen Mission – und erkannte überrascht, wozu die Primaten die Halme benutzten.

Der Schimpanse lief mit seinem Halm zu einem im Urwald verborgenen Termitenhügel. Er bohrte mit dem Finger ein Loch in die Außenhaut des Hügels und stocherte mit dem Halm darin herum. Kaum hatte er das einige Sekunden getan, zog er den Halm wieder heraus. Er war jetzt komplett mit kleinen braunen Termiten bedeckt, die sich mit ihren winzigen Beißwerkzeugen wütend darin verbissen hatten – und die der Schimpanse im nächsten Moment genüsslich von dem Halm ableckte und schmatzend zerkaute.

Der Schimpanse betrieb das Ameisenangeln über eine Stunde lang und Goodall beobachtete danach auch viele andere Schimpansen dabei. Die Tiere wussten offenbar genau, dass sich die blinden Soldaten des Termitenstaats automatisch in alles verbeißen, was in die Gänge ihres Baus eindringt, und fischten mit ihren »Angeln« bei jedem Versuch in der Regel ein ganzes Dutzend der kleinen beißwütigen Insekten aus ihrer Behausung. Auch darüber, wie Zweige und Halme am besten beschaffen sein müssen, um zum Ameisenangeln zu taugen, hatten die

Affen genaue Vorstellungen. Waren zu viele Blätter an einem Zweig, rissen sie sie herunter, kam ein Zweig ihnen zu lang vor, bissen sie ein Stück davon ab, erschien er ihnen zu dick, schälten sie ihn aus seiner Rinde. Einige Affen schleppten ihre Angeln über mehrere Hundert Meter zu einem Termitenhügel heran, andere bastelten sie an Ort und Stelle. Manche legten sich gleich eine ganze Auswahl an Angelruten neben dem Termitenhügel zurecht und wenn die Termiten an einer Rute nicht mehr beißen wollten, versuchten sie es mit der nächsten. Von einem japanischen Verhaltensforscher später in Kamerun beobachtete Schimpansen fischten nach den Termiten sogar mit einem bürstenartig aufgefaserten Stock, dessen Ende sie vorher extra mit einem Stein breitgeklopft hatten – eine technische Kombinationsleistung, die man bis dahin allein Menschen zutraute.

Die Angelsaison im Gombe-Nationalpark wird jedes Jahr im Oktober eröffnet, wenn die dann einsetzende Regenzeit die Termitenhügel stark genug aufweicht, dass die Schimpansen Löcher in ihre sonst steinharte Außenwand bohren können. Die Schimpansen gehen in Gombe dann auf so ziemlich jede Termitenart, die es im Dschungel gibt, und meiden allein solche, die unangenehme Abwehrsekrete absondern können. Sie angeln jeden Tag zur Mittagszeit, zwischen elf und 16 Uhr, allerdings selten länger als über einen Zeitraum von ein bis zwei Stunden, wonach sie trotz anhaltenden Erfolges normalerweise die Geduld verlieren, wie manche menschlichen Angler auch.

Schon Goodall fiel auf, dass das Ameisenangeln offenbar gar nicht so leicht ist. Sie beobachtete, dass die Schimpansen die Technik in der Regel erst ab dem dritten Lebensjahr beherrschen und sie sich erst mühsam von älteren Affen abschauen müssen, bevor sie damit Erfolg haben. Einer von Goodalls Kollegen, der versuchte, sich die Kunst des Ameisenangelns von einem Schimpansen beibringen zu lassen, machte die gleiche Erfahrung. Schon von außen zu ahnen, wo innen in dem Termitenhügel die Gänge verlaufen, erwies sich als äußerst schwierig, und während der Schimpanse stets auf Anhieb mit dem Daumen ein Loch an der richtigen Stelle bohrte, traf der Wissenschaftler immer wieder daneben. Schließlich steckte er seinen Zweig einfach in ein Loch, das sein Lehrer gebohrt hatte, erkannte dann jedoch, dass auch das Angeln selbst keineswegs ein Kinderspiel war. Während der Schimpanse nach jedem Versuch zufrieden schmatzte, ging der Forscher immer wieder leer aus. Entweder wackelte er nicht auf die richtige Weise mit seiner Angel herum und löste den Beißreflex der Termiten damit nicht aus oder er zog seine Angel zu schnell aus dem Loch und streifte die Termiten noch im Bau wieder davon ab – er wusste es nicht. Und als sich schließlich doch eine Termite erbarmte und bei ihm anbiss, musste er auch noch feststellen, dass ihm Termiten überhaupt nicht schmecken.

So schwierig das Ameisenangeln für Affenkinder und -forscher jedoch auch ist, einige der Schimpansen in Gombe haben darin ein solches Geschick entwickelt, dass sie sich mit dieser Technik sogar an die afrikanische Wanderameise heranwagen, *Dorylus nigricans*, eine enge Verwandte der südamerikanischen Wanderameise, die im Kapitel »Mörderbanden« beschrieben wird. Wie diese ist *Dorylus* eigentlich eines der gefährlichsten Raubtiere des Dschungels: ein als Heer aus Millionen Mäulern durch den Dschungel ziehender Kollektivorganismus, der aufgrund seiner reinen Übermacht in der Lage ist, selbst noch größere Tiere als Schimpansen zu überwältigen und zu töten. Doch die Schimpansen in Gombe machen sich trotzdem regelmäßig über die Nester der Ameisen her.

Auch die afrikanischen Wanderameisen bauen sogenannte Biwaks, große, aus ihren eigenen Körpern bestehende Nester, in denen sie übernachten. Aber im Gegensatz zu den südamerikanischen Wanderameisen heften sie ihre Biwaks nicht an Bäume oder Felsen, sondern bauen sie in den Boden hinein. Sie graben ein Loch in den Urwaldboden und verbringen die Nacht als dichter Klumpen aus Ameisenkörpern unter der Erde, von dem von außen nur die oberste rotbraune Schicht zu sehen ist.

Um in einem solchen Nest zu angeln, benutzt ein Schimpanse kein kurzes dünnes Stöckchen wie bei einem Termitenbau, sondern einen fingerdicken, einen Meter langen Ast, von dem er sorgfältig alle Zweige und Blätter entfernt. Auch taucht er seine Angel aus viel größerer Entfernung und über einen viel kürzeren Zeitraum in das Ameisennest. Denn obwohl auch Termiten ihr Nest mit blinder Wut verteidigen, ist ihre Aggressivität mit der aufgebrachter Wanderameisen nicht zu vergleichen.

Kaum schiebt der Schimpanse den Ast in den in der Erde schlummernden roten Klumpen, erwachen die Ameisensoldaten, die immer die äußerste Schicht des Nests bilden, und gehen zum Angriff über. Auch sie fallen auf den Trick des Schimpansen herein und attackieren sofort seinen Ast. Im Gegensatz zu den Termiten sind sie jedoch schlau genug, sich nicht einfach blindlings in die Angel des Schimpansen zu verbeißen, sondern stürmen sie stattdessen in Windeseile hinauf – auf den törichten Störenfried zu, der es wagt, das gefährlichste Tier des Dschungels auf diese respektlose Weise zu wecken.

Die Ameisen sind sehr schnell und die Bisse, die sie dem Schimpansen mit ihren großen kräftigen Kieferzangen zufügen können, sind extrem schmerzhaft. Deshalb gibt es einen besonderen Trick, den jeder Schimpanse beherrschen muss, der nach Wanderameisen angeln will. Er besteht darin, den Ast rechtzeitig aus dem Nest zu nehmen, ihn durch die geschlossene Hand zu ziehen und die so in der Hand gesammelten Ameisen in den Mund zu stecken und zu zerkauen – alles in einer einzigen raschen Bewegung, bevor die wütenden Ameisenkrieger den Angler in Hand, Nase und Lippen beißen können.

Einige Schimpansen sind sogar so mutig, auch dann nach Wanderameisen zu angeln, wenn diese nicht mehr in ihrem Nest schlafen, sondern schon in Heeresformation auf einem ihrer Raubzüge durch den Dschungel ziehen. Die Schimpansen suchen sich einen Ast, der fast bis auf den Boden hängt, und strecken von dort ihre Angel in die wie eine rote Flut über den Dschungelboden schäumende, hochaggressive Masse. Doch die Aktion ist heikel, und während Affenkinder das Angeln von Termiten schon im Alter von drei Jahren lernen, lernen sie das von Wanderameisen erst mit sechs. Affenforscher versuchen es lieber erst gar nicht.

Das Ameisenangeln zeigt, wie geschickt auch unsere nächsten Verwandten schon darin sind, Werkzeuge herzustellen und für ihre Zwecke zu verwenden. Jüngst wurden jedoch Schimpansen im Senegal dabei beobachtet, wie sie diese Fähigkeit auf noch menschlicher wirkende und grausamere Weise unter Beweis stellten. Die Tiere richteten ebenfalls Holzwerkzeuge her, um damit auf die Jagd zu gehen. Sie brachen möglichst gerade gewachsene Zweige von Bäumen ab, lösten sie aus ihrer Rinde und spitzten sie dann mit den Zähnen an wie Speere. Ihr Ziel war es, Buschbabys zu erlegen: putzige kleine Pelztiere mit großen Augen und langen buschigen Schwänzen, die sich tagsüber in Baumhöhlen zusammenrollen, um zu schlafen. Viele scheuchten die

Schimpansen mithilfe ihrer spitzen Stöcke einfach nur aus ihren Verstecken. Manche spießten sie aber auch richtiggehend damit auf.

Sympathischeren Zwecken führen da den Stock – der auch eines der ersten menschlichen Werkzeuge gewesen sein dürfte – die Zwergschimpansen oder Bonobos zu, die friedliebenden, sexbesessenen kleinen Vettern der Schimpansen. Manch einer kennt die Nummer vielleicht von einem Spaziergang im Grünen: Man läuft unter nassen Zweigen hindurch und schlägt danach, damit ein kleiner Tropfenregen auf den Hintermann niedergeht. Männliche Zwergschimpansen machen das Gleiche, benutzen dabei aber oft einen Stock, um besser an die Zweige zu kommen. Und wollen so ihrem Hintermann auch keinen Streich spielen, sondern im Gegenteil: Mit ihrem Stock schlagen sie das Wasser aus den Zweigen, damit es nicht auf ihre Weibchen und Jungen fällt, die ihnen mit etwas Abstand durch den Dschungel folgen.

Täter: Schwarzmilan
Opfer: Buschtiere
Tatort: Australien

Anfang der Achtzigerjahre drehte der französische Regisseur Jean-Jacques Annaud, der später den historischen Bestsellerroman *Der Name der Rose* verfilmte und in seinem Erfolgsfilm *Der Bär* einen Braunbär zum Hauptdarsteller machte, einen viel beachteten und mit einem Oscar ausgezeichneten Film über Steinzeitmenschen. Der Film hieß *Am Anfang war das Feuer* und konnte als Berater in seinem Produktionsteam den berühmten britischen Schriftsteller Anthony Burgess (*Uhrwerk Orange*) und den renommierten britischen Verhaltensforscher Desmond Morris (*Der nackte Affe*) aufweisen. Er schilderte die Geschichte einer Gruppe früher Homo sapiens, denen bei einem Überfall von Neandertalern ihre in einem Reisigbündel gehütete Feuerglut verloren geht und die nun alles daransetzen, dieses kostbare Gut wiederzuerlangen, um sich damit vor Kälte und wilden Tieren zu schützen. Drei Jäger werden ausgesandt, um das Feuer zu suchen. Sie finden eine junge Steinzeitfrau, die ihnen nicht nur die Kunst des Feuermachens beibringt, sondern auch die Kunst der Liebe, und so die schon im Titel enthaltene anthropologische Botschaft des Films verdeutlicht: Am Anfang des menschlichen Zivilisationsprozesses stand nicht nur das auch von ein paar modernen Affenarten empfundene Bedürfnis, sich beim Geschlechtsverkehr gegenseitig in die Augen zu blicken, sondern vor allem die Kunst, ein Feuer zu entfachen, Herr über dieses mächtige, zugleich bewahrende und zerstörerische Element zu sein, mit dem man sich sowohl gegen schlechtes Wetter schützen, leckere Mammutsteaks braten als auch sicheres Verderben über seine Feinde bringen kann.

Bereits in den Sagen der alten Griechen gilt das Feuer als Kulturstifter und grundlegender Vorteil der Menschen gegenüber allen anderen Kreaturen der Erde, und der Gott Prometheus, der es ihnen bringt, wird als größter Freund der Menschen und in manchen Sagenversionen sogar als ihr Schöpfer verehrt. Nachdem aus dem vorzeitlichen Chaos die Erde entstanden ist, der Göttervater Zeus sich nach diversen Schlachten mit anderen Göttern, Riesen und Titanen zum Herrscher des Erdballs aufgeschwungen hat und dieser auch schon von allen möglichen Fischen, Vögeln und anderen Tieren bewohnt wird, knetet Prometheus, Enkel des Himmelsgottes Uranos und Sohn des Titanen Japetos, aus Ton die ersten Menschen. Äußerlich formt er sie nach dem Abbild der Götter, innerlich mischt er aber die Eigenschaften sämtlicher auf der Erde lebender Tiere in sie hinein – die Klugheit des Hundes, den Fleiß des Pferdes, aber auch etliche weniger attraktive Eigenschaften – und bittet dann seine Freundin Athene, die Göttin der Weisheit, seinen kleinen Tonmännchen Geist einzuhauchen und sie damit in die Lage zu versetzen, über alle anderen Geschöpfe der Welt zu herrschen.

Bald gibt es jede Menge Menschen auf dem Globus, aber ganz so, wie Prometheus es sich vorgestellt hat, läuft das Leben auf der Erde noch nicht ab. Die Menschen besitzen zwar den herrlichen Bau der göttlichen Glieder und sind beseelt von Athenes göttlichem Funken, doch so richtig was damit anzufangen wissen sie nicht. Weder verstehen sie es, den Lauf der Sterne zu studieren, noch beobachten sie den Lauf der Jahreszeiten – ja, die meisten von ihnen haben noch nicht mal eine Ahnung, wie man sich eine anständige Behausung zimmert. Vor allem eines aber fehlt Prometheus' auf der Erde lebenden Protegés: die segensreiche Macht des Feuers.

Wie kostbar die göttliche Gabe des Feuers ist, weiß allerdings auch Göttervater Zeus. Und weil Prometheus zuvor in einem Streit darüber, wie viel Respekt die Menschen den Göttern schuldig sind, versucht hat, den Herrscher des Olymps übers Ohr zu hauen, versagt der den Sterblichen jetzt das wertvolle Geschenk.

Prometheus jedoch, von seinem ganzen Wesen her äußerst autoritätskritisch und mindestens genauso listig und klug wie später der griechische Held Odysseus, findet einen Weg, Zeus zu hintergehen. Er reißt einen langen Stängel des Riesenfenchels aus – auch Gemeines Stecken- oder Rutenkraut genannt und selbst außerhalb griechischer Sagen schon bis zu drei Meter hoch –, entzündet ihn am vorüberfahrenden Wagen des Sonnengottes Helios und eilt mit seiner Fackel zur Erde zurück. Überall auf der Erde flammen jetzt Holzstöße und Lagerfeuer auf und erst durch die Kraft des Feuers werden die Menschen wirklich zu dem, was Prometheus sich von Anfang an erhofft hat: zu den Herrschern über die Welt und alle ihre Kreaturen.

Eine Kreatur allerdings hat sich mit diesem Stand der Dinge offenbar nie ganz zufriedengegeben. Auch von ihr ist in den Sagen eines alten Volkes die Rede, in den Legenden der Ureinwohner Australiens, der Aborigines, die sie den »Feuerfalken« nennen. Wie der Mensch gelernt hat, mithilfe des Feuers Wolf, Bär und Tiger in Schach zu halten, so hat auch dieses Tier gelernt, die Macht des Feuers gegen andere Tiere zu verwenden. Und wird regelmäßig dabei beobachtet, wie es gleich dem sagenhaften Prometheus eine Feuer bringende Fackel vom Himmel hinab zur Erde trägt, um dort zu seinem eigenen Nutzen einen Großbrand zu entfachen.

Milvus migrans, der Schwarzmilan, ist ein mittelgroßer Greifvogel mit braunem Gefieder, schmalen Flügeln und einem gegabelten Schwanz, den er bei schwierigen Luftmanövern wie einen Fächer auf- und zuklappen kann. Er ist ein naher Verwandter des vor allem in Deutschland heimischen Rotmilans, aber im Gegensatz zu diesem fast überall auf der Welt zu finden. Er ist tagaktiv und frisst so ziemlich alles, was nicht viel größer ist als er selbst. In Europa, wo er früher wie der Rotmilan als Unglücksvogel und Hühnerdieb verfolgt wurde, verhält er sich Menschen gegenüber meist sehr scheu und sucht schnell das Weite, wenn man ihn im Wald aufscheucht. Doch auch bei uns kann man ihn manchmal mit ausgebreiteten Flügeln über einer

Autobahn oder einer Schnellstraße schweben sehen, wo er nach überfahrenen Hasen und anderem Aas Ausschau hält, und in anderen Ländern gilt er sogar als ausgesprochener Kulturfolger, kommt bis in die
Städte hinein und ernährt sich von den Abfällen von Restaurants,
Schlachthäusern und Fischfabriken. Mancherorts hat er seine Scheu
vor Menschen so sehr verloren, dass er sich Fleischhappen von Markt-
und Grillständen wegschnappt oder sogar direkt aus der Hand unachtsamer Esser. Und wie von anderen Greifvögeln ist auch vom
Schwarzmilan bekannt, dass er in trockenen Gegenden oft vor Wald-
und Steppenbränden herfliegt, um vom Feuer aufgeschreckte Kleintiere und Insekten zu erbeuten.

In dem 1962 erschienenen Buch des australischen Schriftstellers
Douglas Lockwood *I, the Aboriginal*, in dem er von den Erfahrungen
und dem Naturwissen des australischen Ureinwohners Waipuldanya
berichtet, taucht jedoch ein Schwarzmilan auf, der die letztgenannte
Beutestrategie noch einen Schritt weiter treibt – so weit, dass er dem
Menschen seinen exklusiven Rang als Herrscher über das Feuer streitig macht. Nach einem Buschbrand beobachtete Waipuldanya einen
schwarzen Milan, der einen noch glimmenden Stock in seine Klauen
nahm, wie Prometheus mit seiner Fackel den Himmelsbogen durchquerte und den Stock einige Hundert Meter weiter auf eine trockene
Grasfläche fallen ließ. Er harrte so lange in der Nähe auf einem Ast
aus, bis sich in dem Gras ein Brand entfachte – zusammen mit einigen
Artgenossen, die den Trick offenbar kannten –, und schnappte sich
dann gemeinsam mit seinen Kumpanen sämtliche Springmäuse, Beutelratten, Eidechsen und Heuschrecken, die verzweifelt vor dem Feuer
flohen.

Der »Feuerfalke« taucht nicht nur in den Überlieferungen der
australischen Ureinwohner auf, sondern wird auch heute immer wieder in Australien bei seinem erstaunlichen Beutetrick beobachtet. Ein
Student aus Melbourne wurde sogar einmal Zeuge, wie ein Schwarzmilan ein Stück Glut aus einem Lagerfeuer fischte, um einen seiner
Brände zu entfachen. Als wollte er wirklich dem Menschen die Herrschaft über das Feuer streitig machen, stibitzte der Vogel sich ein
Stück der göttlichen Flamme, die Prometheus einst persönlich in den
Feuerstellen seiner Schützlinge entzündete. Hungrig wartete er schon
darauf, dass seine Beutetiere vor dem göttlichen Feuer fliehen – ebenso

schnell und in alle Himmelsrichtungen dem Gras entweichen wie in der Sage sämtliche Menschheitsübel der Büchse der Pandora, die Zeus den Menschen schickt, um sie für den Besitz des Feuers zu bestrafen. Doch der Student neidete ihm wohl das göttliche Geschenk – und trat das Feuer einfach wieder aus.

11. Mission: Impossible

Täter: Killerwal
Opfer: Seelöwe
Tatort: Südamerika

Orcinus orca, der Schwert- oder Killerwal, ist nach dem Menschen das Säugetier, das am weitesten über den Erdball verbreitet ist. Er ist in allen Ozeanen der Welt zu Hause, von den kalten Gewässern der Arktis bis zu den warmen Meeren der Tropen, und genau wie der Mensch zu Land der unangefochtene Herrscher über alle anderen Lebewesen ist, steht der Schwertwal im Wasser ganz am Gipfel der Nahrungskette. Auf seinem Speiseplan stehen Fische, Robben, Pinguine und Wasserschildkröten, aber auch Haie sind nicht vor ihm sicher, genauso wenig wie andere Wale, selbst wenn sie weitaus größer sind als er selbst.

Schon der römische Gelehrte Plinius hat seine Zeitgenossen mit der Beschreibung des Killerwals das Fürchten gelehrt. Als »eine ungeheure Masse Fleisch« hat der Naturphilosoph das Tier beschrieben, »bewaffnet mit barbarischen Zähnen«, und auch in späteren Jahrhunderten wurde der Name *orca* immer wieder benutzt, um Seeungeheuer zu bezeichnen. Der Name »Killerwal« ist eine Verdrehung des spanischen Ausdrucks »asesina ballenas«, »Walmörder«, den spanische Matrosen im 18. Jahrhundert für den Schwertwal erfanden, nachdem sie ihn im Rudel über einen größeren Wal herfallen gesehen hatten. *Orcinus* bedeutet »der Hölle entsprungen«.

Schwertwale werden bis zu acht Meter groß und bis zu neun Tonnen schwer, also ungefähr so groß und schwer wie ein Lkw, und fallen besonders durch ihre schwarz-weiße Musterung und ihre wie ein Schwert in die Höhe ragende Rückenflosse auf. Sie sind eng mit den Delfinen verwandt, ihnen wird eine ähnlich hohe Intelligenz zugeschrieben und im Laufe ihrer Evolutionsgeschichte haben sie viele raffinierte Methoden entwickelt, um die anderen Bewohner des Meeres ins Jenseits beziehungsweise in ihren Magen zu befördern.

Schwertwale sind Teamplayer und jagen fast immer in Rudeln. Haben sie es zum Beispiel auf einen Schwarm Heringe abgesehen, schwimmen sie im Kreis um ihn herum, wie im Western die Indianer um eine Wagenburg weißer Siedler, und treiben ihn mit einer erstaunlichen Technik immer enger zusammen. Sie erschrecken die vermutlich ohnehin schon ziemlich eingeschüchterten Heringe, indem sie plötzliche Salven Luft in ihre Richtung ausstoßen oder sich jäh auf den Rücken drehen und ihre weiße Unterseite aufblitzen lassen, so lange, bis der ganze Schwarm nur noch aus einem einzigen massiven Klumpen verschreckter Fische besteht, dichter gepackt als eine Büchse Ölsardinen. Dort schlagen die Schwertwale dann mit ihren mächtigen Schwanzflossen hinein, töten pro Schlag etwa zehn bis 15 Tiere und können am Ende gemächlich umherschwimmen und sich in aller Ruhe satt fressen.

Doch nicht nur über kleine Heringe, sondern auch über Blauwale, die größten Säugetiere der Welt, fallen Schwertwale her. Auch dabei gehen sie grundsätzlich in Mannschaftsstärke vor, halten ein ausgewachsenes Tier zusammen am Schwanz fest, damit es nicht abtauchen kann, oder werfen sich so lange auf den Rücken eines Jungtiers, bis es ertrinkt. Und selbst dann, wenn er ganz auf sich allein gestellt ist, ist *Orcinus orca* ein raffinierter und einfallsreicher Killer. In einem Freizeitpark in Kanada wurde zum Beispiel jüngst ein Exemplar beobachtet, dass sich eine clevere Strategie ausgedacht hatte, um seine tägliche Fischration aufzubessern. Es würgte einen Teil seines Mittagessens wieder hoch, ließ es in der Mitte seines Beckens treiben, wartete dann, bis sich eine Möwe danebensetzte, und schnappte zu.

Killerwale sind groß, schlau und kräftiger und wendiger als ein Weißer Hai, und als Mensch kann man nur froh sein, dass man nicht in ihr Beuteschema passt. Denn wäre es tatsächlich so, wie es sich der deutsche Erfolgsautor Frank Schätzing in seinem Bestseller *Der Schwarm* vorgestellt hat, und die Herrscher des Meeres würden sich einfallen lassen, Menschen anzugreifen, man könnte sich kaum noch ins Wasser trauen. Wäre allerdings nicht einmal an Land vollkommen vor dem raffinierten Meereskiller sicher – wie das Beispiel einer anderen Spezies, die nicht das Glück hat, *Orcinus orca* nicht zu schmecken, auf grausame Weise zeigt.

Otaria byronia, der Südamerikanische Seelöwe, ist beinah an der gesamten Pazifikküste Südamerikas zu finden und auf der Atlantikseite hoch bis an die Grenze Brasiliens. Die Tiere leben in küstennahen Gewässern und verbringen die meiste Zeit ihres Lebens damit, dort nach Fischen und Tintenfischen zu jagen. Jedes Jahr im Frühling jedoch finden sie sich zu großen Kolonien an Land zusammen, um sich zu paaren.

Die Männchen kommen als Erste an den Strand und machen in zum Teil blutig endenden Streitereien untereinander aus, wer den besten Liegeplatz bekommt. Die älteren und stärkeren Tiere breiten ihre Handtücher direkt am Wasser aus, die jüngeren und schwächeren müssen sich meistens mit den Plätzen weiter hinten begnügen. Treffen dann endlich die Weibchen ein, können die älteren Seelöwenbullen einen Harem von bis zu 20 Strandschönheiten um sich versammeln und die Jungspunde gehen – wenn sie Pech haben – ganz leer aus.

Klar, dass mit dieser Aufteilung nicht jeder zufrieden ist. Auch in den folgenden Monaten geht deshalb das Gerangel mit fast unverminderter Härte weiter, wandern die jungen Seelöwen am Strand umher und versuchen, sich ein Schäferstündchen zu ergaunern, während die alten Herren alles in ihrer Macht Stehende tun, um ihren Harem zusammenzuhalten. Vorher jedoch nehmen die Weibchen erst mal eine Auszeit und bringen die Frucht der letztjährigen Strandschlacht zur Welt: jeweils ein Seelöwenbaby, das mit verklebtem Fell und erstaunten Augen zur Welt kommt und praktisch von der ersten Minute seines Lebens aufpassen muss, nicht von den paarungswütigen Kolossen in seiner Umgebung (ausgewachsene Bullen werden 2,50 Meter groß und wiegen bis zu 300 Kilo) zu Tode getrampelt zu werden.

Das Wasser erscheint da als vernünftige Alternative zu dem gefährlichen orgiastischen Treiben an Land. Und da das Junge sowieso seine Schwimmkünste trainieren muss, geht es bald mit seinen Altersgenossen so oft wie möglich ins Meer. Wie jede Kindheit im Tierreich ist aber auch die von *Otaria byronia* alles andere als unbeschwert. Wenn auch im Wasser das Risiko nicht mehr so hoch ist, von liebestollen Fleischbergen überrannt zu werden, lauern dort doch andere Gefahren.

Pünktlich jedes Jahr, wenn die Seelöwenweibchen ihre Jungen zur Welt bringen, suchen auch Schwertwale die Brutkolonien an der Küste auf. Ihre hohen schwarzen Rückenflossen ziehen langsam durchs Wasser, der Dunst aus ihren Atemlöchern zerstiebt zischend in der Luft und wo sie auftauchen, verbreiten sie Angst und Schrecken. Schnell sind sie, die riesigen schwarz-weißen Torpedos, viel schneller noch als die hechelnd über den Strand hoppelnden Seelöwenmännchen, und wenn sie eine der jungen Robben erwischen, dann ist es kein Versehen, sondern grausame, zähnefletschende Absicht.

Wo immer die Killerwale vorbeiziehen, leert sich das Meer, und bald traut sich die ganze Kolonie nicht mehr ins Wasser. Selbst die großen Bullen haben Angst, und die Jungtiere stehen am Strand, dort, wo das Meer in ewigem Rhythmus das flache Ufer hinaufschwappt, und betrachten die Schwerter der schwarz-weißen Ungeheuer, die jetzt schon nur noch zehn, 15 Meter vom Strand entfernt Patrouille schwimmen, mit einer Mischung aus Faszination und Horror. Hier, mit festem Sand unter den Flossen, können die jungen Robben in aller Ruhe das hoch aufragende schwarze Warnzeichen beobachten und sich seine Bedeutung genau einprägen: Sobald du es siehst, lernen sie, geh auf keinen Fall ins Wasser!

Doch noch während eines der Jungtiere hinaus aufs Meer blickt und ein anderes, das neben ihm steht, schon wieder zu seiner oben am Strand liegenden Mutter, biegt eines der Schwerter plötzlich Richtung Ufer ab. Der dazugehörige Schwertwal gibt Vollgas, schon hebt sich das Wasser vor seinem großen schwarz-weißen Kopf – und die Robbe, die aufs Meer blickt, ist vor Schreck starr und gleichzeitig verwirrt. Was bezweckt der Wal damit, so plötzlich auf sie und ihren Spielkameraden zuzuschwimmen, obwohl sie doch sicher an Land stehen? Ist er verrückt geworden? Oder vor Hunger genauso außer sich wie die großen Bullen am Strand vor Liebe, die dann auch nicht mehr darauf achten, wo sie hinstürzen?

Im selben Moment reißt bereits schäumend der dünne Wasserfilm und das riesige Maul des Wals öffnet sich, sodass seine leuchtende rosa Zunge und seine kurzen kegelförmigen Zähne zu erkennen sind. Der unachtsame Spielgefährte der Robbe wird gepackt und von dem großen, kräftigen Tier hin und her geschüttelt wie ein gewichtloses Büschel Seegras. Der Wal ist an Land gekommen, begreift der Kame-

rad des Opfers, noch während er mit halb gelähmten Gliedern rück-
wärtsstolpert, zurück in Richtung der Kolonie, die aus der Ferne überrascht dem schrecklichen Schauspiel beiwohnt: *Der Wal ist an Land
gekommen!*

Das spektakuläre Manöver ist nicht ganz ohne Risiko für die
Schwertwale, denn sie müssen aufpassen, dass sie dabei nicht tatsächlich ganz stranden. Aber meistens sind sie erfolgreich und schaffen es,
sich schaukelnd wieder ins Meer zurückzuziehen und das in ihrem
Maul zappelnde Seelöwenjunge mit sich zu zerren.

Obwohl die Orcas die jungen Seelöwen so schnell und unerwar-
tet packen, dauert es danach oft eine ganze Weile, bis sie ihr Opfer
endgültig töten. Erst scheinen sie die Robbe noch zu quälen wie eine
Katze eine erbeutete Maus, schleudern sie im hohen Bogen durch die
Luft oder katapultieren sie mit der Schwanzflosse aus dem Wasser –
manchmal bis zu einer halben Stunde lang. Meeresbiologen sind nicht
sicher, wie das bizarr anmutende Spiel zu erklären ist. Eine Vermutung
lautet, dass die Schwertwale damit ihren Jungen das Jagen beibringen,
eine andere, dass sie die Seelöwen so misshandeln, damit sich später
beim Fressen das Fleisch leichter von Haut und Knochen löst.

Täter: Serval
Opfer: Wachtel
Tatort: Tansania

Leptailurus serval, der Serval, ist eine mittelgroße Raubkatze,
die im hohen Gras der afrikanischen Savanne lebt. Sie kommt überall
südlich der Sahara vor, außer in sehr trockenen Gebieten und Regenwäldern, und eine der dichtesten Populationen Afrikas lebt im feuchten, hohen Grasland des Ngorongorokraters in Tansania.

Servale sehen aus wie kleine Geparden, haben aber im Verhältnis zum Körper noch längere Beine, einen noch kleineren Kopf und
auffällig große Ohren. Ihr Fell kann selbst bei Tieren aus ein und demselben Wurf sehr unterschiedlich ausfallen, kurze schwarze Längsstreifen haben wie bei manchen Luchsen oder sogar ganz schwarz sein
wie bei einem Panther. Normalerweise ähnelt es aber dem gefleckten

Fell eines Geparden und wird von Pelztierjägern, die den Serval in einigen Regionen Afrikas bereits ausgerottet haben, auch regelmäßig als solches verkauft.

Im Verhältnis zum Körper besitzen Servale sowohl die längsten Beine als auch die größten Ohren aller in freier Wildbahn lebenden Katzen und haben beides entwickelt, um sich der ökologischen Nische anzupassen, die sie sich inmitten des nicht gerade geringen Angebots an afrikanischen Raubkatzen zum Überleben ausgesucht haben. Geparden sprinten über das kurze Gras der offenen Steppe, um ihre Beute zu fangen, Leoparden stürzen sich von Akazien und Affenbrotbäumen auf ihre Opfer herab und Löwen jagen in Rudeln im halboffenen Buschland. Der zierliche Serval jedoch würde in einer Auseinandersetzung mit einem dieser Jäger keine viel bessere Figur abgeben als eine groß ausgefallene Hauskatze, wird auch tatsächlich manchmal von Leoparden gerissen und hält sich deswegen von den Jagdgebieten seiner größeren Vettern fern. Er geht im hohen Gras feuchter, fast immer in der Nähe von Sümpfen oder Seen gelegener Savannen auf die Jagd und ähnlich wie bei einer streunenden Hauskatze besteht seine Beute zum größten Teil aus kleinen Nagetieren.

Der Serval hat sich auf das Erbeuten von Sumpf- und Maulwurfsratten spezialisiert, die im weichen Boden der Feuchtsavannen ihre Gänge bauen und im Schutz des hohen Grases auf Nahrungssuche gehen. Dabei helfen ihm seine großen Ohren, seine Beute akustisch zu orten, und seine langen Beine, sie auch über das hohe Gras hinweg mit den Augen ausfindig zu machen. Seine Ohren sind für die hohe Frequenz von Nagetierfiepsern besonders empfindlich und während er lautlos durchs Gras schleicht, bleibt er regelmäßig stehen und horcht aufmerksam in die Stille hinein, oft sogar mit geschlossenen Augen. Er kann vom Geräusch her unterscheiden, ob sich eine Maulwurfsratte innerhalb oder außerhalb ihrer Gänge bewegt. Kommt der Nager nicht aus seinem Bau, benutzt der Serval manchmal eines seiner langen Vorderbeine, um ihn herauszufischen. Gelegentlich gräbt er sogar absichtlich ein Loch in einen Gang und wartet dann mit gespitzten Ohren, bis der Bewohner herbeikrabbelt, um den Schaden zu reparieren. Normalerweise schleicht er sich aber auf Katzenart an, wenn er auf der Pirsch ein verdächtiges Geräusch wahrnimmt, versucht über das Gras hinweg dessen Quelle oder wenigstens ein paar wackelnde Halme zu erspähen, macht dann einen hohen Satz und stößt praktisch senkrecht auf seine Beute nieder. Meist landen seine ausgestreckten Vorderpfoten punktgenau auf seinem Opfer. Verfehlt er es, macht er manchmal ein paar steifbeinige Bocksprünge, um es doch noch zu erwischen. Oft versucht er es aber gar nicht erst weiter, sondern spaziert wie ein selbstbewusster Sportsmann davon, um die nächste Gelegenheit zum Beutemachen ausfindig zu machen.

Der Serval hat bei seinen Attacken die höchste Trefferquote aller in der Savanne lebenden Raubkatzen. Normale Raubkatzen können sich schon freuen, wenn einer von zehn Jagdversuchen erfolgreich ist, beim Serval aber ist es in der Regel jeder zweite. Trotz dieser hohen Ausbeute ist er bei der Wahl seiner Opfer nicht kleinlich und wann immer etwas anderes als eine Sumpfratte seinen Weg kreuzt, fällt er auch darüber her. Servale fressen junge Antilopen, Hasen, Erdhörnchen, Klippschliefer, Schlangen, Eidechsen, Frösche, ja sogar Insekten. Auch Vögel fallen sie an, wenn sie sie im dichten Gras überraschen können. Und geben dabei manchmal eine Vorstellung verblüffender Akrobatik, bei der sie wie die absichtlich strandenden Killerwale an der südamerikanischen Küste einen kurzen Moment lang ihrem ursprünglichen Element ganz zu entschwinden scheinen.

Während der Serval aussieht wie ein zu klein geratener Gepard, ähnelt *Coturnix coturnix*, die Wachtel, einem zu klein geratenen Hühnchen. Den meisten von uns ist dieser eher plump wirkende kleine Hühnervogel wahrscheinlich aus der mediterranen Küche bekannt, wo er gerne mit braun gerösteter Haut und einem Streifen Speck um den Bauch serviert wird. Doch im lebendigen Zustand ist die Wachtel sportlicher, als man denkt, und fliegt im Gegensatz zu nahen Verwandten wie Fasan und Perlhuhn jedes Jahr zum Überwintern von Europa nach Afrika – wie eine Wildgans oder eine Schwalbe. Als einziger hühnerartiger Vogel ist die Wachtel ein Zugvogel, wodurch sie allerdings einem hühnerartigen Schicksal keineswegs entgeht. Denn in Ländern wie Frankreich, Italien und Griechenland wird der Durchzug des schmackhaften Speisevogels jedes Jahr sehnsüchtig erwartet und der Reise in den Süden regelmäßig mit einer Ladung Schrot ein vorzeitiges Ende bereitet.

Hat *Coturnix coturnix* es nach Afrika geschafft, verhält sie sich wieder wie jedes andere Huhn auch und vermeidet möglichst das Fliegen. Wenn die kleinen Vögel im Oktober in Schwärmen und kleinen Gruppen in der afrikanischen Savanne ankommen, lassen sie sich in den hohen, schützenden Grasflächen nieder, die sie im heimischen Europa auch gerne bewohnen. Dort suchen sie nach Pflanzensamen und jungen Trieben, picken Insekten von den Grashalmen oder deren Larven aus dem Boden. Und gehen im Allgemeinen davon aus, dass das hohe Gras sie hier in Afrika genauso gut vor Feinden wie Fuchs, Marder und Bussard schützt wie in ihrer Heimat.

Wachteln sind stille Tiere. Auch in Deutschland hört man höchstens mal im Morgengrauen oder in der Abenddämmerung den dreisilbigen Ruf des Wachtelhahns oder das Quaken der Wachtelhenne leise über ein Getreidefeld oder eine hohe Sommerwiese klingen. Allerdings sind das in der afrikanischen Steppe genau die Tageszeiten, zu denen der Serval mit seinen großen, spitzen Ohren am liebsten durchs Gras schleicht.

Besonders die Wachtelhennen haben ein unauffälliges braunes Federkleid und selbst wenn Gefahr im Verzug ist, eilen sie normalerweise lieber im Schutz des hohen Grases zu Fuß davon, als von ihren Flügeln Gebrauch zu machen. Doch wenn wie aus dem Nichts eine große gefleckte Katze mit gierig ausgestreckten Pfoten inmitten der Wachteln landet, steigt auch noch der letzte flugunwillige Hühnervogel erschrocken in den Himmel auf.

Wachteln fliegen allerdings oft nicht besonders hoch, wenn sie aufgeschreckt werden. Vermutlich wollen sie keine anderen Feinde auf sich aufmerksam machen und sich möglichst schnell wieder im hohen Gras niederlassen können. Zwei, drei Meter Flughöhe genügen ja normalerweise auch, um vor den Fängen eines Fuchses oder eines anderen am Boden lebenden Raubtieres sicher zu sein. Doch was den Saisongästen aus Europa niemand verraten hat: Vor einem Serval, der geschicktesten und sprunggewaltigsten aller afrikanischen Raubkatzen, muss man sich auch hoch oben in der Luft noch in Acht nehmen.

Wenn eine junge Katze auf einer Wiese umherrennt und mit ungeschickten Sprüngen versucht, einen Schmetterling aus der Luft zu haschen, sieht das nach einem niedlichen Spiel aus. Der Serval hat aus diesem Spielverhalten allerdings eine seiner tödlichsten Nummern entwickelt: Mehr als drei Meter springen die afrikanischen Raubkatzen aus dem Stand in die Höhe, um sich Wachteln und andere Vögel aus der Luft zu schnappen. Sie fangen sie mitten im Flug, indem sie ihre Vorderpfoten zusammenklatschen. Oder schlagen sie sogar mit nur einer Pfote aus der Luft herunter – wie ein Volleyballspieler bei einem Schmetterball.

So wie die Wachtel im Allgemeinen nicht viel für das Fliegen übrigzuhaben scheint, scheint der Serval, obwohl auch er es gut beherrscht, wenig für das Klettern übrigzuhaben – vielleicht weil er die Bäume selbst in seiner halbwegs sicheren ökologischen Nische lieber ganz den Leoparden überlässt. Er klettert nur in absoluten Notfällen auf einen Baum – ist dann dort aber manchmal ebenso wenig in Sicherheit wie die Wachtel, wenn sie aus dem Gras auffliegt. Denn im Zweifelsfall ist ihm dann ein aufgebrachter afrikanischer Farmer auf den Fersen, dem er ein echtes Huhn gestohlen hat, oder ein Pelztierjäger, der sein Fell als das eines Geparden verkaufen will. Und der holt ihn mit seiner Flinte genauso leicht vom Baum wie er die Wachtel mit seinem Zirkussprung aus der Luft.

Täter: Tölpel
Opfer: Hering
Tatort: Nordatlantik

Clupea harengus, der Atlantische Hering, ist (wie bereits erwähnt) der vermutlich am häufigsten vorkommende Fisch der Erde. Dementsprechend viel muss er erleiden, auch in diesem Buch. Im Kapitel »Mörderbanden« wird er von einem Rudel Buckelwale eingekreist, angeschrien, mit Luftblasen bepustet und schließlich verschluckt. Im Kapitel »Hightechwaffen« wird er von Delfinen so heftig mit niederfrequenten Schallwellen beschossen, dass er die Orientierung verliert oder sogar stirbt. Und gerade noch am Anfang dieses Kapitels wurde er en passant von einer Mannschaft Killerwale überfallen, auch von diesen wieder zu einem dichten verschreckten Klumpen zusammengetrieben und dann zur Abwechslung mit Flossenschlägen totgehauen.

Damit, müsste man meinen, sollte es genug sein. Schließlich wird der Hering ja auch noch von uns Menschen überall auf der Welt mithilfe der verschiedensten Schlepp-, Treib- und Wurfnetze gejagt, um auf ein Stück Gurke gerollt und auf einen Zahnstocher gespießt verspeist zu werden. Doch gerade wenn man als Hering wirklich meinen könnte, alles zu kennen, wenn man als harmloser Schwarmfisch glauben sollte, allen nur erdenklichen Todesarten ins Auge geblickt zu haben, die einem in den Tiefen des Meeres widerfahren können, gerade dann taucht noch ein weiterer Mörder auf, einer, der dort unten im Meer eigentlich nicht das Geringste verloren hat, und setzt im wortwörtlichen Sinne noch einen oben drauf.

Morus bassanus, der Basstölpel, ist ein auf dem offenen Meer jagender Seevogel, der vor allem an den Küsten des Nordatlantiks vorkommt. Er wird etwas größer als eine Möwe, hat weißes, an den Flügeln schwarz abgesetztes Gefieder und einen gelblich schimmernden Kopf mit einem langen, spitzen Schnabel. Er nistet vor Kanada und an den Steilklippen der Britischen Inseln, in kleineren Populationen vor Island und Norwegen und in einer sehr kleinen, nur etwa 300 Brutpaare umfassenden Kolonie auch auf Helgoland.

Eine der größten Kolonien der Vögel gab es früher auf der vor der schottischen Küste gelegenen Felseninsel Bass Rock, und von dieser hat der Basstölpel auch seinen Namen. Der Gattungsname »Tölpel« ergibt sich dem Glauben einiger Ornithologen nach aus der deutschen Übersetzung seines englischen Namens »Booby«, der sich wiederum von dem portugiesischen Wort für »Dummkopf« ableiten soll, womit portugiesische Matrosen den Vogel offenbar einst belegt haben, weil er sich so leicht von ihnen fangen ließ. Andere Vogelkundler glauben jedoch, dass er einfach »Tölpel« heißt, weil er ständig über seine eigenen Füße fällt.

Tölpel haben auffallend große, mit Schwimmhäuten versehene Füße, die bei einer Art – den Blaufußtölpeln – zu allem Übel auch noch leuchtend blau sind. Sie eignen sich sehr gut, um damit im Wasser umherzupaddeln, sich an einem sturmumtosten Felsüberhang festzuklammern und auch sonst zu allen möglichen Zwecken. Die Männchen strecken ihre großen Füße zum Beispiel immer wieder stolz beim ausführlichen Balztanz der Tölpel in die Luft und die Weibchen setzen ihre kein bisschen kleiner ausfallenden Quanten bei der Brutpflege dazu ein, das Gelege zu wärmen. Einige Arten benutzen ihre dicht mit Blutgefäßen durchzogenen Riesenfüße sogar zur Regulierung ihrer

Körpertemperatur, beschatten sie mit den Flügeln, wenn ihnen zu warm ist, oder lassen absichtlich kühlende Kotkleckse darauffallen. So vielseitig verwendbar die großen Füße der Tölpel aber auch sind, zu einem Zweck eignen sie sich überhaupt nicht: zum Laufen.

Die Landung eines Tölpels auf einem flachen Stück Strand oder einem Felsplateau ist ein herzzerreißendes Schauspiel, besonders bei Windstille. Normalerweise benutzt der Vogel den Wind, um seine langen schmalen Flügel dagegenzustellen und so seine Landung abzufedern, ähnlich wie ein Drachenflieger. Weht jedoch kein Wind, muss er bei der Landung auslaufen und stolpert dabei regelmäßig über seine eigenen Flossen. Mit so viel Karacho legen die Tölpel ihre Bruchlandungen hin, dass sie sich dabei nicht selten ernsthaft verletzen. Bei Tölpeln der nördlichen Gattung *Morus*, zu denen auch der Basstölpel gehört, zählen bei Landeunfällen gebrochene oder gezerrte Flügel sogar zu einer der Haupttodesursachen.

Aber auch wenn die Landung erfolgreich war, macht der Tölpel nicht unbedingt den Eindruck, als hätte er wieder festen Boden unter den Füßen. Weil er sie hauptsächlich zum Paddeln benutzt, sitzen seine Beine extrem weit hinten am Körper, wodurch sein Körperschwerpunkt sehr weit vorne liegt. An Land kann er nur unbeholfen umherwatscheln wie eine Ente, und wenn er jetzt von einer solchen Windböe getroffen wird, wie er sie sich bei der Landung noch gewünscht hätte, haut ihn das glatt um und er fällt vornüber auf den Schnabel.

Beim Starten hingegen braucht der Tölpel unbedingt wieder ein bisschen Wind, und wenn der jetzt fehlt, kann das für ihn genauso fatale Folgen haben wie bei der Landung. Weil sie ihre Flügel in der Luft hauptsächlich zum Gleiten benutzen, haben die schlanken Seevögel in der Regel viel weniger Flugmuskulatur als andere Vögel ihrer Größe, der Basstölpel sogar nur etwa halb so viel. Greift ihm beim Starten kein Lüftchen unter die Flügel, schafft er es manchmal erst gar nicht, vom Boden abzuheben. Gerät er in die Verlegenheit, aus hoher Brandung starten zu müssen, kann es passieren, dass er hilflos an den Strand gespült wird wie eine gekenterte Möwe.

Ist der Tölpel einmal in der Luft, ist es jedoch eine wahre Wonne, ihm zuzusehen. Dann verwandelt sich der Tollpatsch plötzlich in einen eleganten Segler, der mühelos auf den Meereswinden dahingleitet – zum Fliegen geboren wie ein Albatros. Und nicht nur hoch oben in der Luft, sondern auch tief unten im Wasser, wo man es eigentlich als Letztes erwarten würde, macht der Tölpel seltsamerweise eine hervorragende Figur.

Besonders während der Brutzeit, wenn er seine Jungen ernähren muss, unternimmt der Basstölpel täglich lange Ausflüge aufs offene Meer hinaus, die ihn mehrere Hundert Kilometer von seinen Heimatklippen weit weg führen können. Etwa in 30 Metern Höhe gleitet er dann über die blauen Weiten und hält nach Fischen Ausschau, ein von kurzen Phasen des Flügelschlagens immer wieder in lange Gleitphasen übergehendes Bild der Anmut und Ruhe. Sobald er jedoch Beute sichtet, macht er eine geschickte Rollwende wie ein Jagdflieger und stößt im beinah senkrecht gehenden Sturzflug auf sein Ziel hinab.

Tölpel erreichen bei ihren Sturzflügen Geschwindigkeiten von bis zu 100 Stundenkilometern und korrigieren noch bis zur letzten Sekunde ihre Flugbahn mithilfe ihrer Flügel und ihrer Watschelfüße, die jetzt wie Höhenruder funktionieren. Für die meisten anderen Vögel wäre ein Aufprall auf das Wasser bei dieser Geschwindigkeit tödlich. Doch der Tölpel ist für das gefährliche Manöver speziell ausgerüstet und wendet dabei eine besondere Technik an, die ihn so glatt und unversehrt ins Wasser eintauchen lässt wie einen Turmspringer. Unmittelbar vor dem Aufschlag bringt er seine Flügel auf eine Linie mit seinem lang gestreckten Körper. Er faltet sie so weit zurück, dass sie sich auf seinem Rücken überkreuzen und nur noch die Spitzen seitlich abstehen wie die winzigen Flügel einer Concorde (deren Konstrukteure sich die Form ihres Flugzeugs einer Legende zufolge bei den Tölpeln abgeschaut haben sollen). Trotz der zum Eintauchen perfekten Form des Vogels bleibt auch jetzt noch ein gewisser Restwiderstand. Doch diesen fängt er mithilfe seines verstärkten Brustbeins und kleiner Luftpolster ab, die schützend vor seinen Rippen liegen und sich über die Lunge aufblasen lassen wie kleine Airbags.

Für einen Hering, der irgendwo ein paar Meter unter der Wasseroberfläche schwimmt, wirkt das Eintauchen eines Tölpels, als hätte jemand von einem Schiff aus einen Pfeil senkrecht in die Mitte seines Schwarms geschossen. Zwar verfehlt der Pfeil sein Ziel, durchbohrt weder den erschrockenen Hering noch einen seiner Artgenossen. Doch auch das gehört zur Jagdtechnik des Tölpels: Statt sich direkt auf einen der Heringe zu stürzen, schießt er meistens absichtlich an ihnen vorbei in die Tiefe – und schnappt sich erst auf dem Weg zurück nach oben einen der Fische.

Allein die Geschwindigkeit seines 100-km/h-Sturzflugs lässt den Tölpel etwa zehn Meter unter die Wasseroberfläche hinabschießen, und Heringe, die in dieser Tiefe schwimmen, schnappt sich der geübte Kamikazeflieger mit Leichtigkeit. Doch selbst Heringe, die noch viel tiefer schwimmen, in 20 bis 25 Metern Tiefe, sind nicht vor dem Meeresvogel sicher. Nachdem er die erste Hälfte der Strecke zu ihnen hinabgeschossen ist wie ein weißer Torpedo, müssen die Heringe feststellen, dass damit die Tauchkunst des Tölpels noch lange nicht erschöpft ist. Sondern dass er plötzlich die Flügel ausstreckt und anfängt zu fliegen – dass dieser unheimliche weiße Vogel unter Wasser fliegen kann! – und elegant mit seinen schlanken Schwingen schlagend zu ihrem Schwarm hinabtaucht, um sich einen von ihnen zu holen.

Tölpel haben spezielle Ohren und Nasenlöcher, die sich bei ihren Tauchgängen automatisch schließen, nach vorne gerichtete Augen, die ihnen gutes räumliches Sehen ermöglichen, und einen langen, mit kleinen Zacken versehenen Schnabel, der wie dazu gemacht ist, überraschte kleine Schwarmfische zu packen. Am tiefsten taucht von allen Tölpeln der Guanotölpel, eine tropische Tölpelart, die sich zwar nicht regelmäßig die Füße mit ihren eigenen Exkrementen bedeckt, dafür aber daraus ihr Nest baut. Sie schießt wie der in Europa heimische Basstölpel bei ihrem Sturzflug zehn Meter in die Tiefe, taucht von dort aber dann noch einmal um das Dreifache weiter nach unten: bis zu 40 Meter tief ins Meer hinab.

Seine Beute schluckt der Tölpel in der Regel noch unter Wasser, wie der Fisch, der er für kurze Zeit geworden ist, was die Seefahrer früherer Jahrhunderte aufs Äußerste verwirrt hat. Sie beobachteten immer wieder, wie der Seevogel in wildem Sturzflug ins Meer tauchte und bis zu 20 Sekunden unter Wasser blieb, sahen aber beim Auftauchen trotzdem nie einen Fisch in seinem Schnabel. Daraus folgerten sie, er stürze sich aus reinem Übermut ins Wasser und sei nicht ganz richtig im Oberstübchen. Im Französischen heißt er deshalb bis heute »le fou de Bassan«: der verrückte Vogel von der Bassaninsel.

12. Heimliche Mörder

Täter: Eichhörnchen
Opfer: Amsel
Tatort: Deutschland

Sciurus vulgaris, das Eichhörnchen, ist eines der beliebtesten Wildtiere Deutschlands. Sein ursprünglicher Lebensraum ist der Wald. Aber es ist auch in Parks, Gärten, Friedhöfen und überhaupt überall anzutreffen, wo ein paar Bäume stehen und ein bisschen Gras wächst, und es gibt wohl kaum jemanden, der nicht schon einmal mit freundlichem Blick beobachtet hat, wie der flinke rotbraune Nager über eine Straße springt und einen Baumstamm hochhuscht oder auf einem Ast sitzt und mit seinen spitzen kleinen Zähnchen und seinen geschickten kleinen Händchen eine Nuss oder einen Tannenzapfen bearbeitet.

Eichhörnchen sind ausgesprochen putzige Tiere. Sie haben ein hübsches Fell, einen langen, buschigen Schwanz, stets aufmerksam gespitzte Ohren, die besonders im Winter mit lustigen Haarpinseln geschmückt sind, große, dunkle Augen und einen Gesichtsausdruck, der nicht so überängstlich und grunderschrocken wirkt wie zum Beispiel der eines Hasen, aber auch nicht so unangenehm gerissen und keck wie etwa der eines Wiesels. Es sind Tiere, die das Leben mit derselben Mischung aus vorausschauender Vorsicht und in vernünftigen Maßen gehaltener Mutigkeit zu meistern scheinen wie die meisten von uns auch. Ihre Gewohnheit, sich unter Wurzeln und in Baumhöhlen Vorräte für den Winter anzulegen, spricht den Spießer und Sparer in uns an, wie überhaupt ihre ganze unermüdliche Geschäftigkeit die des braven Kleinbürgers widerzuspiegeln scheint, der mit stetem, diszipliniertem Eifer für sein bescheidenes Auskommen sorgt – fleißig wie ein Eichhörnchen eben. Gleichzeitig wirkt der quirlige Kleinnager aber so, als gehe ihm auch eine gewisse Kühnheit nicht ab, die ihn eben die offene Straße überqueren lässt, wenn es nötig ist (und dabei mit der gleichen unvermeidlichen Regelmäßigkeit umkommen wie Menschen im Berufsverkehr), oder ihn dazu bringt, in furchtlosen Sätzen von Baum zu Baum springen, um den längeren und im Zweifelsfall noch gefährlicheren Weg über den Boden zu vermeiden. Selbst das Bedürfnis nach ein wenig Spaß im Leben schließlich scheint dem Eichhörnchen nicht zu fehlen, bei allem Fleiß und aller Disziplin die Einsicht, dass, wer hart arbeitet, sich ab und zu auch ein kleines Vergnügen verdient hat. Denn nach nichts anderem handelt das muntere Tierchen ja offenbar, wenn wir es im Frühjahr zur Paarungszeit in wilder Verfolgungsjagd hinter einem Artgenossen über eine Wiese springen sehen oder zu anderer Gelegenheit in einer verspielt wirkenden Korkenzieherspirale einen Baumstamm hinaufsausen (was in Wirklichkeit Raubvögeln erschweren soll, sich den kleinen Nager zu greifen).

Eichhörnchen sind so sympathisch und süß, dass sie auch in vielen Trick- und Kinderfilmen auftauchen, angefangen mit dem ersten abendfüllenden Disneyfilm *Schneewittchen und die sieben Zwerge*, in dem die treuherzigen kleinen Nüssesammler Schneewittchen dabei helfen, das Haus der Zwerge aufzuräumen, bis hin zu den Episoden, in denen *A-Hörnchen und B-Hörnchen* der Umwelt ihre lustigen Streiche spielen (bei denen es sich streng genommen um zwei amerikanische Streifenhörnchen handelt). Obwohl wir es in animierter Form hauptsächlich aus amerikanischen Produktionen kennen, kommt uns das Eichhörnchen gleichzeitig aber doch wie ein ganz typisch deutsches Tier vor, wie ein Ureinwohner des deutschen Waldes sozusagen, dem der urtypischste aller deutschen Bäume, die Eiche, schon im Namen liegt (auch wenn in Wirklichkeit das »Eich-« vermutlich weder darauf noch auf die Eicheln zurückgeht, die das Eichhörnchen gerne frisst, sondern auf das althochdeutsche Wort »aig«, was so viel wie »sich schnell bewegen« bedeutet). Als besonders schützenswerte heimische Art ist das Eichhörnchen dementsprechend auch in der deutschen Bundesartenschutzverordnung aufgeführt, einer Mitte der Achtzigerjahre erlassenen Zusatzverordnung zum Bundesnaturschutzgesetz, der zufolge es bei Strafe verboten ist, den Tieren in irgendeiner Form nachzustellen, sie zu fangen, zu töten oder sonst irgendwie zu schädigen. Und damit nicht genug: Sogar einen eigenen Verein zum Schutz der Eichhörnchen gibt es in Deutschland. Die Eichhörnchenschutz-Aktionsgemeinschaft, wie sie sich nennt, wurde 2004 in Kiel gegründet, und auf ihrer Internetseite sind unzählige Ratschläge darüber zu finden, was man persönlich zum Erhalt der Eichhörnchen in Deutschland tun kann. So werden zum Beispiel Gartenbesitzer ermahnt, ihre Regentonnen immer sorgfältig abzudecken, damit kein Eichhörnchen darin ertrinkt, technisch begabten Tierfreunden wird erklärt, wie man einen »Kobel« baut, eines der runden Baumnester, in denen die Eichhörnchen hausen, und für den Fall, dass man bei einem Spaziergang irgendwo unter einem Baum ein aus so einem Kobel gefallenes Eichhörnchenjunges finden sollte, ist auf der Seite sogar eine spezielle Notrufnummer angegeben: 007-HOERNCHEN.

Das Eichhörnchen lebt nicht so weit zurückgezogen im Wald wie der Hirsch, wühlt nicht mit der Schnauze im Schlamm wie das Wildschwein, holt sich aber vor allen Dingen nicht die Gans wie der Fuchs oder das Häschen wie der Habicht: Es ist ein friedlicher, freundlicher Zeitgenosse, der nur das frisst, was die Natur sowieso fallen lässt, und es klug sammelt und hortet, um im Winter nicht hungern zu müssen. Sein Name existiert nur in der Verniedlichungsform und wäre die ganze Welt mit so harmlosen kleinen Wesen wie dem Eichhörnchen bevölkert, sie wäre wahrscheinlich eine bessere. »Füttern Sie nach Herzenslust«, rät die Eichhörnchenschutz-Aktionsgemeinschaft und listet als bevorzugtes Futter Haselnüsse und Walnüsse auf, Weintrauben und Apfelscheibchen, Sonnenblumenkerne und Karottenstückchen – ein Müsli praktisch, was hätte man von dem sympathischen kleinen Tier auch anderes erwartet.

Doch Eichhörnchen fressen auch ganz andere Sachen als Müsli, und ein anderes halburbanes Tier, das ebenfalls aufgrund seiner starken Verbreitung in Parks und Gärten sehr beliebt ist und von vielen als typisch deutsches Tier wahrgenommen wird, kann ein Lied davon singen. Es kennt die dunkle Seite des Eichhörnchens, weiß um das wahre Gesicht des so freundlich wirkenden Nüssesammlers und Trickfilmstars. Und hat für das allgemein glänzende Image von *Sciurus vulgaris* und besonders für die Pflegemaßnahmen, zu denen der deutsche Eichhörnchenschutzverein beim Finden eines Eichhörnchenbabys rät – das Wärmen mit der Wärmflasche und dem Kirschkernkissen, das Füttern mit Honigmilch, Fencheltee und Multisanostol, die zum Trinken anregenden Schmatzgeräusche, die man beim Füttern machen soll, und die verdauungsanregende Bauchmassage, zu der im

Anschluss geraten wird –, nicht mehr als ein trauriges, resigniertes Kopfschütteln übrig.

Turdus merula, die Amsel oder Schwarzdrossel, ist besonders wegen ihres schönen Gesangs bekannt, in dessen eingängige Melodien sie sogar Motive und Lautfolgen einbaut, die sie sich von anderen Vögeln abhorcht. Wie bei allen Singvögeln dienen Gesang und Gezwitscher der Amsel hauptsächlich dazu, das eigene Revier zu markieren und einen Partner anzulocken. Doch auch nach der Paarung im Frühjahr, wenn zu Beginn des Sommers Eier im Nest der Amseln liegen oder sogar schon die ersten Küken geschlüpft sind, kommunizieren die stets für eine Saison zusammenbleibenden Amselpärchen über spezielle Gesänge und Laute.

Ein sehr hoher, lang gezogener Laut dient dem Amselpärchen dazu, sich gegenseitig seine Zuneigung kundzutun. Auch Menschen, von denen sie regelmäßig gefüttert werden, zwitschern Amseln damit manchmal zärtlich an. Doch geben sie denselben Laut in sehr hoher Lautstärke von sich, dient er genau dem Gegenteil, nämlich der gegenseitigen Warnung vor einem Feind, der sich aus der Luft dem Nest nähert, einem Bussard oder sonst einem Raubvogel, der sich über ihr Gelege hermachen könnte. Bei Räubern, die sich vom Boden her dem Nest nähern, warnen die Amseln sich wiederum mit einem anderen typischen Ruf, einem abgehackten kurzen Laut, der umso häufiger und lauter ertönt, je näher der Feind kommt. Ihn kann man hören, wenn zum Beispiel ein Baummarder oder ein Wiesel in Sicht ist – beides gnadenlose Nesträuber, die weder Skrupel haben, sich einen Satz frisch gelegter Eier einzuverleiben, noch, ein paar verzweifelt piepsende Jungvögel zu verspeisen. Doch derselbe Ruf ertönt auch, wenn ein Eichhörnchen sich dem Baum der Amseln nähert – und mit seinen schnellen geschickten Sprüngen dessen Stamm hinaufzuklettern beginnt.

Eichhörnchen sind Nesträuber und Vogelmörder, eine Tatsache, die allgemein wenig bekannt ist und mit der sich mancher, der damit konfrontiert wird, so wenig anfreunden kann, dass er sie rundheraus leugnet (ähnlich wie jene Forscher in dem Kapitel »Mörderbanden«, die Jane Goodalls neue Erkenntnisse über das grausame Jagdverhalten der Schimpansen nicht wahrhaben wollten). Vogeleier zu fressen, das könnte man dem putzigen kleinen Tierchen vielleicht noch verzeihen. Sie sind schließlich seiner üblichen Nahrung, den Nüssen und

Eicheln, nicht unähnlich, und während in vielen Kulturen das Ei als Symbol des Lebens schlechthin gesehen wird und sich auch in das christliche Osterfest solche Vorstellungen eingeschlichen haben, gilt es bei uns doch eher als Vorstufe des Lebens: ein seinen späteren Möglichkeiten noch ziemlich fernes Gebilde aus flüssigem Eiweiß und kaum weniger flüssigem Dotter, das wir in gekochter oder gebratener Form selbst gerne mal zum Frühstück essen. Ja, selbst unter Vegetariern gibt es ja viele, die den Verzehr von Eiern gutheißen.

Bei der Vorstellung jedoch, wie ein Eichhörnchen über ein nacktes, wehrloses Vogelküken herfällt, das dünne, in schrumpelige nackte Haut gekleidete Vogelkind mit seinen geschickten kleinen Händchen packt und mit seinen spitzen kleinen Zähnchen an seinem Fleisch nagt, sträuben sich vielen Menschen die Nackenhaare. Und manch einer sieht dadurch lieb gewonnene Trugbilder von der Unschuld und Gutmütigkeit der niedlichen kleinen Kreatur so sehr verletzt, dass es zu überraschenden Reaktionen kommt. Auf der Homepage der Eichhörnchenschutz-Aktionsgemeinschaft etwa wird unter der Überschrift »Eichhörnchen = Vogelmörder?« die Frage, ob Eichhörnchen tatsächlich Vogeljunge fressen, mit einem klaren »Nein« beantwortet. Die kleinen Pelztiere fräßen außer Pflanzensamen, jungen Trieben, Nüssen, Beeren und Pilzen auch Insekten, Larven und Schnecken, wird hier eingeräumt, und, wie es formuliert wird: »sehr selten Vogeleier«. Den gewohnheitsmäßigen »Vogelmord« verüben nach Ansicht der Eichhörnchenschützer aber eher andere Tiere, allen voran die gemeine Hauskatze, die, so heißt es, zwar von ihren Besitzern sowieso schon in der Regel chronisch überfüttert werde, aber trotzdem Jungvögel »einfach so zum Spaß« umbringe.

Auch ein Leser des *Hamburger Abendblatts* hielt den Mordverdacht gegen die niedlichen kleinen Baumnager für falsch und veranstaltete sogar auf eigene Faust eine ganze Reihe biologischer Feldversuche, um ihre Unschuld zu beweisen. Der Mann hatte in der regelmäßig erscheinenden Tierkolumne der Zeitung gelesen, dass Eichhörnchen auch Vogelnester heimsuchten, eine Anschuldigung, die ihm schon öfter zu Ohren gekommen war. Daraufhin baute er in seinem Garten ein ganzes Buffet aus leckeren Speisen wie Weintrauben, Erdbeeren und Erdnüssen auf, mischte aber auch rohes Ei und Rinderhack unter das Angebot – und stellte erleichtert fest, dass die in seinem Garten lebenden Eichhörnchen weder Ei noch Rind anrührten. In einem Leserbrief an das *Hamburger Abendblatt* schrieb er, dass er vermute, Eichhörnchen würden oft des Nestraubs verdächtigt, weil sie sich mit Amseln den gleichen Lebensraum teilten und man so des Öfteren beobachten könne, wie eine beunruhigte Amselmutter einem ihrem Nest rein zufällig zu nahe gekommenen Eichhörnchen hinterherjage. Unter der Überschrift »Wie mörderisch sind Eichhörnchen?« blieb der zuständige Kolumnist der Zeitung jedoch bei seiner Darstellung. Er wies darauf hin, dass er selbst schon mehrfach Eichhörnchen beim Verzehr frisch geschlüpfter Singvögel beobachtet habe, und zitierte unter anderem einen von Tierpapst Heinz Sielmann höchstpersönlich verfassten Naturführer, in dem der berühmte Tierforscher sämtliche deutschen Wildtiere ausführlich beschreibt und ausdrücklich klarstellt, dass Eichhörnchen entgegen hergebrachter Meinung keine reinen Vegetarier sind, sondern auch von den Eiern und Küken vieler Kleinvogelarten leben. Im Laufe der folgenden zwei Wochen bestätigten mehrere Leser des *Hamburger Abendblatts* die traurigen Beobachtungen des Kolumnisten, und der Biologie-Leistungskurs eines Hamburger Gymnasiums machte sich sogar die Mühe, die vermeintlichen Unschuldsbeweise des zur Verteidigung der süßen Tiere eingeschrittenen Eichhörnchenliebhabers Punkt für Punkt zu entkräften. Sein Hühnerei sei nicht warm genug gewesen und habe nicht stark genug nach Nest gerochen, um von einem Eichhörnchen gefressen zu werden, erklärte die jüngere, illusionslosere Generation in ihrem Brief an die Zeitung. Auch frisches Rinderhack, stellten die Schüler mit unbarmherziger wissenschaftlicher Nüchternheit fest, gleiche mitnichten dem Fleisch eines frisch erbeuteten Jungvogels: »Es riecht anders, und es ist tot, während Jungvögel leben.«

Die Hamburger Schüler, die mit ihren kenntnisreichen Erklärungen der Hamburger Zeitungsdebatte um die Eichhörnchenmorde ein Ende setzten, ließen sich vom putzigen Aussehen und den im Allgemeinen guten Manieren des heimlichen Mörders nicht täuschen. Im gleichen Brief jedoch, in dem sie die Feldversuche des Eichhörnchenverteidigers so klug widerlegten, entlasteten sie selbst die kleinen Nüssesammler von wenigstens einem Teil ihrer Schuld. Sie wiesen darauf hin, dass die Eichhörnchen die Vogelnester vor allem im Frühjahr plündern, wenn die Nüsse und Eicheln, die sie als Wintervorrat gehortet haben, aufgebraucht sind und sie das tierische Eiweiß, das ihnen die Eier und Jungvögel bieten, dringend brauchen, um selbst zu überleben.

Die amerikanischen Vettern des Europäischen Eichhörnchens, die Grauhörnchen, fressen in dieser Zeit des Mangels sogar nicht nur kleine Vögel, sondern auch kleine Frösche und Eidechsen. Und vielleicht ist dieser robuste Mangel an Zimperlichkeit auch der Grund dafür, warum aus den ungefähr 350 amerikanischen Grauhörnchen, die Ende des 19. Jahrhunderts in einer englischen Grafschaft ausgesetzt wurden, inzwischen rund 6 Millionen Grauhörnchen geworden sind, die die einst auch in England weitverbreiteten roten Eichhörnchen aus nahezu all ihren angestammten Lebensräumen verdrängt haben.

Und so sehr die Amsel unter dem Eichhörnchen zu leiden hat, auch sie selbst ist gar nicht so unschuldig und nett, wie ihr schöner Gesang vielleicht vermuten lässt. Nein: Die Amsel ist in Wirklichkeit ebenfalls ein heimlicher Mörder. Auch sie gibt sich nicht mit Beeren, Früchten und Regenwürmern zufrieden, wenn es darum geht, ihren Hunger zu stillen, sondern fällt von der Maus bis zur Blindschleiche über alles her, was ihr zwischen die Krallen kommt. Selbst ihre eigenen Artverwandten verschont sie bei ihren Beuteflügen nicht, sondern räubert wie das Eichhörnchen oft fremde Vogelnester aus – und bringt das Lied junger Drosseln und Finken zum Verstummen, noch bevor es zum ersten Mal erklungen ist.

Täter: Seestern
Opfer: Miesmuschel
Tatort: Nordsee

Genau wie die schillernden Schalen der Seeohren, die im Kapitel »Mordwerkzeuge« erwähnt sind, werden auch Seesterne gerne als Souvenir aus dem Urlaub mitgebracht. Getrocknet und auf ihre harte Kalkhülle reduziert, landen auch sie in maritim dekorierten Badezimmern, auf Wohnzimmerfensterbänken, in Vitrinen und Bücherregalen. Und ähnlich wie bei den Schalen der Seeohren, die aussehen, als hätten sie einmal zu einer Muschel gehört, in Wirklichkeit aber von einer

Schnecke stammen, kann man auch beim Betrachten von Seesternen ins Rätseln geraten, um was es sich da eigentlich genau handelt.

Was sind Seesterne eigentlich? Sind es Korallen, so wie die roten und weißen verästelten Gebilde, die meist nicht weit von ihnen auf der Fensterbank platziert sind? Oder sind sie doch eher so etwas wie Seeigel, die genau wie Seesterne bewegungslos auf dem Meeresboden herumliegen und in die man so leicht hineintritt? Und wenn ja, was wäre damit gewonnen? Was sind denn überhaupt Seeigel? Und wenn wir schon einmal dabei sind, was sind eigentlich Korallen? Handelt es sich bei all diesen Geschöpfen um rein pflanzliche Organismen, die aus dem Meerboden sprießen wie Moos oder irgendwelche Distelgewächse? Oder sind wenigstens die Seeigel – und damit auch die Seesterne – doch eher den Schnecken und Muscheln zuzuordnen, sind Weichtiere, Mollusken, grasen vielleicht algenbewachsene Felsen ab, um sich zu ernähren, oder filtern ihre Nahrung aus dem Wasser?

Asterias rubens, der Gemeine Seestern, ist tatsächlich viel näher mit dem Seeigel verwandt als mit Muscheln oder Korallen, kommt außer im Mittelmeer in allen europäischen Meeren vor und benutzt ein hoch kompliziertes hydraulisches Gefäßsystem, um sich fortzubewegen. Über eine kleine Öffnung auf seiner Oberseite saugt er Wasser in einen inneren Gefäßring, von dem eine einzelne dicke Aderleitung in jeden seiner fünf Arme abgeht. Von jeder dieser Leitungen wiederum gehen Hunderte winzige Saugfüße ab, die der Seestern über innere, per Muskelkraft kontrahierbare Wasserbälge ausfahren und wieder einziehen kann. Die Saugfüßchen sind über die gesamte Unterseite eines jeden Arms verteilt und arbeiten in einer Art Wellenrhythmus: Sobald sich ein Teil am Boden festgesaugt hat und anzieht, lässt ein anderer Teil den Boden los. Mit ihrer Hilfe gleitet der Seestern so sanft und gleichmäßig über den Meeresgrund wie ein sternförmiges Luftkissenboot, ohne dass man ihn dabei auch nur einen einzigen seiner Arme bewegen sieht.

Allerdings geht das Ganze nur sehr langsam vor sich, mehr als ein paar Meter pro Stunde kommt der Seestern mithilfe seiner hydraulischen Saugfüßchen nicht voran. Und weil man ihn deshalb nie wirklich in Bewegung sieht, wenn man im seichten Wasser auf ihn niederblickt, ist man wohl auch geneigt, ihn für irgendein fest an einem Ort lebendes Muscheltier zu halten, das höchstens mal von der Brandung woandershin gespült wird – oder sogar für eine Art Pflanze oder Koralle.

Doch der Seestern ist keine Pflanze, genauso wenig wie eine Koralle eine Pflanze ist, und wenn er im Zeitlupentempo über den Meeresboden kriecht, dann tut er das nicht, um harmlos Algen davon abzugrasen, wie sein vegetarischer Vetter, der Seeigel, sondern mit derselben Absicht wie ein Löwe, der mit hungrigem Blick durch die Savanne streift. Denn der Seestern ist ein Jäger, ein Jäger und Killer, eine ziemlich langsame, aber hoch effektive Mordmaschine. Und dazu noch eine ausgesprochen ekelhafte.

Auch Muscheln pflegen einen wesentlich aktiveren Lebensstil, als man gemeinhin annimmt. Für *Mytilus edilus* zum Beispiel, die in Atlantik und Nordsee sehr häufig vorkommende und deshalb regelmäßig in unseren Kochtöpfen landende Miesmuschel, beginnt das Leben mit einem richtiggehenden Abenteuer. Nachdem ihre Eltern zusammen mit Tausenden anderen Muscheln dichte Wolken aus Ei- und Samenzellen ins Wasser abgegeben haben, schwimmt sie mehrere Wochen in Form einer winzigen Larve mit der Strömung die Küste entlang, bevor sie sesshaft wird. Doch selbst wenn sie größer ist und bereits die uns vertraute Form angenommen hat, verlegt sie noch mehrmals ihren Wohnort. Trotz ihrer Schale kann sie sich nämlich aus eigener Kraft fortbewegen und macht sich besonders als junge Muschel immer wieder auf die Suche nach einem Standort mit besseren Lebensbedingungen. Dabei spannt sie mithilfe eines beweglichen Muskelfußes, den sie aus der Schale strecken kann, winzige Eiweißfäden vor sich aus, befestigt diese am Untergrund und zieht sich Stück für Stück daran vorwärts.

Die ideale Wohnlage muss für eine Miesmuschel zweierlei bieten: viel sich bewegendes Wasser, aus dem sie wie ein lebendiges Sieb Sauerstoff und Nährstoffe filtert, sowie die Nähe vieler anderer Miesmuscheln, damit ihre Keimzellen eine gute Chance haben, auf die Keimzellen anderer Muscheln zu treffen, wenn sie sie ins Wasser spuckt. Deswegen sieht man Miesmuscheln auch so oft in dichten Klumpen an von der Brandung umspülten Felsen, an wasserumwogten Kaimauern oder an den Stützpfeilern von Bootsstegen haften. Hier macht sich die Miesmuschel mithilfe ihrer kleinen Eiweißfäden fest (dem vorne an ihrem Fuß sitzenden »Moos«, plattdeutsch »Mois«, von dem sie das »Mies« in ihrem Namen hat), filtert in den Sommermonaten für den Menschen giftige Algen aus dem Meer, die dann in dem von der Sonne aufgeheizten Wasser epidemisch ins Kraut schießen, und kommt deswegen erst in den kälteren Monaten, die auf »-r« enden, bei uns auf den Tisch, wenn ihre Nahrung und damit auch sie selbst für uns wieder genießbarer geworden ist.

Es gibt jedoch noch einen weiteren Grund, warum sich die Miesmuschel gerne in der Brandungszone ansiedelt, an Orten oft sogar, wo sie von der Ebbe mehrere Stunden am Tag trockengelegt wird, also weder Wasser durch ihre winzige Kiemen laufen lassen noch Nahrung aufnehmen kann. Um nicht auszutrocknen, muss sie ihre zwei Hälften während der Trockenperiode fest verschließen, doch gleichzeitig bietet ihr diese Trockenperiode auch einen gewissen Schutz vor ihrem ärgsten Feind, dem Seestern. Ein Seestern, der im Zeitlupentempo zu einer Miesmuschel hinaufzukriechen versucht, die mehrere Stunden am Tag von der Ebbe trockengelegt wird, geht ein hohes Risiko ein, selbst zu lange der Sonne ausgesetzt zu sein und zu vertrocknen. Deshalb sind solche dem Wechsel der Gezeiten unterworfenen Wohnlagen von den Muscheln klug gewählt. Und Miesmuscheln, die lieber dort wohnen, wo die Ebbe sie nie trockenlegt, sondern wo sie immer unter Wasser sind, also weder auf ihre Nährstoffe noch auf ihren Sauerstoff auch nur eine Sekunde ihres Lebens verzichten müssen, bezahlen für diesen Vorteil oft einen schrecklichen Preis.

Seesterne haben am Ende jedes Arms ein Auge, einen sich aus etwa 100 winzigen Einzeläuglein zusammensetzenden Lichtrezeptor, mit dem sie in ihrer unmittelbaren Umgebung Unterschiede zwischen Hell und Dunkel und auch Bewegungen gut wahrnehmen können. Zu den Miesmuscheln finden sie jedoch hauptsächlich über ihren Geruchssinn, mit dessen Hilfe sie die winzigen Moleküle im Wasser wahrnehmen, die die Muscheln bei ihrer Filtertätigkeit verströmen. Auch dann noch, wenn die Muscheln mehrere Meter über dem Meeresboden an einem Pfahl kleben.

Um einen fünf Meter hohen, mit Seepocken und Algen bewachsenen Holzpfahl hinaufzukriechen, braucht ein Seestern mindestens eine Stunde. Doch irgendwann erreicht auch er den dicken Klumpen Miesmuscheln, der knapp unterhalb der Wasserlinie an dem Pfahl klebt. Und für diejenigen Muscheln, die zu weit unten in dem Klumpen wohnen, um von der bald wiederkehrenden Ebbe in die sichere Trockenheit gehoben zu werden, beginnt jetzt ein grausamer, langwieriger Kampf.

Der Seestern sucht sich sein Opfer in aller Ruhe aus und macht sich dann an die Arbeit. Sobald die Miesmuscheln spüren, dass er sich nähert, beginnen sie sich zu schließen. Doch der Seestern hat nie erwartet, dass die Muscheln ihm ihr köstliches Fleisch freiwillig preisgeben. Unbeirrt setzt er sich auf die fest verschlossene Schale seines ersten Opfers und beginnt, sie mithilfe seiner hydraulischen Saugfüße aufzustemmen.

Wer schon einmal versucht hat, eine lebendige Miesmuschel mit bloßen Händen zu öffnen, weiß, wie schwer das ist. Mit ihrem Schließmuskel kann die Muschel ihre Schale so fest verschließen, dass man ein Zehn-Kilo-Gewicht an eine der Hälften hängen kann, ohne dass die Muschel aufgeht. Dank eines sogenannten Sperrtonus, in den der Schließmuskel verfallen kann, eine Art energiesparende Muskelstarre, kann die Muschel diesen Zustand auch über lange Zeit halten. Wenn sie bei Ebbe mehrere Stunden lang der prallen Sonne ausgesetzt ist zum Beispiel. Oder wenn ein Seestern auf ihr sitzt und versucht, sie zu öffnen.

Einige Miesmuscheln schaffen es tatsächlich, dem Angriff des Seesterns zu widerstehen. Vor allem Miesmuscheln aus der Nordsee stellten sich bei Versuchen als nicht zu unterschätzende Gegner heraus und erwiesen sich von allen europäischen Miesmuscheln als diejenigen mit den besten Aussichten, aus so einem Kräftemessen als Sieger hervorzugehen. Doch auch der Seestern bringt dabei eine Zugkraft von mehreren Kilo zustande und probiert oft mehr als eine Stunde lang immer wieder sein Glück. Und muss die Muschel auch nur einen winzigen Spalt weit aufkriegen, um den Kampf ganz für sich zu entscheiden.

Der Mund des Seesterns liegt auf seiner Unterseite, genau in der Mitte seiner fünf Arme, und er besitzt zwei verschiedene Mägen, von denen er einen nach außen stülpen kann wie eine Hosentasche. Sobald er es geschafft hat, die Schale der Miesmuschel auch nur ein paar Millimeter weit aufzustemmen, drückt er mit seinen kleinen Saugfüßen das Muskelgewebe beiseite, das den feinen Spalt jetzt noch versperrt, und fängt dann an, seinen Magen in die Muschel hineinzuquetschen.

Unter der Leitung des amerikanischen Biologen John Pearse und mit Einsatz einer winzigen Kamerasonde hat ein Filmteam es geschafft, vom Inneren der Muschel aus zu filmen, wie ein Seestern seinen Magen in sie hineinquetscht: Zuerst schaffen sich die mikrokleinen Füßchen des Seesterns geschickt Platz, als hätte jedes von ihnen seinen eigenen Kopf, und dann geht sein Magen im Innern der Muschel auf wie eine bösartige Blume. Über das Magengewebe setzt der Seestern Verdauungssäfte frei, die das Fleisch der Muschel nach und nach in einen flüssigen Brei verwandeln: Er verdaut sie in ihrer eigenen Schale. Wenn er sie nach etwa einer Stunde ausgeschlürft hat, bleibt nur eine leere Hülle übrig.

Die Miesmuschel versucht mit der Kraft ihres Schließmuskels, der Attacke des Seesterns zu widerstehen. Sie sucht ihr Heil in einer Art unterseeischem Ringkampf und kann damit auch tatsächlich manchmal ihrem schrecklichen Schicksal entgehen. Doch sie ist nicht die Einzige, die unter dem harmlos wirkenden Stachelhäuter mit der dekorativen Sternform zu leiden hat, denn er ist nicht nur einer der am wenigsten bekannten, sondern auch einer der gefräßigsten Mörder des Meeres. Und manche Weichtiere haben sich die erstaunlichsten Kunststücke einfallen lassen, um nicht Opfer seines Zeitlupenmords zu werden.

Kammmuscheln zum Beispiel klappern davon wie lebendige Kastagnetten, sobald sie der Arm eines Seesterns auch nur leicht berührt. Dank zweier starker Wasserdüsen in ihrem Innern können sie so quasi im Rückwärtsgang dem gefräßigen Gesellen entkommen. Reusenschnecken wiederum schlagen Purzelbäume, um sich vor dem Seestern in Sicherheit zu bringen. Sie strecken einen Fuß aus der Schale, der noch länger und kräftiger ist als der der Miesmuschel, drücken sich damit so fest sie können vom Boden ab und kullern in wilder Flucht über den Meeresgrund. Die raffinierteste Methode, um sich gegen die tödliche Umarmung des Seesterns zur Wehr zu setzen, hat jedoch das Seeohr entwickelt, die große Meeresschnecke mit dem helmartigen Panzer, von der schon anfangs kurz die Rede war.

Normalerweise saugt sich die Schnecke bei Gefahr blitzschnell an die Felsen an, auf denen sie lebt, so fest, dass auch ein Sporttaucher sie nur mit einem speziellen Stemmeisen und viel Muskelschmalz davon abbekommen kann. Vor den Zugkräften eines Seesterns hat die Schnecke jedoch anscheinend noch mehr Respekt. Deswegen hat sie sich einen ganz besonderen Trick ausgedacht, um sich gegen ihn zu wehren. Hat sich der Seestern bereits auf die Schnecke draufgesetzt und versucht mit seinen starken Armen, ihre helmförmige Schale vom Boden zu lösen, geht die Schnecke in die Offensive und stemmt ihren »Helm« selbst mit ihrem kräftigen Fuß senkrecht nach oben. Sie erhebt sich vom Boden wie ein großer unterseeischer Pilz, der von einem Moment auf den nächsten aus dem Fels wächst. Dann fängt sie an, sich langsam um die eigene Achse zu drehen, bleibt dabei aber mit dem Fuß am Boden festgesaugt, sodass dieser sich immer strammer aufdreht, wie ein dickes Gummiseil. Sie dreht ihren Fuß so lange auf, bis es nicht mehr geht, entspannt ihn dann schlagartig und dreht sich dadurch plötzlich in die entgegengesetzte Richtung zurück – schnell wie ein Kreisel. Und wirft so den Seestern, der ihre Verrenkungen vielleicht schon als das letzte Aufbäumen eines ihm klar unterlegenen Gegners missdeutet hat, im hohen Bogen von ihrer Schale.

Täter: Marienkäfer
Opfer: Blattlaus
Tatort: Deutschland

Der Marienkäfer gilt als Symbol des Glücks und der Liebe. Seine Flügel sind leuchtend rot. Auf seinem glänzenden Rücken hat er kleidsame, in hübscher Symmetrie verteilte Punkte, von denen die bekannteste und mit am weitesten verbreitete Marienkäferart, *Coccinella septempunctata*, zufällig auch noch genau sieben trägt, eine Zahl, die von vielen Menschen als Glückszahl betrachtet wird. Seine rundliche Gestalt und sein scheinbar blinder, aber doch unbeirrter Gang verleihen ihm die harmlose und zuversichtliche Ausstrahlung einer Schildkröte. Er ist am aktivsten, wenn die Sonne scheint, und wohl das einzige Insekt auf der Welt, bei dem sich die Menschen sogar noch freuen, wenn es auf ihnen herumkrabbelt. Landet in manchen Regionen Frankreichs ein Marienkäfer auf einem Mann, glaubt man, dass er bald heiraten wird. Die Frauen dort nehmen den kleinen Käfer auf den Zeigefinger und zählen die Sekunden, bis er wieder wegfliegt:

Jede Sekunde, glauben sie, steht für ein weiteres Jahr, das sie bis zu ihrer Hochzeit warten müssen.

Der kleine gepunktete Glückskäfer ist besonders bei Kindern beliebt, und was mit ihm verbunden wird, ist auf so allgemeine Weise positiv, dass er zur Verzierung so vieler verschiedener Konsumgegenstände benutzt wird wie kaum ein anderes Tier. Man kann ihn auf Glückwunschkarten finden, als Schlüsselanhänger und Schmusetier. In seiner Form werden Glücksbringer, Hosenflicken, Kühlschrankmagneten, Broschen, Wecker, Kinderbuggys und Backformen hergestellt. Es gibt Marienkäfer-Badeschaum, Marienkäfer-Waschlappen, Marienkäfer-Frühstücksbrettchen und natürlich Marienkäfer-Schulranzen. Gepunktete Faschingskostüme, Anoraks, Gummistiefel, Regenschirme, Unterhosen, Schlipse, Hosenträger und Hundeleinen. Fahrradhelme und Fahrradklingeln, Kinderzelte und Solarleuchten, Computermäuse und Massagegeräte.

Der älteste Glücksbringer in Form eines Marienkäfers, der je gefunden wurde, ist vor 20 000 Jahren im Südwesten Frankreichs hergestellt worden, besteht aus kunstvoll geschnitztem Elfenbein und wurde wahrscheinlich an einer Schnur um den Hals getragen. Auch in der berühmten Sammlung deutscher Volkslieder, die die romantischen Dichter Achim von Arnim und Clemens Brentano Anfang des 19. Jahrhunderts unter dem Titel *Des Knaben Wunderhorn* veröffentlichten, findet sich bereits eine Ode an das »Marienwürmchen«, in der zärtlich seine hübschen bunten Flügel besungen werden.

Gerade in früheren Zeiten war der Marienkäfer allerdings auch noch aufgrund einer anderen Eigenschaft beliebt, besonders bei der Landbevölkerung. Dieser Eigenschaft verdankt er wohl sogar seinen Namen, weil er damit so viel Schaden von den Bauern abwendete, dass sie ihn als Geschenk der Mutter Gottes zu betrachten lernten: als »Marien«-Käfer. Und auch heute noch wird diese Eigenschaft von Landwirten, Pflanzenzüchtern und Hobbygärtnern auf der ganzen Welt hoch an dem so hübsch und harmlos wirkenden kleinen Käferchen geschätzt: seine Qualität als Massenmörder.

Marienkäfer überwintern unter Steinen oder Laub, im Moos oder im Gras, versuchen ihr Glück manchmal auch in Häusern und Wohnungen (wo sie allerdings meistens die trockene Heizungsluft umkommen lässt) und erwachen erst im Frühjahr wieder aus ihrem

Winterschlaf, um sich erst vollzufressen und dann zu paaren. Die Paarung der Liebeskäfer, bei der das Männchen das Weibchen von hinten besteigt und seinen etwa ein Drittel seiner Körpergröße messenden Penis zwischen ihre hinterste Bauch- und Rückenplatte schiebt, kann bis zu 18 Stunden dauern. Danach stößt das Weibchen das Männchen mit seinen Hinterbeinen ungeduldig von ihrem Rücken oder rollt sich zur Seite, um seinen Partner loszuwerden, und paart sich mit bis zu 20 weiteren Männchen. Ende April oder Anfang Mai legt es dann etwa 400 Eier unter die Blätter von Pflanzen, die stark von Blattläusen befallen sind, meist in Einzelportionen von etwa 50 Stück. Und sobald nach etwa einer Woche die Marienkäferlarven aus ihren Eiern schlüpfen, machen sie sich sofort ans Fressen.

Die Larven des Marienkäfers sind keineswegs so hübsch wie er selbst. Im Fall des Siebenpunkt-Käfers *septempunctata* ähneln sie den hässlichen Raublarven von Libellen und benehmen sich auch so: längliche, langbeinige, aus orangefarbenen und grauen Körpersegmenten unordentlich zusammengesetzte und mit Stacheln gespickte Minimonster, die sich innerhalb der nächsten zwei Wochen dreimal häuten und bis zu ihrer Verpuppung etwa 800 Blattläuse pro Exemplar verspeisen – jede einzelne Blattlaus mit ihren kleinen Kieferzangen am dicken Hinterleib packen und bei lebendigem Leibe verzehren.

Fressen und nichts als Fressen tun die kleinen Monsterlarven, doch wenn sie sich Anfang Mai dann endlich in die hübsch gepunkteten kleinen Käfer verwandeln, die wir alle kennen und lieben, geht das große Fressen erst richtig los. Die Katz Biotech AG, die ihren Sitz im brandenburgischen Baruth hat und von dort Siebenpunkt-Marienkäfer an Pflanzenzüchter und Hobbygärtner in ganz Deutschland verkauft, schätzt, dass jeder ihrer natürlichen Schädlingsbekämpfer in seiner meist nur ein paar Wochen dauernden Aktivzeit rund 4000 Blattläuse vertilgt: so um die 100 Stück pro Tag.

Allerdings lässt sich in der Insektenwelt nicht jeder so leicht von dem harmlosen Aussehen der Glückskäfer täuschen wie wir Menschen. Manchmal kann es passieren, dass sich dem kleinen Massenmörder auf seinen Raubzügen durch deutsche Gärten und Gewächshäuser unerwartete Gegner in den Weg stellen.

Blattläuse, mit Fachnamen *Aphidoidea* genannt und selten mehr als drei, vier Millimeter groß, sind im wortwörtlichen Sinne die

»Melkkühe« des Insektenreichs. Sie selbst ernähren sich von Pflanzensaft, den sie mithilfe kleiner Stechrüssel aus dem Stängel ihrer Wirtspflanzen saugen, die sie oft in Kolonien von vielen Hundert Individuen befallen. Dabei produzieren sie jedoch als Nebenprodukt einen zuckerreichen Honigtau, den sie über den After absondern und der von einer ganzen Reihe von Insekten und sogar von manchen Wirbeltieren abgeschöpft und verspeist wird.

Wie unsere eigenen Kühe lassen sich Blattläuse nicht nur bereitwillig melken, sondern auch ohne nennenswerten Widerstand zur Schlachtbank führen. Taucht ein Marienkäfer auf ihrer Wirtspflanze auf, leisten sie nur eine höchst passive Form des Widerstands. Blattläuse vermehren sich normalerweise durch sogenannte Parthenogenese, eine Art Jungferngeburt, bei der die Blattlausweibchen ohne vorherige Befruchtung weibliche Nachkommen zur Welt bringen, die genetisch mit ihnen identisch sind. Greift ein Marienkäfer eine Blattlauskolonie an, beginnen die Blattlausweibchen jedoch plötzlich, Blattlausjunge beiderlei Geschlechts zu gebären. Alarmiert von einem Duftstoff, den von dem Käfer attackierte Artgenossen absondern, bringen die Weibchen auf einmal sowohl weiblichen als auch männlichen Nachwuchs zur Welt, und zwar mit einer Rate von bis zu fünf Nachkommen pro Tag. Diese können sich nicht nur auf herkömmliche Weise miteinander paaren, sondern besitzen auch Flügel. So können sie nach der Paarung zu einer neuen Wirtspflanze fliegen, dort ihre Eier ablegen und eine neue Blattlauskolonie gründen.

Die Blattläuse gehen dem Konflikt mit dem Marienkäfer aus dem Weg, indem sie ein paar Pflanzen weiter eine neue Kolonie gründen. Dabei nehmen sie allerdings in Kauf, dass ihre alte Kolonie komplett von dem kleinen gepunkteten Killer aufgefressen wird. Sie schicken ihre Kinder fort und bleiben selbst zurück, um schicksalsergeben ihr grausiges Los über sich ergehen zu lassen. Einem Insekt jedoch, das den süßen Saft, der sich von den Blattläusen abmelken lässt, besonders schätzt, ist dieses Opfer zu groß. Deshalb übernimmt es selbst die Aufgabe, die pazifistischen kleinen Pflanzenschädlinge gegen ihren Erzfeind zu verteidigen.

Viele Ameisenarten ernten regelmäßig den Honigtau der Blattläuse und kümmern sich um die Kolonien der kleinen Insekten genauso gewissenhaft und sorgsam wie ein Hirte um seine Herde. Sie melken die Tiere nicht nur jeden Tag, sondern tragen auch vom Regen fortgespülte Blattlausbabys zu ihrer Kolonie zurück und bringen die Eier der Blattläuse in ihrem geschützten Ameisenhügel unter, wenn es draußen kalt wird. Wie Cowboys treiben sie die Blattläuse sogar auf neue Weidegründe, wenn sie ihre alten Wirtspflanzen leer gesaugt haben, und tragen mit anderen Ameisenvölkern richtige kleine Kriege um ihre Blattlausherden aus. Merken sie, dass ein Marienkäfer zu ihren Blattläusen auf die Pflanze klettert, ist das genauso, als sähe ein menschlicher Hirte einen Wolf um seine Herde streichen – und die Reaktion fällt ähnlich erbost aus.

Seine hübsche Farbe und seine hübschen Punkte trägt der Marienkäfer in Wirklichkeit nicht, um uns zu gefallen, sondern um damit Fressfeinden wie Vögeln und Fröschen zu signalisieren, dass er nicht schmeckt. Er hat bitteres, giftiges grünes Blut in seinen Adern und wenn er sich bedroht fühlt, treten kleine schlecht riechende Mengen davon aus seinen Beingelenken aus – eine bei Käfern weitverbreitete Methode der Feindabwehr, die sich »Reflexbluten« nennt. Doch Ameisen reagieren auf solche schmierigen Tricks nicht, und wenn ein Marienkäfer ihren Blattläusen zu nahe kommt, werfen sie ihn kurzerhand vom Stängel. Manchmal beißen sie ihm sogar vorher die Beine ab, wahrscheinlich um sicherzugehen, dass er nie wieder zu ihrer Herde hinaufkrabbelt. Bei uns Menschen mag er als Symbol des Glücks und der Liebe verehrt werden. Ameisen sehen in ihm nur ein ganz gewöhnliches Raubtier.

Auch manche Menschen hegen dem Marienkäfer gegenüber nicht nur freundliche Gefühle. In den Siebzigerjahren wurde zum Beispiel der gefräßige europäische Siebenpunkt-Käfer als Bekämpfer der ernteschädigenden Blattlaus in die USA eingeführt. Dort stieg er ebenfalls schnell zum Liebling der Bevölkerung auf und wurde innerhalb kürzester Zeit zum offiziellen Maskottchen von insgesamt sechs verschiedenen Bundesstaaten. Doch es gab auch Leute, die den Glückskäfer am liebsten so schnell wie möglich wieder aus dem Land geworfen hätten. Denn er vermehrte sich so stark, dass er bald viele einheimische Marienkäferarten verdrängte und manchmal sogar Menschen aus ihren Häusern trieb, wenn er im Winter in Massen darin Zuflucht suchte. Außerdem zeigte er die ungute Neigung, auch auf pflanzliche Kost zurückzugreifen, wenn ihm die Blattläuse ausgingen, und schädigte auf diese Weise oft genau die Ernte, die er eigentlich schützen sollte.

Auch in Deutschland, wo der Siebenpunkt-Marienkäfer 2006 zum Insekt des Jahres erklärt wurde, haben einige Leute schon schlechte Erfahrungen mit dem vermeintlichen Glücksbringer gemacht. Vor einigen Jahren zum Beispiel wurde ein riesiger Schwarm der Käfer von Dänemark an einen Ostseestrand verweht. Geschätzte 30 bis 50 Millionen Marienkäfer sammelten sich auf einem Strandabschnitt von etwa fünf Kilometern. Sie taten sich zu riesigen Haufen zusammen, und da weder Blattläuse noch Grünpflanzen in der Nähe waren, gingen sie bald dazu über, sich gegenseitig aufzufressen – ein unappetitliches Spektakel, das das Image des Marienkäfers in der Region nachhaltig schädigte. Manche der niedlichen Käfer waren sogar so ausgehungert, dass sie nicht einmal davor haltmachten, die staunenden Strandgäste selbst zu zwicken.

13. Missverstandene Mörder

Täter: Hammerhai
Opfer: Stachelrochen
Tatort: Atlantik

Sphyrna mokarran, der Große Hammerhai, ist in allen warmen Meeren der Welt zu Hause. Auch im südlichen Mittelmeer und im Roten Meer ist er zu finden und lebt meist in der Nähe der Küste, in Gewässern, die in der Regel nicht tiefer sind als 100 Meter. Hammerhaie finden sich manchmal zu großen Schwärmen zusammen, was ungewöhnlich für Haie ist. Auf die Jagd gehen sie jedoch so gut wie immer allein.

Hammerhaie werden bis zu sechs Meter lang und ihr breiter, flacher, hammerförmiger Kopf verleiht ihnen ein selbst für einen Hai besonders monströses und furchteinflößendes Aussehen. Dass er ein Menschenfresser ist, scheint jedoch eines der vielen Missverständnisse über den Hammerhai zu sein. Bade- oder Tauchunfälle, bei denen ein Hammerhai einen Menschen angreift, sind extrem selten; und eine der ersten Theorien, die sich mit der ungewöhnlichen Kopfform des Hais befasste, erklärte diesen Umstand mit seinen weit auseinanderliegenden Augen: Diese verschafften ihm ein besseres räumliches Sehvermögen als anderen Haien und erlaubten ihm deshalb, Menschen genauer von seinen üblichen Beutetieren zu unterscheiden als seine schmalköpfigen Verwandten.

Die wenigsten Wissenschaftler gaben sich allerdings mit dieser Erklärung zufrieden – schon aufgrund der offensichtlichen Tatsache, dass die Augen des Hais seitlich an seinem Hammer liegen und ihre Sichtbereiche sich überhaupt nicht oder nur sehr wenig überlappen. Und die Frage, wofür der Hammerhai seinen Hammer hat, blieb lange Zeit eines der großen ungelösten Rätsel der Meeresforschung und ein unter Biologen leidenschaftlich diskutiertes Thema.

Als meereskundlicher Laie könnte man auf den ersten Blick ja glauben, dass der skurril geformte Schädel des Raubfisches tatsächlich eine hammerähnliche Funktion hat. Natürlich schlägt der Hai damit keine Nägel ein. Da auf jeder Seite ein Auge sitzt, wäre das wohl etwas schmerzhaft. Aber so ähnlich wie einen Rammbock, könnte man sich vorstellen, benutzt er seinen extrem verbreiterten und knochenhart aussehenden Schädel vielleicht schon. Und wenn das Maul bei ihm auch kleiner ist oder zumindest nicht so ins Auge fällt wie bei anderen Haien – mit einer so fürchterlichen Zusatzwaffe ausgerüstet würde man ihn doch als einen der schaurigsten und gefährlichsten aller Haie einschätzen.

Tatsächlich haben amerikanische Wissenschaftler den Hammerhai auch schon dabei beobachtet, wie er seinen Hammer genau in dieser Form einsetzt. Das Team um den kalifornischen Meeresforscher und Tierfilmer Wesley Strong machte einen Tauchgang vor den Bahamas, in der Nähe des Wracks eines alten Frachtkahns, als ihnen ein etwa drei Meter langer Hammerhai auffiel, der einen Rochen verfolgte. Der Rochen versuchte auf dem ansonsten gut überschaubaren Sandboden offenbar, das schützende Schiffswrack zu erreichen. Doch knapp 100 Meter davor stieß der Hai senkrecht von oben auf ihn hinab und rammte ihn so kräftig mit seinem Schädel, dass der Rochen hart auf dem Meeresboden aufschlug.

Der Hai hämmerte den rautenförmigen flachen Fisch praktisch von oben in den Sand hinein, pinnte das sich windende Tier dann mit seinem Kopf auf dem Boden fest, drehte sich um seine eigene Achse und riss dabei dem Rochen ein großes Stück Fleisch aus einer seiner flügelartigen Flossen. Nachdem der Rochen sich noch einige Meter weitergeschleppt hatte, stieß ihn der Hai ein weiteres Mal mit dem Kopf zu Boden, riss einen weiteren Bissen aus ihm heraus und konnte bald darauf das verendende Tier in aller Ruhe auffressen. Als eines der ersten Wissenschaftlerteams überhaupt hatten Strong und seine Kollegen den Hammer des Hammerhais live in Aktion gesehen.

Trotzdem ging die Fachwelt nie wirklich davon aus, dass der Hai seinen Breitschädel gezielt für ein solches Einhämmern auf seine Beutetiere entwickelt hat. Die wildesten Theorien darüber, was der eigentliche, ursprüngliche Zweck des Hammers sein mochte, kursierten an Universitäten und Meeresforschungsinstituten, seit man angefangen hatte, sich wissenschaftlich mit dem eigenartig aussehenden Raubfisch zu beschäftigen. Und zwei der plausibelsten Erklärungen brachten seinen breiten Kopf zum einen mit seinem Wahrnehmungsvermögen und zum anderen mit seiner Manövrierfähigkeit in Zusammenhang.

Die erste Theorie wurde am Rande schon erwähnt. Der in die Breite gezogene Schädel verbessert das räumliche Sehvermögen des Hais, besagt sie, vor allem aber sein Riechvermögen. Die Nasenlöcher des Hammerhais sind nicht nur breiter und größer als die anderer Haie, sondern liegen auch so weit auseinander, dass er sehr genau bestimmen kann, aus welcher Richtung ein Geruch kommt, den er im Meer wahrnimmt. Dass Hammerhaie besonders gut riechen können, bestätigen auch Fischer und professionelle Taucher. Ihren Beobachtungen zufolge sind diese Haie meist als Erste zur Stelle, wenn irgendwo ein verletzter Fisch im Meer schwimmt oder blutige Köder ins Wasser geworfen werden.

Die zweite Erklärung für den Hammer zielt eher auf einen bewegungsphysiologischen Vorteil ab. Ihre Anhänger glauben, dass die seitlich abstehenden Schädelverbreiterungen ähnlich wie Flugzeugflügel funktionieren. Wie bei einem Flugzeug in der Luft sollen sie bei dem Hai im Wasser für Auftrieb sorgen, also praktisch die Schwimmblase ersetzen, die ihm wie allen Haien fehlt. Tatsächlich haben Messungen ergeben, dass der Hammerhai kleinere Vorderflossen hat als andere Haie, was er wahrscheinlich durch die vergrößerten Tragflächen an seinem Kopf ausgleicht. Aber auch beim Wenden, wenn er auf der Flucht vor einem noch größeren Hai einen Haken schlagen muss, sagen die Anhänger der Flügeltheorie, verschaffe dem Hammerhai sein Tragflächenkopf einen Vorteil. Er ermögliche ihm, im Wasser enge Rollwenden zu »fliegen« wie ein Kampfflugzeug – von denen manche auch tatsächlich genau zu diesem Zweck zusätzliche Flügel vorne unterm Cockpit haben.

So plausibel diese Theorien aber auch klingen, die beste Erklärung für den Hammer des Hammerhais haben bisher zwei Wissenschaftler aus Hawaii geliefert, die am Meeresbiologischen Institut der dortigen Universität aufwendige Experimente mit den Tieren durchführten. Was letztendlich den Ausschlag für den Hai gegeben haben könnte, sich seinen skurrilen Breitschädel wachsen zu lassen, erklären sie mithilfe ihrer Versuchsergebnisse auf die einleuchtendste und modernste Art, obwohl ihre Erklärung eigentlich auf Entdeckungen basiert, die bereits im 17. Jahrhundert gemacht wurden. Folgt man ihrer Theorie, erkennt man, dass der Hammerhai seinen Kopf zwar manchmal tatsächlich als Hammer einsetzt, er ihm gelegentlich auch als Sehhilfe, Nasenverbreiterung, Schwimmstabilisator und, wie sich zeigen wird, als Schaufel dient. Doch seinen eigentlichen evolutionären Nutzen erfüllt der Breitschädel erst dann, wenn der Hai ihn als wesentlich komplexeres und technisch aufwendigeres Gerät einsetzt – und zwar als eine Art Metalldetektor, der auf ganz ähnliche Weise funktioniert wie das staubsaugerförmige und im Erfolgsfall laut piepsende Suchgerät, mit dem Hobbyschatzsucher auf der ganzen Welt Strände nach verloren gegangenen Münzen und anderen Wertgegenständen absuchen.

Mitte des 17. Jahrhunderts entdeckte der italienische Arzt Marcellus Malpighi, der als einer der Begründer der modernen Anatomie gilt, mithilfe des gerade erst Anfang des Jahrhunderts erfundenen Mikroskops kleine schlauchförmige Organe in der Haut von Knorpelfischen (Haien und Rochen), deren Zweck er sich nicht erklären konnte. Die eigentümlichen Einstülpungen kamen vor allem im Kopfbereich der Fische vor, waren mit einer Art Gelee gefüllt und endeten in winzigen Klumpen aus Nervenzellen. Und ein Florentiner Kollege von Malpighi namens Stefano Lorenzini fand die seltsamen Hautorgane so faszinierend, dass er ihnen in seiner 1678 erschienenen Schrift »Beobachtungen an Torpedorochen«, die als eine der ersten modernen Untersuchungen eines tierischen Organismus überhaupt gilt, eine ausführliche Beschreibung widmete. Auch Lorenzini war sich über den Zweck der eigenartigen Einstülpungen jedoch nicht im Klaren, und selbst als rund 200 Jahre später der deutsche Anatom Franz Boll sie genauer untersuchte und seinem Florentiner Vorgänger zu Ehren »Lorenzinische Ampullen« taufte, ordnete er sie noch dem sogenannten Seitenlinienorgan der Fische zu: einem besonderen Sinnesorgan, das ebenfalls aus in Gelee eingebetteten Nervenzellen besteht und den Tieren erlaubt, kleinste Schwingungen und Druckunterschiede in dem sie umgebenden Wasser wahrzunehmen.

Erst rund weitere 100 Jahre später, 1962, wurde der wahre Sinn der Lorenzinischen Ampullen entdeckt. Die zwei holländischen Wissenschaftler Sven Dijkgraaf und Adrianus Kalmijn fanden heraus, dass die Organe auf elektrische Reize ansprechen, und erkannten schließlich, dass es sich dabei um winzige Elektrorezeptoren handelt, ähnlich denen, die der Zitteraal im Kapitel »Hightechwaffen« benutzt, um elektrische Spannungsveränderungen im Wasser wahrzunehmen. Haie und Rochen können zwar nicht wie der Aal aktiv elektrische Signale aussenden oder Stromstöße erzeugen, aber mithilfe ihrer Lorenzinischen Ampullen die natürlichen elektrischen Felder und Signale wahrnehmen, die von anderen Tieren ausgehen. So können sie einerseits vor Räubern flüchten, selbst wenn sie sie nicht sehen, riechen oder mit ihrem Seitenlinienorgan im Wasser spüren können. Vor allen Dingen aber können sie wie mit einem sechsten Sinn ihre Beutetiere orten.

Auch *Dasyatis sabina*, der Atlantische Stachelrochen, verfügt über einen solchen sechsten Sinn und benutzt ihn, um im sandigen Meeresboden versteckte Muscheln und Krebse aufzuspüren, die seine Hauptnahrung ausmachen. Wie Hammerhaie leben Stachelrochen in flachen warmen Küstengewässern. Ihren Namen tragen sie wegen des giftigen Stachels, mit dem das Ende ihres langen, peitschenartigen Schwanzes versehen ist, und erlangten 2006 traurige Berühmtheit, weil einer von ihnen den Tod des beliebten australischen Tierfilmers Steve Irwin verursachte.

Irwin, der für seine draufgängerische Art bekannt war und in seinen Sendungen regelmäßig Ringkämpfe mit Krokodilen und Riesenschlangen austrug, tauchte mit einem Kameramann vor der australischen Küste, um Aufnahmen für eine neue Dokumentationsreihe zu machen, die ausgerechnet »Die tödlichsten Tiere des Ozeans« heißen sollte. Im Laufe der Aufnahmen schwamm er über einen am Boden liegenden Stachelrochen hinweg, ein eigentlich mit keiner nennenswerten Gefahr verbundenes Verhalten, vor allem im Vergleich dazu, was Irwin in seinen Sendungen sonst so anstellte. Doch aus irgendeinem Grund griff der Rochen ihn plötzlich an und rammte ihm seinen giftigen Stachel genau ins Herz.

Geistesgegenwärtig und furchtlos wie immer zog sich Irwin den Stachel sofort selbst aus der Brust. Allerdings könnte er durch den Blutverlust, den er damit verursachte, seinen eigenen Tod herbeigeführt haben. Das wenigstens glaubt ein amerikanischer Arzt, der einen

81-jährigen Bootsbesitzer behandelt hat, dem nur einen Monat später vor der Küste Floridas der gleiche bizarre Unfall passierte. In diesem Fall wurde die Verletzung von einem Adlerrochen herbeigeführt, der streng genommen nicht zu den Stachelrochen gehört, aber auch mehrere giftige Stacheln an seinem langen Schwanz hat. Im Gegensatz zu echten Stachelrochen leben Adlerrochen im offenen Wasser und machen oft hohe Luftsprünge, um Raubfischen zu entfliehen oder an ihrem Körper haftende Parasiten loszuwerden. Einer der Rochen sprang zu dem 81-Jährigen aufs Boot und als dieser versuchte, das Tier wieder ins Wasser zu schmeißen, bohrte sich ihm einer der giftigen Stacheln ins Herz. Anders als Irwin zog er sich den Stachel jedoch nicht aus der Brust, sondern ließ ihn sich erst später im Krankenhaus chirurgisch entfernen und überlebte.

So oder so waren beide Unfälle höchst ungewöhnlich. Zwar verursachen (echte) Stachelrochen offiziellen Statistiken zufolge weltweit etwa 1500 Bade- und Tauchunfälle im Jahr und stellen damit eine weitaus größere Gefahr für den Menschen dar als die meisten Haiarten. Doch lebensbedrohliche Folgen haben diese Unfälle nur äußerst selten. In der Regel kommen sie dadurch zustande, dass jemand im flachen Wasser einen zur Tarnung im Sand vergrabenen Rochen übersieht und aus Versehen auf ihn drauftritt. Deshalb liegen die durch die Tiere verursachten Verletzungen meist im Fuß- oder Knöchelbereich und ziehen zwar zwei Tage anhaltende, höchst unangenehme Vergiftungserscheinungen nach sich, mehr aber nicht. Den von Irwin eingeschlossen, sind bisher nur 17 Fälle bekannt, in denen eine Begegnung mit einem Stachelrochen tödlich verlief. (Im März 2008 ging seltsamerweise ein Unfall durch die Presse, der sich wieder in Florida zutrug und wieder von einem auf ein Boot springenden Adlerrochen verursacht wurde, diesmal jedoch tödlich endete. Der Rochen warf bei seinem Sprung eine 55-jährige Frau zu Boden, die daraufhin tödliche Kopfverletzungen erlitt.)

Der Stachelrochen vergräbt sich im Sand, um vorbeischwimmenden Fischen aufzulauern, vor allem aber um sich selbst vor Räubern zu verstecken. Er versteckt sich genauso im Sand wie viele seiner eigenen Beutetiere, die er selbst dann nur mithilfe der auf der Unterseite seines Kopfes verteilten Elektrorezeptoren aufspüren kann. Dass er jedoch glaubt, mit einer dicken Schicht Sand auf dem Rücken vor seinem Hauptfeind, dem Großen Hammerhai, in Sicherheit zu sein, zeugt von einem fatalen Mangel an beutestrategischem Transfervermögen. Denn wie der Rochen selbst benutzt auch der Hammerhai seine überall auf der Unterseite seines Kopfes sitzenden Lorenzinischen Ampullen, um seine Beute im sandigen Meeresboden aufzuspüren. Aufgrund der enormen Größe seines Schädels ist er sogar der wissenschaftlich nachgewiesene Großmeister dieser Jagdmethode.

Im Sommer 2002 machten sich Stephen Kajiura und Kim Holland vom Meeresbiologischen Institut der Universität von Hawaii daran, das große Geheimnis um den Hammer des Hammerhais endlich zu lüften. Sie vermuteten, dass der Grund, aus dem diese Haie ihren Riesenschädel entwickelt haben, vor allem etwas mit der Elektrowahrnehmung zu tun habe, derer sie sich wie alle Haie zum Fang ihrer Beute bedienen, und überprüften ihre Hypothese mithilfe eines aufwendigen Experiments.

Die zwei Wissenschaftler fingen vor der Küste Hawaiis mehrere junge Hammerhaie ein und fischten zusätzlich einige junge Braunhaie aus dem Wasser, die sie als Vergleichsgruppe einsetzten. Sie stellten mehrere kleine Elektroköder auf genau die niedrige Spannung ein, die auch die im Sand versteckten Beutetiere der Haie normalerweise ausstrahlen, legten sie auf dem Boden eines großen Salzwasserbeckens aus und ließen die beiden Haiarten dann zum Wettkampf antreten.

Was sich zeigte, bestätigte die Vermutung der zwei Forscher. Zwar stellten sowohl die Hammerhaie als auch die Braunhaie eine ähnliche Empfindlichkeit für die elektrischen Reize der künstlichen Köder unter Beweis: Ab einer Entfernung von 30 Zentimetern nahmen beide Haiarten die Köder stets sicher wahr. Aber zwei entscheidende Vorteile hatten die Hammerhaie doch. Zum einen ermöglichte ihnen ihr Breitschädel, den Köder mit einer Kante ihres Kopfes »im Auge zu behalten«, während sie ihren Körper in die richtige Position brachten, um darauf hinabzustoßen. Die Braunhaie hingegen mussten vor der Attacke meist noch einen umständlichen Bogen schwimmen – eine Verzögerung, die im echten Leben ihrer Beute zur Flucht genügen konnte. Vor allem aber konnten die Hammerhaie mit ihrem etwa dreimal größeren Kopf auch eine dreimal größere Fläche absuchen wie die Braunhaie in derselben Zeit. Mit seinen etwa 3.000 winzigen Elektrorezeptoren, die seine Unterseite überziehen wie ein Bartschatten, hatte sich der Kopf des Hammerhais als nichts anderes entpuppt als ein von der Natur entwickelter, auf das Aufspüren von im Sand versteckten Tieren spezialisierter Spannungsdetektor.

Immer wieder beobachteten Taucher, wie Hammerhaie bei der Jagd dicht über dem Boden schwammen und dabei auffällig den Kopf von einer Seite zur anderen schwenkten. Von ihren eigenen Wahrnehmungsfähigkeiten ausgehend, dachten sie, dass die Haie auf diese Weise den Sandboden *vor ihnen* nach Beutetieren absuchen. Doch in Wirklichkeit suchen sie den Sandboden *unter ihnen* ab. Mithilfe ihres körpereigenen Detektors scannen sie ihn auf winzige Spannungsunterschiede und bioelektrische Felder ab, die kein Lebewesen auf der Welt ganz unterdrücken kann.

Andere Versuche haben ergeben, dass der Hammerhai Spannungsunterschiede von nur fünf milliardstel Volt wahrnehmen kann, viel geringer noch, als jede noch so winzige Babybatterie erzeugt. Er lebt schon seit etwa 16 Millionen Jahren im Meer und kann mit seinem Gehör verletzte Fische über mehrere Kilometer hinweg zappeln hören, mit seinem Geruchssinn Blut noch in milliardenfacher Verdünnung riechen, mit seinen guten Augen seine Beute noch auf 100 Meter Entfernung ausmachen und auf einige Meter Entfernung sogar die verräterischen Druckwellen wahrnehmen, die jede noch so kleine Bewegung im Wasser auslöst. Doch um seine Leibspeise, den Stachelrochen, zu jagen, benutzt der Hammerhai seinen hoch entwickelten Elektroempfänger. Er kann damit den winzigen Spannungsunterschied wahrnehmen, der zwischen der Haut und der Umgebung des Rochens besteht, ebenso wie jede noch so minimale, von feinen elektrischen Impulsen begleitete Muskelaktivität. Er kann das Herz des Rochens unter dem Sand schlagen spüren.

Da Haie eine wesentlich dickere Haut haben als Menschen, muss sich der Hammerhai wenig Sorgen darum machen, vom Stachel des Rochens verletzt zu werden. Um seine Beute aus dem Sand zu holen, setzt er ab und zu seinen Kopf ein wie eine Schaufel – und wenn er sein Opfer nicht gleich richtig zu packen bekommt, manchmal auch wie einen Hammer. Aber in der Hauptsache stellt sein seltsam geformter Kopf, wie Stephen Kajiura und Kim Holland mit ihren Versuchen belegt haben, einen Elektrodetektor dar. Und wenn man die gleichmäßigen Schwenkbewegungen sieht, mit denen Menschen mit solchen

Detektoren den Strand absuchen, sind die Parallelen verblüffend. Wäre der Hai nicht die viel ältere Spezies, könnte man fast glauben, er habe eine Hälfte seines breiten Kopfes senkrecht aus dem Wasser gereckt – wie ein Periskop – und sich die erstaunliche Technik bei den menschlichen Strandsuchern abgeguckt.

Noch ein anderes Rätsel wurde durch die Versuche der zwei Haiforscher gelöst: warum man in den Mägen von Hammerhaien – ebenso wie in denen vieler anderer, ebenfalls mithilfe von Elektrorezeptoren auf Beutesuche gehender Haiarten – oft so viele Metallgegenstände findet. Konservenbüchsen, Getränkedosen, Autonummernschilder: Mit seinem körpereigenen Metalldetektor spürt sie der Hai auf dem Meeresboden auf und hält sie für seine Beute.

Täter: Tigernatter
Opfer: Erdkröte
Tatort: Japan

Schlangen haben bei uns Menschen keinen guten Ruf. Schon in der Bibel ist es die Schlange, die Eva dazu verführt, vom Baum der Erkenntnis zu naschen. So sorgt sie dafür, dass wir Menschen aus dem Paradies in eine Welt hinausgejagt werden, in der Löwe und Lamm nicht mehr friedlich beisammenliegen, sondern die Tiere auf all jene grausamen, raffinierten und mörderischen Weisen übereinander herfallen, wie sie in diesem Buch beschrieben sind. Doch damit nicht genug. Auch außerhalb des Paradieses tritt das schuppige, gliedmaßenlose, uns ohnehin schon von Grund auf unsympathische Reptil weiter als der größte Feind des Menschen auf: als die gefährlichste Giftspritze, die es in der Natur gibt, für den Tod von mehr Menschen pro Jahr verantwortlich als jedes andere Tier auf der Welt (von Krankheitsüberträgern wie Malariamücken und Bilharziosewürmern einmal abgesehen).

Einer von der Weltgesundheitsbehörde veröffentlichten Studie zufolge werden weltweit etwa fünf Millionen Menschen im Jahr von Schlangen gebissen und ungefähr 125 000 sterben daran. Beide Zahlen sind umstritten, allerdings gehen selbst konservative Schätzungen von rund 40 000 Todesopfern pro Jahr aus. Die meisten tödlichen Unfälle, an denen Schlangen beteiligt sind, passieren in Indien, wo aufgrund der schlechten medizinischen Versorgung die Wahrscheinlichkeit, an dem Biss einer Schlange zu sterben, bei 20 Prozent liegt (klinische Beobachtungen haben gezeigt, dass Hausmittel wie Aussaugen, Aufschneiden oder Ausbrennen der Bisswunde allesamt nutzlos sind). In den USA hingegen, wo man nach einem Biss meist sofort im nächsten Krankenhaus ein Antiserum gespritzt bekommen kann, haben nur 0,2 Prozent aller Schlangenbisse tödliche Folgen.

Die giftigsten Schlangen der Welt leben in Australien. Die Spitze der Rangliste führt der Australische Inlandtaipan an, dicht gefolgt von der Östlichen Braunschlange und dem wegen seiner Aggressivität besonders gefürchteten Küstentaipan. Der sogenannte LD50-Wert, der sich daran misst, ab welcher Dosis 50 Prozent der mit dem Gift einer Schlange injizierten Versuchstiere sterben, liegt beim Inlandtaipan bei 0,025 Milligramm pro Kilogramm Körpergewicht. Das heißt bei einem 75 Kilogramm schweren Menschen müssen noch nicht einmal zwei Milligramm des Giftes unter die Haut gelangen, um tödlich zu wirken. Der Taipan geht jedoch auf Nummer sicher und verabreicht seinen Opfern eine weitaus größere Menge: 50 bis 100 Milligramm pro Biss – also theoretisch genug für bis zu 50 ausgewachsene Menschen. Den Biss selbst spürt man kaum. Doch die Vergiftung äußert sich bald durch Erbrechen, später durch Lähmungserscheinungen, Ausfallen der Atemmuskulatur oder Herzversagen.

Ähnlich wie das lähmende Gift der Tarantelwespe im Kapitel »Hausfriedensbruch« und wie das Gift von Spinnen setzt sich Schlangengift aus verschiedenen Enzymen und Peptiden zusammen. Als Peptide werden in der Chemie alle Aminosäureketten bezeichnet, die weniger als 100 Glieder aufweisen, längere Ketten bezeichnet man normalerweise als Proteine. Aber die Peptidketten, aus denen sich das Schlangengift zusammensetzt, sind lang genug, um eine gewundene, in mehreren Schlaufen zusammenliegende Struktur einzunehmen, die auf unheimliche Weise selbst an eine in Lauerstellung auf dem Boden liegende Schlange erinnert.

Vor Kurzem untersuchte der australische Wissenschaftler Brian Grieg Fry die genaue Zusammensetzung dieser schlangenförmigen Peptide. Er verglich die Abfolge ihrer Bausteine mit der anderer Aminosäureketten im Körper der Schlangen und kam zu einem erstaunlichen Ergebnis: Alle Schlangen, die er untersuchte, hatten ihr Gift im Laufe ihrer Evolutionsgeschichte aus Molekülen entwickelt, die in ganz normalem, harmlosem Körpergewebe enthalten sind. Die Reptilien hatten Proteine aus gänzlich ungiftigen Organen wie dem Herz, der Lunge, dem Gehirn oder sogar den Augen sozusagen zweckentfremdet und zu tödlichen Toxinen umgebaut, stellte Fry fest. Und bestätigte damit den leisen Verdacht des biochemischen Laien, der sich bereits in der üblen Rolle ausdrückt, die die Schlange im ersten Buch Mose spielt: Sie stellt das durch und durch Böse dar, ist in ihrem ganzen Wesen giftig und schafft es, noch die unschuldigsten Bausteine des Lebens zu einem neuen, todbringenden Gemisch zusammenzusetzen.

So sehr die Forschungsergebnisse des australischen Wissenschaftlers aber unsere schlechte Meinung über Schlangen zu bestätigen scheinen, wenigstens eine Schlange muss man von diesem harten Urteil ausnehmen. Denn sie gehört zwar genau zu jenen etwa zehn Prozent der rund 3 000 weltweit bekannten Schlangenarten, die unmittelbar für dieses Urteil verantwortlich sind: den Giftschlangen. Doch im Gegensatz zu anderen Giftschlangen ist sie nicht aus sich selbst heraus giftig, sondern holt sich ihr Gift bei anderen. Wie Wissenschaftler vor Kurzem erst herausgefunden haben, ist sie nicht selbst eine Giftfabrik, sondern vertraut für die Herstellung ihrer chemischen Waffen auf fremde Produzenten.

Rhabdophis tigrinus, die Asiatische Tigernatter, frisst für ihr Leben gerne *Bufo japonicus*, die Japanische Erdkröte. Die Tigernatter gehört zu den kleineren Schlangen, wird etwa einen halben Meter lang und hat einen hübschen gelb-orangefarbenen Rücken mit schwarzen Punkten. Sie kommt vor allem in China, Korea und Japan vor, und in allen Gebieten, wo sich ihr Lebensraum mit denen der Erdkröten überschneidet, gehören diese zu ihrer Hauptnahrung.

Um Feinde davon abzuschrecken, sie zu fressen, hat die Kröte spezielle Drüsen in ihrem Rücken, über die sie giftige Sekrete absondern kann. Diese Sekrete ähneln jenen, die auch unsere heimischen Erdkröten absondern, wenn sie sich bedroht fühlen. Sie enthalten Bufotenine, halluzinogene Stoffe, die in Südamerika von einigen Urvölkern bei Initiationsriten eingenommen werden und auch experimentierfreudige europäische Teenager schon dazu veranlasst haben sollen, in den Wald zu gehen und an den lichtscheuen Lorken zu lecken. Außerdem enthalten die Krötensekrete aber auch sogenannte Bufadienolide: an Zuckermoleküle gebundene Gifte, die den Herzrhythmus durcheinanderbringen und den natürlichen LSD-Trip schnell in einer kardiologischen Katastrophe enden lassen können.

Die Tigernatter hat jedoch einen Weg gefunden, die Kröten trotzdem zu fressen – ohne dabei von dem zuckrigen Gift im Rücken der Kröte einen Herzinfarkt zu bekommen (und das LSD sich zumindest nicht anmerken zu lassen). Ähnlich den Schlangen der Spezies *Leimadophis epinephelus*, die die einzigen Tiere sind, die gefahrlos die für ihre extreme Giftigkeit berühmten Pfeilgiftfrösche fressen können, ist die Tigernatter gegen das Gift der Erdkröten immun. So wie andere Schlangen gelernt haben, harmlose Stoffe aus ihren Organen in Gift umzuwandeln, hat sie gelernt, Krötengift ohne Schaden in sich aufzunehmen. Wie ein amerikanisch-japanisches Forscherteam herausgefunden hat, macht sie mit dem Gift aber noch mehr.

Das Team um die amerikanische Biologin und Reptilienexpertin Deborah Hutchinson von der Universität von Norfolk, Virginia, untersuchte Tigernattern auf verschiedenen japanischen Inseln: auf der Insel Kinkazan, wo keine giftigen Erdkröten leben, auf der Insel Ishima, wo es sehr viele der giftigen Kröten gibt, und in verschiedenen Gebieten der größeren Insel Honshu, wo die Zahl der Kröten variiert. Die Forscher stellten fest, dass die speziellen Nackendrüsen der Schlangen, mit denen sie sich gegen ihre Fressfeinde verteidigen, nur dort große Mengen eines bestimmten Giftes enthalten, wo es auch sehr viele giftige Kröten gibt – und fanden damit Beweise für eine Vermutung, die schon seit Längerem in der Fachwelt gehegt wurde: Die Asiatische Tigernatter produziert die die Schleimhäute reizenden und als Herzgift wirkenden Bufadienolide, die sie aus ihren Nackendrüsen absondern kann, nicht selbst, sondern klaut sie sich bei ihrer Lieblingsbeute, der Japanischen Erdkröte.

Bisher kannte man solche Fälle des chemischen Diebstahls nur von Weichtieren und Insekten wie dem Glühwürmchen im Kapitel »Tödliche Begierde«, das sich sein Gift von anderen Glühwürmchen klaut, von einigen Fröschen wie etwa dem Pfeilgiftfrosch, der sich sein Gift durch das Fressen von Ameisen und Tausendfüßlern zusammenklaubt, oder von einer bestimmten amerikanischen Strumpfbandnatter, die nach dem Verzehr von giftigen Molchen stundenlang gelähmt im Schilf liegt, die Vergiftung aber überlebt und danach selbst giftig ist. Die Tigernatter jedoch ist die erste Schlange, die noch nicht einmal solche gefährlichen Betäubungszustände durchmachen muss, um das Gift ihrer Beutetiere zu absorbieren und in ihr eigenes umzuwandeln.

Die Forscher fanden außerdem heraus, dass das von uns als der Inbegriff des Bösen betrachtete Reptil das Gift nicht nur zu ihrem eigenen Nutzen frisst, sondern zum Nutzen ihrer Nachkommen – aus Kinderliebe sozusagen. Schlangenmütter geben das in ihrem Körper eingelagerte Krötengift an ihre Jungen weiter, entdeckten die Wissenschaftler, und legen ihren Kindern auf diese Weise eine chemische Verteidigungswaffe in die Wiege, die im Zweifelsfall über Leben und Tod entscheiden kann.

Sogar einen Nutzen für den Menschen könnte das gestohlene Gift der Tigernatter irgendwann einmal haben. Es ist nah mit jenem pflanzlichen Gift verwandt, mit dem sich der Fingerhut davor schützt, von Schafen und anderen Weidetieren gefressen zu werden, dem bereits seit Langem in der Medizin verwendeten Gift der *Digitalis*-Staude. Eines Tages könnte es wie dieses dazu benutzt werden, Menschen mit chronischer Herzschwäche das Leben zu verlängern.

Täter: Fledermaus
Opfer: Zugvögel
Tatort: Spanien

Die Fledermaus hat ein ähnlich schlechtes Image wie die Schlange. Wie diese kriegt sie schon in der Bibel ihr Fett weg. Im fünften Buch Mose wird vor der Fledermaus als unreinem Tier gewarnt und der Prophet Jesaja hält sogar eine Schmährede gegen heidnische Götzenbilder, die nach ihrem Abbild geformt wurden. Auch bei dem römischen Dichter Ovid kommt die Fledermaus nicht gut weg und in seinen *Metamorphosen* gilt es als schreckliche Strafe, in eines der hässlichen Fledertiere verwandelt zu werden. Basilius der Große, einer der wichtigsten Kirchenväter der Spätantike, glaubte, die Fledermaus sei mit dem Teufel verwandt.

Später kam es sogar noch schlimmer. Lange bevor bekannt war, dass es in Südamerika tatsächlich Blut trinkende Fledermäuse gibt, wurde das Tier mit einer in dunklen Balkanwintern erfundenen Sagengestalt in Verbindung gebracht, dem blutsaugenden Vampir, der nachts aus seinem Grab steigt, um sich seine Opfer zu suchen. Die Verbindung wurde als so passend empfunden, dass die Fledermaus noch heute als geflügeltes Alter Ego des schlimmsten aller Vampire, des Grafen Dracula, durch unzählige Gruselfilme und Schauerromane flattert.

Als seien all diese negativen Assoziationen nicht genug, wurde der Ruf der Fledermaus in Europa jüngst sogar noch weiter beschädigt. Und zwar durch eine Studie, mit der im Februar 2007 ein wissenschaftlicher Disput beigelegt wurde, der sich zeitweise zu einem regelrechten kleinen Gelehrtenstreit ausgewachsen hatte.

Fledermäuse sind neben den zur selben Ordnung gehörenden Flughunden die einzigen Säugetiere, die fliegen können. Außer in der Antarktis kommen sie auf allen Kontinenten vor, sind allein in Europa mit 40 verschiedenen Arten vertreten und leben meist in großen Gruppen. Wie der Vampir schlafen sie tagsüber. Dazu suchen sie sich einsame Höhlen, hohle Bäume oder ruhige Dachböden und hängen sich dort kopfüber an die Decke. In dieser Position verbringen sie den ganzen Tag und nehmen auch zur Paarung keine bequemere ein. Nur die Niederkunft scheint den Weibchen leichterzufallen, wenn sie sich mit dem Kopf nach oben hängen. Ihren Nachwuchs, der in der Regel auf ein Junges pro Jahr beschränkt bleibt, fangen sie dabei mit ihrer Flughaut auf, die nicht nur zwischen Armen und Beinen, sondern auch zwischen Beinen und Schwanz verläuft.

Wird es Nacht, schwärmen die Fledermäuse aus und machen sich wie der Vampir auf die Suche nach Beute. Dass größere, in Ländern wie Südamerika und Afrika lebende Fledermausarten dabei auch Vögel, Frösche und Eidechsen zur Strecke bringen, ist seit Langem bekannt. Doch von den kleineren europäischen Fledermäusen glaubte man bis zu jener 2007 unternommenen Studie, dass sie sich mit Insekten begnügen: mit Nachtfaltern und anderen wenig charismatischen Kreaturen, die sie mithilfe ihrer hellen Ultraschallschreie auch in dunkelster Nacht noch präzise orten und sich in vollem Fluge schnappen.

Einigen Wissenschaftlern war jedoch schon seit Längerem aufgefallen, dass in Spanien der eher seltene Riesenabendsegler, eine für europäische Verhältnisse ziemlich große Fledermausart mit bis zu 40 Zentimetern Spannweite, immer dort besonders häufig auftauchte, wo im Spätsommer Scharen von Zugvögeln vorbeizogen, um ihre Winterquartiere in Afrika zu erreichen. Als dann auch noch im Kot der Fledermäuse Vogelfedern gefunden wurden, war für Carlos Ibáñez von der Biologischen Station des Vogelschutzgebietes Doñana in Andalusien der Fall klar: *Nyctalus lasiopterus*, der Riesenabendsegler, hatte sich auf das Erbeuten von gefiederten Touristen spezialisiert, die im Schutz der Dunkelheit über die Iberische Halbinsel hinwegfliegen wollten. Ebenso wie das europäische Eichhörnchen, von dem es auch niemand gedacht hatte, entpuppte sich die europäische Fledermaus als heimlicher Vogelmörder.

Wie beim Eichhörnchen traten jedoch sofort die Verteidiger der Fledermaus auf den Plan, die sich einer weiteren Verfemung des ohnehin schon verfemten Tieres entgegenstemmten. Angeführt wurde der Widerstand von dem Berner Biologieprofessor Raphaël Arlettaz, der sich auf die Erforschung sowohl von Vögeln als auch von Fledermäusen spezialisiert hat. Die Abendsegler, argumentierte er, könnten die Vogelfedern auch aus Versehen geschluckt haben. Für die Echoortung der Fledermäuse sei eine von einem Schwarm Zugvögel herabrieselnde Feder wahrscheinlich nur schwer von einem im Dunkeln umherfliegenden Nachtfalter zu unterscheiden. Und selbst wenn die Fledermäuse ihren Irrtum sofort erkennen würden: Hatten sie die Feder erst einmal im Maul, wäre es von der reinen Energiebilanz wahrscheinlich klüger für sie, sie einfach hinunterzuschlucken statt sie wieder auszuspucken.

Zur Beilegung ihres Streits sahen die beiden Forscher schließlich keine andere Möglichkeit, als gemeinsam nach der Wahrheit zu suchen. An der Spitze eines sechsköpfigen Wissenschaftlerteams machten sie sich daran, noch mehr Fledermauskot zu sammeln und diesen noch genauer zu untersuchen. Wie der Müll eines Menschen geben die Exkremente eines Tieres genau über seine Lebensgewohnheiten Auskunft. Doch das Ergebnis, zu dem die Forscher mithilfe aufwendiger isotopischer Analysen der Fledermausexkremente kamen, bestätigte nur das alte Urteil. Zwar versuchten die Wissenschaftler, das Verhalten der vogelmordenden Fledermäuse noch als evolutionäre Glanzleistung zu verkaufen, und betitelten ihren Beitrag *Wie die Fledermaus sich eine beachtliche Beutenische erobert hat: Millionen nächtlich vorbeiziehender Singvögel*. Doch an dem ernüchternden Schluss, den ein unvoreingenommener Leser aus dem Bericht ziehen musste, konnte kein Zweifel bestehen: Fledermäuse hatten ihren schlechten Ruf schon nicht umsonst.

Das Verhalten einer anderen Fledermaus könnte jedoch helfen, das schlechte Image des Tieres wieder etwas aufzupolieren. Und das, obwohl sie ausgerechnet zu jener Art von Fledermäusen gehört, die eigentlich am genauesten unserem Bild vom fliegenden Blutsauger entsprechen: den Vampirfledermäusen.

Dass es tatsächlich Fledermäuse gibt, die sich vom Blut anderer Lebewesen ernähren, wurde erst entdeckt, als der Mythos vom blutsaugenden Vampir, der nachts in Gestalt einer Fledermaus zu seinen Opfern fliegt, schon seit mehreren Jahrhunderten in Europa herumgeisterte. Auch *Dracula*, der berühmte Gruselroman des irischen Schriftstellers Bram Stoker, war zu diesem Zeitpunkt bereits längst veröffentlicht. Alle drei bekannten Arten der *Desmodontinae* oder Vampirfledermäuse leben in Südamerika. Zwei von ihnen ernähren sich hauptsächlich von dem Blut von Haushühnern und anderem Gefieder. Die bekannteste und am besten erforschte Art jedoch, *Desmodus rotundus*, der Gemeine Vampir, greift auch Pferde, Rinder, Schweine und manchmal sogar Menschen an.

Wie alle Fledermäuse verlässt der Vampir bei Anbruch der Dunkelheit sein Versteck und macht sich auf die Suche nach neuen Opfern. Am liebsten trinkt er das Blut von Rindern, und sobald er eine Herde unter sich auf einer Weide sieht oder ihr Muhen in die warme südamerikanische Nacht aufsteigen hört, landet er ein paar Meter entfernt und schleicht sich an die bereits schlafenden oder noch in der Dunkelheit grasenden Tiere an. Vampirfledermäuse haben auffallend kräftige Hinterbeine und können im Gegensatz zu den meisten anderen Fledermäusen behände über den Boden krabbeln und sich sogar durch kleine Hüpfer in Sicherheit bringen, wenn die Gefahr droht, von einem unachtsamen Rind zertrampelt zu werden. Im Maul haben sie spezielle sichelförmige Schneidezähne. Sie sind so scharf, dass die Rinder es in der Regel nicht einmal merken, wenn die Vampire ihnen damit die Haut aufritzen.

Der Speichel des Vampirs enthält ein Betäubungsmittel und um zusätzlich die Wahrscheinlichkeit zu verringern, von seinem Opfer bemerkt zu werden, leckt er die Stelle, an der er zubeißen will, erst ausgiebig mit der Zunge ab. Will er seinen Biss am Knöchel oder an einer anderen mit Fell bewachsenen Stelle ansetzen, schabt er mit seinen Sichelzähnen dort vorher sorgfältig alle Haare weg – wie ein Chirurg, der eine Operationsstelle rasiert, bevor er zum Skalpell greift. Dann schlitzt er die Haut auf einer Breite von etwa einem Zentimeter auf und beginnt zu trinken.

In seiner Zunge hat der Gemeine Vampir besondere Rillen, über die er das Blut seines Opfers förmlich in seinen Rachen pumpen kann, und in seinem Speichel sind spezielle Enzyme enthalten, die die Blutgerinnung verzögern. Normalerweise sorgt ein bestimmtes fadenförmiges Protein im Blut von Säugetieren dafür, dass es bei Luftkontakt rasch gerinnt. Das im Speichel des Vampirs enthaltene Enzym jedoch, das Desmoteplase oder auch Draculin genannt wird, zersetzt dieses Protein und sorgt so dafür, dass das Blut flüssig bleibt. Eine Wunde, die so klein ist wie die, die der Vampir seinen Opfern zufügt, verschließt sich im Normalfall schon nach zehn Minuten wieder. Dank des gerinnungshemmenden Draculins jedoch blutet sie bis zu acht Stunden lang.

So lange braucht der Vampir allerdings gar nicht, um sich satt zu trinken. In nur einer halben Stunde saugt er 20 bis 30 Milliliter Blut aus der Wunde seines Wirts und ist dann so vollgefressen, dass er manchmal sichtliche Schwierigkeiten hat, mit seinem dicken Bauch vom Boden abzuheben. Ganz wie ein echter Vampir kehrt er am folgenden Abend zu seinem Opfer zurück, um es weiter auszusaugen. Wissenschaftler glauben, dass er sich die Atemgeräusche seines Wirtstieres merkt und so in der Lage ist, es auch in einer größeren Herde wiederzufinden.

Der Gemeine Vampir saugt seine Opfer nicht komplett aus, wie Dracula es tut, und an den unmittelbaren Folgen seines Bisses stirbt keines von ihnen. Allerdings übertragen Vampirfledermäuse Krankheiten wie die Tollwut, sodass Schätzungen zufolge etwa 100 000 Rinder pro Jahr aufgrund ihrer nächtlichen Besuche verenden. Auch Menschen infiziert der kleine Vampir nachweislich immer wieder mit der gefährlichen Viruskrankheit. Da in den ländlichen Gegenden, in denen er sein Unwesen treibt, selten dagegen geimpft wird, sterben hier auch immer wieder Leute an den Folgen seines Bisses.

Schon die Maya, die Ureinwohner Mittelamerikas, hatten ihren Dracula: ein schreckliches Ungeheuer in Fledermausgestalt, das in ihren Sagen Menschen anfällt und ihr Blut trinkt. So schlecht der Ruf der Fledermaus in der Neuen Welt aber auch ist und so viele gute, über das Verspeisen einiger kleiner Singvögel hinausgehende Gründe es dort dafür gibt: Hier hat der amerikanische Biologe Gerald Wilkinson auch ein Verhalten an den Fledermäusen beobachtet, das eine ganz neue Seite ihres Wesens offenbart.

Um mehr über die südamerikanischen Vampire herauszufinden, wurde Wilkinson, der eigentlich Evolutionsbiologie an der Universität von Maryland lehrt, praktisch selbst zu einem von ihnen. Ganze Tage verbrachte der Forscher in einem hohlen Baumstamm, in dem eine Kolonie Vampirfledermäuse hauste, lag unter ihnen auf dem Rücken und schaute stundenlang hinauf in die dichte Masse aus kopfüber über ihm hängenden Leibern. Wilkinson wusste, dass die Fledermäuse sich ausschließlich von Blut ernähren, eine sehr hohe Stoffwechselrate haben und in der Regel sterben, wenn sie drei Nächte hintereinander bei ihrer Jagd erfolglos bleiben. Deshalb wunderte er sich umso mehr, als er eines Morgens Zeuge eines Verhaltens wurde, das mit den harten, unerbittlichen Regeln, die Darwin für das Überleben in der Tierwelt aufgestellt hat, eigentlich unvereinbar war.

Wilkinson beobachtete, wie Fledermäuse, die mit vollem Magen von einem ihrer nächtlichen Ausflüge zurückkehrten, einen Teil ihres Blutmahls wieder hochwürgten und anderen erwachsenen Fledermäusen einflößten, die ohne Erfolg von der nächtlichen Beutesuche in den Baum zurückgekommen waren. Die satten Fledermäuse teilten selbst dann ihre Nahrung mit den hungrig gebliebenen Fledermäusen, wenn diese nicht mit ihnen verwandt waren: ein Akt der Nächstenliebe, wie er in der freien Natur, wo jede Handlung normalerweise entweder auf das eigene Überleben oder zumindest auf das der eigenen Gene ausgerichtet ist, eigentlich nicht vorkommen darf. Und wie er in der Bibel, die so wenig von Fledermäusen hält, selbst im vor Akten der Nächstenliebe nur so strotzenden Neuen Testament kaum schöner auftaucht.

Natürlich folgerte Wilkinson als guter Darwinist rasch, dass die Selbstlosigkeit, deren Zeuge er geworden war, nicht so selbstlos sein konnte, wie es schien, und dass es sich auch beim Altruismus der Fledermäuse um sogenannten reziproken, also auf Gegenseitigkeit beruhenden Altruismus handeln musste, wie immer im Tierreich. Anhand weiterer Feldstudien konnte er auch tatsächlich bald belegen, dass die Fledermäuse nur mit solchen Artgenossen ihre Beute teilten, die dasselbe auch schon einmal für sie getan hatten oder bei denen zumindest die Aussicht bestand, dass sie ihnen auch irgendwann einmal mit einer kleinen Blutspende aushelfen würden. Auf einen Schlag von einem biblischen Schattenwesen in eine christliche Lichtgestalt hatte sich die Fledermaus also doch nicht verwandelt.

Aber wenigstens die Erfindung des Draculins, ihrer gerinnungshemmenden Speichelsubstanz, dürfen sich die Gemeinen Vampire ohne Abstriche auf ihrem imagemäßigen Positivkonto gutschreiben lassen. Denn wie das Nackensekret der Asiatischen Tigerotter, das vielleicht irgendwann eingesetzt wird, um chronische Herzschwäche zu bekämpfen, hat auch die gerinnungshemmende Fledermausspucke ihren medizinischen Wert. In einer Studie ließen sich mit einer synthetischen Nachbildung des Draculins Blutgerinnsel, die zu gefährlichen Gefäßverstopfungen führen können, wesentlich besser auflösen als mit allen herkömmlichen Mitteln. Ein auf dem Stoff basierendes Medikament soll bald schon zur Behandlung von Herz- und Schlaganfallpatienten eingesetzt werden.

14. Mordkomplizen

Täter: Meeresleuchttierchen
Opfer: Garnele
Tatort: Puerto Rico

Noctiluca scintillans, das Meeresleuchttierchen, ist ein winziger Einzeller, der im Meer lebt und dessen wissenschaftlicher Name so viel wie »funkelndes Nachtlicht« bedeutet. Er wird manchmal auch *Noctiluca miliaris* genannt, »tausendfach auftretendes Nachtlicht«, und ist Teil des weltumspannenden, von Strömungen und Winden umhergetriebenen Heers aus Kleinstorganismen, des Planktons, von dem sich alle größeren Tiere des Meeres in der einen oder anderen Form ernähren.

Noctiluca wird in der Regel nicht größer als einen halben Millimeter, kann unter günstigen Bedingungen aber auch auf bis zu zwei Millimeter anwachsen und wird biologisch den Algen zugerechnet. Vom Aufbau her gleicht der kleine Einzeller allerdings eher einem Geißeltierchen und bezieht seine Energie auch nicht aus der Photosynthese wie normale Algen, sondern ernährt sich von anderen Kleinstorganismen, die er im Plankton aktiv erbeutet. Unterm Mikroskop sieht er aus wie ein Ballon, an den eine Schnur gebunden ist: Sein Zellkörper ist rund, aufgebläht und pfirsichförmig und auf der Unterseite trägt er eine lange, peitschenartige Geißel. Seinen Tag verbringt der kleine Ballon, indem er im Plankton auf- und abschwebt und mit seiner Schnur nach Beute angelt. Diese besteht hauptsächlich aus mikroskopisch kleinen Kieselalgen, aber auch aus Fischeiern, kleinen Krebslarven und anderem tierischen Plankton, das er mithilfe eines winzigen Schleimfadens am Ende seiner Geißel fängt und sich dann in den Mund schiebt – einem dünnen Schlitz in seiner Zellmembran, der selbst in vielfacher Vergrößerung schwer zu erkennen ist.

Einzeller der Gattung *Noctiluca* sind normalerweise durchsichtig. Wenn sie jedoch bestimmte Algen fressen, nehmen sie eine rötliche Farbe an und können dann – in milliardenköpfigen Massenverbänden – eine sogenannte rote Flut verursachen: ein meeresbiologisches Naturschauspiel, bei dem sich die gesamte obere Wasserschicht des Meeres rot färbt und das vor allem in tropischen Gewässern auftritt, aber auch regelmäßig vor der Küste Helgolands beobachtet werden kann.

Noch spektakulärer ist jedoch die Verfärbung des Wassers, die das Meeresleuchttierchen nachts verursachen kann. Wenn sich dann Milliarden der winzigen Einzeller in flachen Meeresbuchten sammeln, kommt es zum sogenannten Meeresleuchten (von dem auch im Kapitel »Tödliche Verlockung« die Rede ist). Werden sie im flachen Wasser von der Dünung in Unruhe versetzt, leuchten die winzigen Ballons grünlich auf. Jeder einzelne Ballon gibt jeweils nur einen kurzen Blitz von sich, wenn er sich bewegt. Aber da so viele davon im Wasser schwimmen, leuchtet das ganze Wasser der Bucht mit einem anhaltenden, grünlichen Glanz.

Das Meeresleuchttierchen reagiert auf mechanische Reize, das heißt, es leuchtet immer dann auf, wenn es berührt oder in Bewegung versetzt wird, sei es von einem anderen festen Körper oder einfach nur vom umliegenden Wasser. Wenn man nachts in tropischen Gewässern schwimmt, in denen viele der winzigen Einzeller vorhanden sind, wird jeder Armzug von einem hellgrün aufleuchtenden Lichtbogen begleitet, der den Schwimmer selbst in ein verzaubertes Leuchtwesen zu verwandeln scheint. Ein Schiff, das bei Dunkelheit solche Gewässer durchquert, zieht funkelnde grüne Strudel hinter sich her wie einen grünen Kometenschweif. Ja, selbst wenn man in den Tropen am Strand nur sanft mit der Hand über den feuchten Sand fährt, bringt man die winzigen Einzeller manchmal noch zum Leuchten. Und bei einem nächtlichen Strandspaziergang hinterlässt jeder Schritt einen grünlich schimmernden Fußabdruck, der noch schneller wieder erlischt, als die nächste Welle ihn wegspülen kann.

Das Meeresleuchttierchen bringt sein Licht mithilfe spezieller Enzyme hervor, den gleichen Enzymen, die die meisten Meerestiere zur Erzeugung der sogenannten Biolumineszenz benutzen und die auch an Land lebende Insekten wie das Glühwürmchen dazu verwenden. Wie das Glühwürmchen hat aber auch der kleine Einzeller seine Leuchtfä-

higkeit nicht entwickelt, um uns Menschen unsere Abendspazier-
gänge damit zu verschönern, sondern für einen ganz anderen Zweck.
Das Leuchten stellt eine Art Abwehrmechanismus dar: Wie vielen anderen Meeresbewohnern auch, besonders denen der dunklen Tiefsee,
dient es dem Meeresleuchttierchen dazu, sich gegen seine Fressfeinde
zu verteidigen. Allerdings begnügt es sich nicht damit, seine Feinde mit
seinen Lichtblitzen einfach nur abzuschrecken oder zu verwirren
wie die meisten Tiefseetiere, sondern benutzt sein Leuchten auf eine
Weise, die für diejenigen, die ihm nachstellen, selbst höchst unangenehme Folgen haben kann. Denn das Meeresleuchttierchen hat heimliche Verbündete im Meer, und in einem komplizierten unterseeischen
Intrigenspiel ums Töten und Getötetwerden setzt es sein Leuchten als
heimliches Zeichen an eben diese Verbündeten ein: als tödliches Ge-
heimsignal in einem verwickelten evolutionären Mordkomplott.

Auch in der Mosquito Bay, einer kleinen Bucht auf der Südseite
der zu Puerto Rico gehörenden Insel Vieques, leuchtet das Meer – und
zwar so regelmäßig und intensiv, dass die Bucht unter Kennern auch
als »Bioluminescent Bay« oder schlicht als »Bio Bay« bekannt ist. Hier
schwimmen das ganze Jahr über so viele Meeresleuchttierchen im Wasser, dass jeder Schlag eines Ruderbootes einen grünblau auflodernden
Flächenbrand auslöst. Und die örtliche Tourismusbehörde wirbt mit
dem Slogan »Go with the Glow!« für ihre leuchtende kleine Bucht.

Das Leuchten in der Mosquito Bay ist zwar hauptsächlich auf
Einzeller einer anderen Spezies zurückzuführen. Aber auch dichte
Schwärme von *Noctiluca scintillans* treten hier regelmäßig auf, und Forscher haben den winzigen Organismus bei einer verblüffenden Form
der Zusammenarbeit mit anderen Bewohnern der Bucht beobachtet.

Wie fast überall in tropischen Küstengewässern leben auch in
der Mosquito Bay viele Garnelen und zu einer ihrer Lieblingsspeisen
zählen die winzigen Einzeller, die die Bucht Nacht für Nacht so schön
zum Leuchten bringen. Die Garnelen haben es nicht schwer, die Meeresleuchttierchen zu erbeuten. Denn die Einzeller treten nicht nur stets
in dichten Ansammlungen auf, in die die hungrigen Krebstiere einfach
nur hineinspazieren müssen, um sich ordentlich den Magen vollzu-
schlagen, sondern machen mit ihrem Leuchten ihre Jäger praktisch
auch noch selbst auf sich aufmerksam – so als legten sie es geradezu
darauf an, von ihnen gefressen zu werden.

Jede Garnele, die die mit nahrhaftem Plankton gefüllten kleinen Ballons nicht mit auf ihren Speiseplan setzen würde, käme einem also auf den ersten Blick ziemlich dämlich vor. Allerdings nur auf den ersten Blick. Denn von der Sekunde an, in der eine Garnele ein paar dieser leckeren kleinen Leuchtbojen verspeist hat, findet sie sich in einem fürchterlichen Dilemma wieder.

Im nächtlich dunklen Wasser der Mosquito Bay sind auch viele Tintenfische unterwegs und die fressen für ihr Leben gerne Garnelen. Normalerweise bietet die Dunkelheit den Garnelen einen gewissen Schutz vor den vielarmigen Jägern. Doch die Meeresleuchttierchen, mit denen die Garnelen sich Nacht für Nacht vollstopfen, haben die dumme Angewohnheit, auch dann noch zu leuchten, wenn sie im Magen der Garnelen gelandet sind. Auch im Bauch der durchscheinenden kleinen Krebstiere leuchten sie bei jeder Bewegung, die die Garnele macht, noch hell und weithin sichtbar auf. Und verraten so den Tintenfischen, die hinter den Garnelen her sind, wo ihre Lieblingsbeute zu finden ist.

Es ist, als hätten die winzigen Meeresleuchttierchen mit den Tintenfischen der Mosquito Bay ein geheimes Mordkomplott geschmiedet, als seien die beiden so unterschiedlichen Organismen Komplizen in einer bewusst verabredeten tödlichen Intrige. Einer Garnele, die Meeresleuchttierchen gefressen hat, stehen danach nur zwei Handlungsmöglichkeiten offen. Entweder sie bleibt fortan still wie eine Statue auf dem Meeresboden sitzen, bewegt sich überhaupt nicht mehr und versucht so zu vermeiden, dass die kleinen Leuchtbojen in ihrem Bauch einen Lichtblitz von sich geben und damit einen Tintenfisch anlocken. Diese Handlungsmöglichkeit birgt allerdings die Gefahr, dass die Garnele verhungert: denn wer sich nicht bewegt, kann sich auch nichts zu Fressen suchen. Oder die Garnele sucht ihr Glück weiter in der Jagd – hört nicht auf, sich zu bewegen, auch wenn die hinterlistigen kleinen Einzeller in ihrem Bauch bei jedem ihrer Schritte ein helles grünes Leuchtsignal abgeben – und landet mit 99-prozentiger Sicherheit selbst im Magen eines Jägers.

So hinterlistig und durchdacht dieses Mordkomplott jedoch auch wirkt, einen Haken hat es, wenigstens für *Noctiluca scintillans*. Denn egal ob im Magen einer Garnele oder im Magen eines Tintenfischs: Das kleine Leuchttierchen findet dabei auf jeden Fall sein Ende.

Wozu verrät der winzige Einzeller noch seinen Mörder, wenn sein eigenes Schicksal so oder so besiegelt ist? Aus Rache? Aus Bosheit? Aus Verzweiflung? Oder einfach, weil er gar nicht anders kann? Weil er nun einmal immer leuchtet, wenn er durch eine Bewegung dazu angeregt wird – egal ob im warmen Wasser einer tropischen Bucht oder im durchsichtigen Bauch einer Garnele.

Die Fachwelt hat sich lange mit diesem Rätsel beschäftigt: Warum machen sich die Meeresleuchttierchen zu Komplizen der Tintenfische in der Mosquito Bay, wenn sie keinen eigenen Vorteil davon haben? Doch mittlerweile glaubt man, das Rätsel gelöst zu haben – und damit vielleicht sogar das Rätsel des Meeresleuchtens überhaupt.

Wie die meisten Einzeller vermehren sich auch die Leuchttierchen durch Zellteilung, zerfallen also in viele genetische Klone ihrer selbst, statt sich mit anderen Leuchttierchen zu paaren und so ihre Gene neu zu mischen. Alle Leuchttierchen einer im Wasser schwimmenden Kolonie sind daher im Regelfall Zwillinge, und Wissenschaftler glauben, dass aus diesem Grund eine besonders starke Solidarität unter ihnen herrscht: eine Solidarität, der sich einzelne Leuchttierchen selbst dann noch verpflichtet fühlen, wenn sie den sicheren Tod vor Augen haben.

Deswegen handeln die Leuchttierchen zum Wohl aller in der Mosquito Bay schwimmenden Leuchttierchen, selbst wenn ihr Einzelschicksal längst besiegelt ist. Sie verraten die Garnele nicht aus Rache oder Bosheit an den Tintenfisch, sondern um so den Fressfeind auszuschalten, der andernfalls vielleicht auch ihre Zwillingsgeschwister noch frisst. Wie Bienen oder Ameisen, bei denen auch jedes Volk aus sehr eng miteinander verwandten Individuen besteht, bedeutet den Leuchttierchen das Wohl der Kolonie mehr als das eigene Leben. Möglicherweise haben die Tierchen als Gesamtorganismus das Leuchten aus diesem Grund überhaupt erst entwickelt. Es macht es gefährlich, von ihnen zu naschen. Haben das eines Tages genug Garnelen kapiert, streichen sie das »Meeresleuchten« vielleicht ganz von ihrem Speiseplan.

Täter: Eisbär
Opfer: Ringelrobbe
Tatort: Nordpol

Ursus maritimus, der Eisbär, ist das größte Landraubtier der Welt. Er kann mehr als drei Meter lang werden und bis zu 800 Kilogramm schwer. Er kommt ausschließlich in der Arktis vor – nicht am Südpol – und lebt hauptsächlich auf den im Wasser treibenden Eisschollen des Nordpolarmeers. Doch auch an den Küsten der den Nordpol umgebenden Landmassen und Inseln ist er zu finden, an den Ufern Sibiriens, Alaskas und Kanadas, auf Grönland und Spitzbergen.

Im Sommer hält sich der Eisbär am liebsten an den von Wind und Wasser in Bewegung gehaltenen Rändern der polaren Eiskappe auf, dort, wo immer wieder Spalten und offene Wasserflächen zwischen den Schollen aufreißen. Im Winter wandert er mit dem sich immer weiter ausbreitenden Treibeis Richtung Süden. Mit seinem dicken Fell und der darunterliegenden Fettschicht ist er perfekt an die extremen Temperaturen des Nordpols angepasst. An den Küsten Kanadas oder Alaskas lebende Eisbären graben sich im Sommer sogar Erdmulden, um an die gefrorenen tieferen Schichten des Permafrostbodens zu gelangen und in einem Bett aus Eis ihren Körper zu kühlen.

Die Hauptnahrung des Eisbärs besteht aus Ringelrobben. Obwohl er ein guter Schwimmer ist, schwimmt er nicht schnell genug, um die Robben im Wasser zu fangen. Deswegen besteht seine bevorzugte Jadgmethode darin, den Robben an Luftlöchern, die sie sich im Eis frei halten, aufzulauern wie ein Eisangler. Aber er pirscht sich auch an auf dem Eis ausruhende Robben an, zum Teil sogar unter Wasser. Dabei hält er nur seine kleine schwarze Schnauze zum Atmen aus dem Meer, paddelt mit seinen großen Pranken an eine Eisscholle heran, auf der sich eine Robbe sonnt, und überrumpelt diese dann, indem er mit einem plötzlichen Satz zu ihr auf die Sonnenterrasse springt.

Eisbären haben einen ausgezeichneten Geruchssinn, vermutlich sogar den besten von allen Bären. Sie können Robben noch unter einer Eisschicht von bis zu einem Meter Dicke riechen, und eine ihrer besonders hinterlistigen Jagdmethoden besteht darin, von oben mit ihren enormen Pranken das Dach der Höhlen zu durchstoßen, die die Robben in den Schnee graben, um darin ihre Jungen aufzuziehen. Selbst in der bis zu minus 40 Grad kalten Luft der Arktis kann ein Eisbär den Geruch einer Robbe noch über eine Entfernung von eineinhalb Kilometern wahrnehmen.

Eisbären werden allerdings oft dabei beobachtet, wie sie sich aus noch viel größerer Entfernung an eine Robbe heranpirschen. Manchmal nähern sie sich sogar aus einer Distanz von mehr als 30 Kilometern ihrer Beute und halten dabei die ganze Zeit zielstrebig auf das auf dem Eis ausruhende Tier zu. Und lange Zeit rätselten Zoologen und Polarforscher, wie der Eisbär zu so einer Leistung fähig sein mochte. Sie fragten sich, ob der Geruchssinn des Bären vielleicht noch viel feiner war als bisher angenommen – so fein, dass es fast schon an ein Wunder grenzte. Doch dann fanden sie heraus, dass der Eisbär seine Beute gar nicht selbst über diese enormen Entfernungen aufspürt, sondern das andere für sich erledigen lässt.

Genauso wie immer wieder beobachtet wurde, dass ein Eisbär in den unendlichen Weiten der Eiswüste wie mit einem Kompass ausgestattet genau dorthin wandert, wo eine Robbe zu finden ist, war auch schon lange bekannt, dass oft andere Tiere dem mächtigen Jäger auf seinen Wanderungen übers Eis folgen. Besonders Möwen und Eisfüchse begleiten ihn häufig und ernähren sich von dem, was er bei seinen Beutegängen übrig lässt. Gerade gut genährte Eisbären fressen meist nur die Haut und den sogenannten Blubber der von ihnen erlegten Robben, die nahrhafte Fettschicht, mit denen sich die Tiere gegen die Kälte des arktischen Wassers schützen. Deswegen glaubten die Forscher, die Möwen folgten dem Eisbären wie einem Fischkutter übers Meer und der Eisfuchs laufe ihm nach wie der Schakal dem Löwen.

Inzwischen weiß man jedoch, dass die Entourage des Eisbären sich keineswegs nur aus aasfressenden Schmarotzern zusammensetzt, deren ganzer Lebensinhalt darin besteht, sich kriecherisch über die Krümel herzumachen, die vom reich gedeckten Tisch des Königs der Arktis abfallen. Im Gegenteil: Der König selbst ist auf sein Gefolge angewiesen, um überhaupt eine Mahlzeit auf den Tisch zu bekommen. Und arbeitet mit dem Eisfuchs und den Möwen, die ihn begleiten, in einem perfekt aufeinander abgestimmten Team aus Mordkomplizen zusammen.

Die Möwen bilden bei den Raubzügen des arktischen Beuteteams die Vorhut. Sie besorgen die Luftaufklärung für die durch die Eiswüste ziehende Equipe, und einzelne Möwen haben innerhalb des Teams sogar in der Regel noch einmal unterschiedliche Aufgaben. Der Hauptteil der fünf, sechs Möwen, die den Eisbär begleiten, schwärmt aus und hält in den weißen Weiten nach Beute Ausschau. Eine Möwe jedoch bleibt in der Nähe des Bärs zurück und lenkt ihn mit ihren Schreien in die richtige Richtung, sobald sie in der Ferne sieht, dass einer ihrer Teamkollegen etwas entdeckt hat.

Robben, die sich auf einer Eisscholle sonnen, lassen sich von ein paar über ihnen kreisenden Möwen normalerweise nicht aus der Ruhe bringen. Auch wenn sich nach einiger Zeit ein Eisfuchs schwach gegen den weißen Horizont abzeichnet, hält sich ihre Aufregung in Grenzen. Ringelrobben wiegen im Schnitt um die 50 Kilogramm, der Eisfuchs höchstens fünf und stellt damit für die Robben keinen ernst zu nehmenden Gegner dar.

Doch auch der Eisfuchs gehört in Wirklichkeit noch zur Vorhut, genau wie die Möwen. Nur heißt seine Aufgabe nicht Aufklären, sondern Ablenken.

Immer wieder schleicht sich der Eisfuchs bis auf wenige Meter an die Robbe heran, knurrt und fletscht die Zähne und gibt sich allen Anschein, als wolle er sich tatsächlich auf eine ernsthafte Auseinandersetzung mit ihr einlassen. Die Robbe schlägt ihn ein ums andere Mal in die Flucht. Doch der kleine Quälgeist kehrt immer wieder zurück, um sie bei ihrem Sonnenbad auf dem Eis zu stören. So lange, bis *Ursus maritimus*, das größte Landraubtier der Welt, sich von hinten an die Robbe angeschlichen hat – und dem arktischen Mordkomplott mit einem Hieb seiner Pranken ein eiskaltes Ende setzt.

Täter: Honiganzeiger
Opfer: Bienenlarven
Tatort: Afrika

Unter den Vögeln Afrikas gibt es viele, die sich der Hilfe eines Komplizen bedienen, um beim Beutemachen mehr Erfolg zu haben. Die Vogel Strauße Ostafrikas zum Beispiel ziehen mit Antilopenherden durch die Steppe, weil vom Dung der Antilopen bestimmte Käfer angelockt werden, die sie gerne fressen. Manche Reiherarten sieht man regelmäßig auf dem Rücken von Nilpferden sitzen und von dort konzentriert ins Wasser starren: Sie benutzen die Nilpferde quasi als Angelboote und stoßen von ihnen herab mit dem Schnabel ins Wasser, um Fische zu fangen. Andere Reiher benutzen Rinder oder Büffel an Land auf ganz ähnliche Weise: Sie setzen sich auf ihren Rücken, um sich auf der Jagd nach Insekten einen besseren Überblick über das hohe Steppengras zu verschaffen.

Viele Vögel haben sich auch darauf spezialisiert, kleine Tiere zu erbeuten, die von großen Tieren beim Gehen aufgescheucht werden. Ein Nilpferd zieht oft ein ganzes Geschwader von Vögeln hinter sich her, die sich von seinen Hufen aufgeschreckte Fische und anderen Wassertiere schnappen. An Land kann so ein Gefolge von der Antilope bis zum Elefanten jedes Tier haben, dem auf seinen Wanderungen durch die Steppe regelmäßig Insekten und andere Kleintiere aus dem Weg springen. Der Afrikanische Habichtsadler erbeutet Vögel, die auffliegen, wenn Paviane durch die Savanne ziehen. Der Große Singhabicht schließt sich afrikanischen Dachsen auf ihrer Jagd an und fängt Nagetiere, deren Erdhöhlen die Dachse aufwühlen. Im Kongo benutzt ein bestimmter Nashornvogel auf seiner Jagd nach Insekten Affen, die in Horden durch den Dschungel ziehen, richtiggehend als Treiber. Manche Waldvögel benutzen Eichhörnchen als Treiber, bestimmte Steppenvögel Maulwurfsratten. Und Treiberameisen sind geradezu prädestiniert für den Job.

Auch Menschen werden in Afrika von Vögeln gerne als Mordkomplizen eingesetzt. Keine Jagdsafari zum Beispiel, die nicht nach kurzer Zeit schon von hungrigen Adlern und Habichten begleitet wird, die auf die Wachteln und Hasen aus sind, die die Jagdgesellschaft schießt. Manche Falken schnappen sich die aus dem hohen Steppengras aufgescheuchten Wachteln sogar schneller aus der Luft, als die Jäger sie schießen können. Und im Krüger Nationalpark in Südafrika folgen die Vögel heutzutage genauso eifrig den Jeeps und Lastern der Wildhüter, um auf Insektenjagd zu gehen, wie sie früher den Nashörnern und Elefanten des Parks gefolgt sind.

Ein Vogel Afrikas jedoch macht den Menschen auf noch direktere und erstaunlichere Art zu seinem Komplizen. Statt ihn nur als mehr oder weniger unfreiwilliges Werkzeug zu benutzen, trifft er eine echte Verabredung mit seinem menschlichen Partner: eine Verabredung, der sich beide Parteien zu jeder Zeit vollkommen bewusst sind. Und wie bei jedem vernünftigen zu zweit begangenen Verbrechen haben beide Komplizen etwas von der Tat: nicht nur der schlaue Vogel, den man mit Fug und Recht als den Kopf der Bande bezeichnen kann, sondern auch der Mensch, der bei dem Coup für die Drecksarbeit zuständig ist.

Indicator indicator, der Große Honiganzeiger, ist ein knapp 20 Zentimeter großer Vogel, der südlich der Sahara fast überall in Afrika zu finden ist. Er lebt meist in halb offenen Buschlandschaften, selten im dichten Dschungel und hat grünbraune Flügel, einen grau gefiederten Bauch, eine schwarze Halskrause und an den Seiten des Schwanzes auffällige weiße Federn.

Honiganzeiger haben eine außergewöhnliche Leibspeise: Bienenwachs. Schon die ersten afrikanischen Missionare wunderten sich, als während ihrer im Busch abgehaltenen Messen kleine graue Vögel angeflattert kamen und an ihren Altarkerzen herumzupicken begannen. Honiganzeiger haben spezielle Enzyme im Darm, die ihnen erlauben, Bienenwachs zu zersetzen. Doch auch die Larven von Bienen fressen sie gern sowie die Larven bestimmter Parasiten, die Bienenstöcke befallen.

Um an Bienenwachs zu gelangen, suchen Honiganzeiger meist nach verlassenen Bienenstöcken. Afrikanische Bienen haben die Angewohnheit, wesentlich öfter umzuziehen als europäische Bienen, sodass die Vögel immer wieder verlassene Stöcke im Busch finden. Auch sind die Einfluglöcher afrikanischer Bienenstöcke in der Regel wesentlich größer als die europäischer Stöcke. So kann der Vogel in viele der Stöcke leicht hineinschlüpfen und darin die leeren Wachswaben von den Wänden picken.

Das Revier eines Honiganzeigers ist mehrere Quadratkilometer groß und er kennt normalerweise jeden einzelnen Bienenstock, den es darin gibt. Besonders in dicht bewachsenem Buschland greift er gelegentlich auf seinen Geruchssinn zurück, um die Stöcke zu finden. Doch hauptsächlich findet er sie mithilfe seiner scharfen Augen und hervorragenden Ohren und verfolgt auf Pollensuche umherschwirrende Bienen manchmal mehrere Hundert Meter weit, um den Standort ihres Stocks ausfindig zu machen.

Wie Imker kontrollieren Honiganzeiger regelmäßig sämtliche Bienenstöcke in ihrem Revier und suchen dabei hauptsächlich nach solchen, die gerade frisch verlassen wurden. Doch auch die noch bewohnten Stöcke inspizieren sie genau, setzen sich oft sogar frühmorgens, wenn die Bienen noch schlafen, ins Einflugloch des Stocks und schauen sich aufmerksam in seinem Innern um. Denn dort sind nicht nur frische Bienenwaben zu finden, sondern auch dicke, wohlgenährte Bienenlarven, von denen jede einzelne wesentlich nahrhafter ist als jeder Schnabel voll Wachs.

Manchmal überfallen Honiganzeiger solche noch bewohnten Bienenstöcke im Alleingang. Sie haben eine besonders dicke Haut, die sie einigermaßen vor den Stichen der Bienen schützt. Vollkommen ungefährlich ist eine Auseinandersetzung mit einem aufgebrachten Volk der giftigen Insekten aber auch für sie nicht. Werden sie von zu vielen Bienen gestochen, kann das ihr Tod sein. Es wurden schon tote Honiganzeiger gefunden, deren Körper mit Bienenstichen förmlich übersät waren. An manchen der kleinen Vogelleichen hat man mehr als 300 Einstiche gezählt.

Hat es ein Honiganzeiger auf einen intakten Bienenstock abgesehen, benutzt er deshalb in der Regel eine andere Strategie, um an seinen Inhalt zu gelangen. Und diese Strategie beinhaltet als Komplizen den Menschen: den Menschen mit seinen starken Armen und nützlichen Werkzeugen.

Wenn man im afrikanischen Busch kampiert und ein Lagerfeuer anzündet, um sich einen Kaffee zu kochen oder eine Dose Bohnen aufzuwärmen, dauert es oft nicht lange und ein Honiganzeiger kommt herbeigeflogen, setzt sich in der Nähe der Feuerstelle auf einen Baum und beginnt, aufgeregt zu zwitschern. Manchmal genügen allein schon die Geräusche, die man beim Hacken des Feuerholzes macht, um den kleinen Vogel anzulocken. In der Nähe von Siedlungen und Städten kommt er bis in die Gärten der Menschen geflogen und zwitschert sie an. Selbst Menschen, die in Autos sitzen, versucht er manchmal auf sich aufmerksam zu machen. In den Okawangosümpfen in Botsuana zwitschert er sogar regelmäßig in den Sümpfen umherfahrende Boote an.

Der kleine graue Vogel sitzt laut zwitschernd auf seinem Ast und spreizt zusätzlich seinen weiß abgesetzten Schwanz, um Aufmerksamkeit zu erregen. Kennt man ihn nicht, kann man schnell auf den Gedanken kommen, dass die Individualreise, die man gebucht hat, gar nicht so individuell ist, wie man dachte, und so viele Touristen im örtlichen Busch vorbeikommen, dass die hiesigen Vögel schon das Betteln gelernt haben. Doch der Honiganzeiger will nicht betteln. Im Gegenteil: Er möchte den Menschen, die er anzwitschert, ein höchst vorteilhaftes Geschäft vorschlagen.

Sogenannte Honigsammler, afrikanische Eingeborene, die traditionell den Honig aus wilden Bienenstöcken ernten, kennen den Honiganzeiger gut und freuen sich, wenn er zu ihnen geflogen kommt. Sofort schultern sie ihre Äxte und beginnen, ihm durch den Busch zu folgen. Er fliegt immer ein Stück voraus, setzt sich auf einen gut sichtbaren Ast und gibt so lange sein schnatterndes Gezwitscher von sich, bis die Honigsammler wieder zu ihm aufgeschlossen haben.

So geht das oft etliche Etappen lang, manchmal über mehrere Kilometer durch die Wildnis. Der Honiganzeiger fliegt voraus und zwitschert, fliegt wieder voraus und zwitschert wieder. Erst wenn er die ihm folgenden Menschen schließlich bis zu dem Bienenstock geführt hat, an dessen Inhalt er will, verstummt er und sieht seinen Mordkomplizen still und aufmerksam dabei zu, wie sie den Rest der Arbeit erledigen.

Die Honigsammler bauen ein Feuer aus feuchten Zweigen, um mit dem Rauch die Bienen zu vertreiben. Die Insekten gehen instinktiv davon aus, dass sie von einem Waldbrand umgeben sind, und evakuieren ihr Nest. Sind alle weg, klettern die Honigsammler auf den Baum und schlagen den verlassenen Bienenstock mit ihren Äxten auf. Sie ernten die von süßem, goldenem Honig triefenden Waben. Dann ziehen sie davon und lassen ihrem gefiederten Komplizen, was übrig bleibt: das in dem ausgeraubten Nest hängen gebliebene Wachs und die sich schutzlos darin windenden Larven.

Honiganzeiger zwitschern auch Honigdachse und Paviane an, um sie zu Bienenstöcken zu führen und sie von ihnen aufbrechen zu lassen. Zunächst ging man deshalb davon aus, dass die Vögel ihr außergewöhnliches Verhalten zuerst in Symbiose mit diesen Tieren entwickelt haben und erst später auf den Menschen übertrugen. Doch eine genauere Überprüfung der Fälle, in der eine Zusammenarbeit zwischen dem Honiganzeiger und diesen Tieren beobachtet wurde, zeigte, dass diese Zusammenarbeit nie zum Erfolg führte. Zwar zwitscherte der Honiganzeiger die Tiere an, doch sie waren nie clever genug, um ihm bis zu seinem Ziel durch den Busch zu folgen. Allein mit menschlichen Komplizen, scheint es, versteht er sich gut genug für gemeinsame Verbrechen.

Erfahrene Honigsammler können Honiganzeiger sogar mit Pfiffen herbeirufen wie einen Jagdhund. Honigsammler aus dem Volk der Boran in Kenia zum Beispiel blasen in leere Schneckenhäuser, ausgehöhlte Palmnüsse oder einfach in ihre hohlen Hände und produzieren auf diese Weise laute Pfiffe, mit denen sie einen Honiganzeiger aus bis zu einem Kilometer Entfernung zu sich rufen können. Untersuchungen haben ergeben, dass der Vogel die Menschen immer genau zu dem Bienenstock führt, der von dem Ort ihrer Zusammenkunft aus am nächsten liegt. Sieht er, dass die Menschen mit ihm auf die Jagd gehen wollen, fliegt er kurz vor zu dem Stock, versichert sich seiner Lage und beginnt dann seine Führung durch den Busch. Auch dabei läuft die Kommunikation zwischen Honigsammler und Honiganzeiger ähnlich ab wie zwischen Jäger und Hund. An den Abständen, die der Vogel vorausfliegt, können die Sammler erkennen, wie weit der Bienenstock noch entfernt ist. Ist der Vogel an dem Stock angekommen – hat er das Wild gestellt sozusagen –, gibt er einen besonderen Ruf von sich.

Nachdem sie den Stock ausgeraubt haben, lassen viele Honigsammler dem Honiganzeiger ein paar Waben an der Fundstelle zurück, ähnlich wie viele Jäger ihren Hunden ein Stück Fleisch von dem gemeinsam erlegten Wild abschneiden. Allerdings machen die Honigsammler das mehr aus Angst als aus Liebe zu ihrem tierischen Verbündeten. Verweigern sie ihm den Lohn, fürchten sie, könnte er sich bei seiner nächsten Führung durch den Busch auf grausame Weise an ihnen rächen. Und sie nicht zu einem Bienenstock führen, sondern zu einem Löwen.

Danksagung

Dieses Buch steckt voller Fakten – Fakten über das Verhalten von Tieren, ihre Wohn-, Schlaf-, Fress-, Fortpflanzungs- und vor allem Jagdgewohnheiten. Um sicherzugehen, dass diese Fakten stimmen, war ich auf das Wissen und die Hilfe sehr vieler verschiedener Biologen, Verhaltensforscher und Tierexperten angewiesen. Die folgenden Personen waren so freundlich, sich trotz vielfältiger anderer Verpflichtungen die Zeit zu nehmen, einzelne Teile des Buches zu lesen, meine Fragen zu beantworten und meine Irrtümer zu korrigieren: Volker von Wirth von der Deutschen Arachnologischen Gesellschaft; Professor Peter Kappeler vom Deutschen Primatenzentrum in Göttingen; Professor Franz Bairlein von der Deutschen Ornithologischen Gesellschaft; Dr. Anton Lamboj vom Department für Evolutionsbiologie der Universität Wien; Professor Axel Meyer von der Biologischen Fakultät der Universität Konstanz; Dr. Udo Gansloßer von der Ethologischen Gesellschaft in Marburg; Volker Miske vom Zoologischen Institut der Universität Greifswald; Dr. Stephanie Wanker-Stempell; Dr. Jakob Hallermann, Dr. Andreas Schmidt-Rhaesa und Dr. Ralf Thiel vom Biozentrum Grindel und Zoologischen Museum der Universität Hamburg; Professor Ulrich Joger vom Staatlichen Naturhistorischen Museum Niedersachsen; Dr. Holger Auel vom Forschungsinstitut für Marine Zoologie der Universität Bremen; Fischwirtschaftsmeister Richard Hilble von der Firma Sakanaya am Bodensee; Harald Bachmann von der Firma Koi-Concept in Pfungstadt; Dr. Oliver Schülke vom Max-Planck-Institut für Evolutionäre Anthropologie in Leipzig; Professor Jürgen Heinze vom Zoologischen Institut der Universität Regensburg; Professor Bernhard Klausnitzer vom Institut für Ökologie und Entomologie in Dresden; Professor Kenneth Catania vom Zoologischen Institut der Vanderbilt-Universität in Nashville, Tennessee; Dr. Beate Ludwig vom Arbeitskreis Wildbiologie der Universität Gießen; Professor Heinz Mehlhorn vom Institut für Parasitologie der

Universität Düsseldorf; Thomas Hildenhagen von der Deutschen Gesellschaft für Herpetologie und Terrarienkunde; Dr. Jens Herberholz von der Psychologischen Fakultät der Universität von Maryland (College Park); Dr. Arnd Baumann vom Institut für Neurowissenschaften und Biophysik am Forschungszentrum Jülich; Dr. Hans-Heinrich Krüger vom Otter-Zentrum in Hankensbüttel; Dr. Gustav Peters vom Zoologischen Forschungsmuseum Alexander Koenig in Bonn; Gisela Löffler vom Wildpark Weilburg; Carsten Kallasch von der Arbeitsgemeinschaft Freilandbiologie in Berlin; Dr. Hans-Jürgen Hirche vom Alfred-Wegener-Institut für Polar- und Meeresforschung in Bremerhaven; Dr. Alain Jacot vom Max-Planck-Institut für Ornithologie in Seewiesen. All diesen Wissenschaftlern, Tierexperten und Naturkennern möchte ich herzlich für ihre Hilfsbereitschaft, ihre Korrekturen und Kommentare danken. Sämtliche Böcke, die trotz ihrer Hilfe noch in dem Buch zu finden sind, habe ich selbst geschossen.

Danken möchte ich auch Dr. Renate Marel und Santina Seminara vom ZDF für ihre freundliche und unkomplizierte Hilfe. Großer Dank gebührt außerdem meinem Agenten und guten Freund Wolfgang Seidel, meiner hervorragenden Lektorin Carmen Kölz, Annett Hingott für ihre wertvollen Anregungen sowie Sabine Schmidt und Tobias Häuser für eine erste Meinung zum Manuskript.

Quellen

Um sich grundsätzlich über Lebensraum, Aussehen und Verhalten bestimmter Tiere zu informieren, ist immer noch *Brehms Tierleben* eine sehr nützliche Quelle. Die aktuellste Fassung des zoologischen Klassikers erscheint als *Neue Brehm-Bücherei* im Westarp Wissenschaftsverlag, deren Bände im Folgenden auch oft als Quelle einzeln genannt sind. *Grzimeks Tierleben* ist in dieser Hinsicht ebenfalls nützlich. Die neueste Ausgabe erscheint im Bechtermünz Verlag und eine englischsprachige Fassung ist als *Grzimek's Animal Life Encyclopedia* auch auf CD-Rom erhältlich.

Frei im Internet zugänglich sind die Webseiten des Wissensportals *Wikipedia* zu einzelnen Tierarten. Sie vermitteln einen guten Einstieg, sind im Allgemeinen auch verlässlich und haben den großen Vorteil, fast immer mit Hinweisen auf die neuesten Entwicklungen in Wissenschaft und Forschung versehen zu sein. Ebenfalls recht aktuelle und gewissenhaft zusammengetragene Informationen kann man im englischsprachigen *Animal Diversity Web* finden, das von Studenten und Angestellten der Universität von Michigan zusammengestellt wurde. In der Internetkartei *FishBase* findet man Informationen über insgesamt 30 000 verschiedene Fischarten (die allerdings oft nicht über ein paar Grundfakten hinausgehen). Auch auf den Internetseiten der Zeitschriften *GEO* und *National Geographic* sind viele spannende Reportagen aus dem Tierreich zu finden, zum Teil mit großartigen Fotos und Filmaufnahmen bebildert.

Um mehr über die speziell auf »Mord« ausgerichteten Verhaltensweisen der Tiere in diesem Buch zu erfahren, konnte ich nicht um die Welt reisen und jedes einzelne Tier in seinem natürlichen Lebensraum beobachten. Selbst wenn der Verlag die vielen Flugtickets bezahlt hätte, hätte das nicht viel gebracht. Biologen und Verhaltensforscher brauchen oft Monate, manchmal Jahre, um Zeuge der ungewöhnlichen Verhaltensweisen zu werden, von denen hier die Rede ist. Ihre aufwendigen und strapaziösen Freilanduntersuchungen schlagen sich manchmal in kleinen Artikeln in der Tagespresse nieder, oft aber auch nur in wissenschaftlichen Aufsätzen, die kaum jemand, der nicht selbst Biologe ist, je zu Gesicht bekommt. Auf diese wertvolle, in stiller Bescheidenheit geleistete Arbeit baut dieses Buch in der Hauptsache auf.

Zwei Bücher habe ich beim Schreiben besonders oft benutzt und möchte sie deswegen hier gesondert nennen. Der Biologe Peter-René Becker hat in seinem 1993 im Stuttgarter S. Hirzel Verlag erschienenen Buch *Werkzeuggebrauch im Tierreich: wie Tiere hämmern, bohren, streichen* viel Wissen über ungewöhnliche tierische Verhaltensweisen zusammengetragen und überaus gut lesbar wiedergegeben. In dem vorliegenden Buch ist dieses Wissen vor allem in die Beschreibung des Verhaltens der kalifornischen Seeotter, des australischen Schwarzmilans, der afrikanischen Schimpansen, der in Japan jagenden Reiher, der südamerikanischen Raubwanzen und des afrikanischen Honiganzeigers eingeflossen. Gleiches gilt für den bekannten Sachbuchautoren Vitus Dröscher und sein Buch *Geniestreiche der Schöpfung: Die Überlebenskunst der Tiere* (Ullstein Verlag, Frankfurt am Main/Berlin 1986). Es war mir besonders bei der Beschreibung der Beutestrategien des Kragenbärs und des Eisbärs sowie der Abwehrtechnik des Seeohrs nützlich.

Lebendiges Anschauungsmaterial zum Thema »Mord im Tierreich« liefern außerdem die von der BBC in Zusammenarbeit mit dem Discovery Channel produzierten Dokumentarserien aus der Reihe *Auf Leben und Tod: Die Jagd-Strategien im Tierreich* sowie die ebenfalls von der BBC produzierte Serie *Fantastisches Tierreich*. In ihnen sind viele der hier beschriebenen Verhaltensweisen sozusagen live zu sehen. Alle anderen Quellen, die ich für das Buch benutzt habe, sind im Folgenden nach Kapiteln geordnet einzeln aufgeführt.

1. Hausfriedensbruch

Tarantelwespe/Tarantel

Berenbaum, M.: »A Stinging Commentary«, in: *American Entomologist* 49(2), 68–69, 2003.
Bromhall, C.: »Spider heart-rates and locomotion«, in: *Journal of Comparative Physiology B* 157(4), 451–460, 1987.

Evans, D., Schmidt, J.: *Insect Defenses: Adaptive Mechanisms and Strategies of Prey and Predators*, State University of New York Press, Albany 1990.

Grzimek, B.: *Grzimeks Tierleben* (2), Kindler Verlag, Zürich 1969.

Jackman, J., Drees. B.: *A Field Guide to Common Texas Insects*, Gulf Publishing, Houston 1998.

Milne, L., Rayfield, S.: *The Audubon Society's Field Guide to North American Insects and Spiders*, Alfred Knopf Publishing, New York 1992.

Minch, E.: »Daily activity patterns in the tarantula *Aphonopelma chalcodes* Chamberlin«, in: *Bulletin of the British Arachnological Society* 4(5), 231–237, 1978.

Schmidt, J.: »Venom and the good life in tarantula hawks: how to eat, not be eaten, and live long«, in: *Journal of the Kansas Entomological Society* 77(4), 402–413, 2004.

Von Wirth, V.: *Vogelspinnen – faszinierend & exotisch*, Gräfe & Unzer Verlag, München 2005.

Fingertier/Schusslochbohrer

Erickson, C.: »Cues for prey location by aye-ayes«, in: *Folia Primatologica* 69 (Suppl. 1), 35–40, 1998.

GEO Wissen (25): *Regenwald*, Gruhner & Jahr Verlag, Hamburg 2000.

Grzimek, B.: *Grzimeks Enzyklopädie der Säugetiere* (2), Kindler Verlag, Zürich 1988.

Hill, D., Waller, J.: *Pests and Diseases of Tropical Crops* (2), Longman Group, London/New York 1988.

MacDonald, D.: *The New Encyclopedia of Mammals*, Oxford University Press, Oxford 2001.

Nowak, R.: *Walker's Mammals of the World*, Johns Hopkins University Press, Baltimore/London 1999.

Quinn, A., Wilson, D.: »*Daubentonia madagascariensis*«, in: *Mammalian Species* 740(1), 1–6, 2004.

Simons, E., Meyers, D.: »Folklore and beliefs about the aye-aye«, in: *Lemur News* (6), 11–16, 2001.

Stuart, M.: »Island of the Lemur«, in: *Animal Kingdom* 88(1), 11–17, 1985.

Steinadler/Schildkröte

Chaniotis, A.: *Das antike Kreta*, C.H. Beck Verlag, München 2004.

Mathes, K.: »Einblicke in die natürliche Lebensweise von *Testudo hermanni hermanni*«, in: *Draco* (2), 18–24, 2000.

Vetter, H.: *Griechische Landschildkröte*, Edition Chimaira, Frankfurt am Main 2006.

Watson, J.: *The Golden Eagle*, Poyser Publishing, London 1997.

Fischer, W.: *Die Neue Brehm-Bücherei (500): Stein-, Kaffern- und Keilschwanzadler*, Westarp Verlag, Hohenwarsleben 1996.

2. Tödliche Tarnung

Livingstonebuntbarsch/Schabemundbuntbarsch

Konings, A.: *Malawi-Cichliden in ihrem natürlichen Lebensraum*, Dähne Verlag, Ettlingen 2001.

McKaye, K.: »Field observation on death feigning: a unique hunting behavior by the predatory cichlid *Haplochromis livingstonii* of Lake Malawi«, in: *Environmental Biology of Fishes* 6(3–4), 361–365, 1981.

Meyer, A., Stiassny, M.: »Buntbarsche: Meister der Anpassung«, in: *Spektrum der Wissenschaft* (6), 35–43, 1999.

Owen, R., Crossley, R., Johnson, T., u. a.: »Major low levels of Lake Malawi and their implications for speciation rates in cichlid fishes«, in: *Proceedings of the Royal Society of London B* 240(1299), 519–553, 1990.

Müller-Jung, J.: »Spuren der gallopierenden Evolution«, *Frankfurter Allgemeine Zeitung* vom 27.9.2000.

Kragenbär/Kaschmirhirsch

Banwell, B.: »The Hangul«, in: *Deer* 9(4), 218–221, 1994.

Chauhan, N.: »Human casualties and livestock depredation by black and brown bears in the Indian Himalaya, 1989–98«, in: *Ursus* (14), 84–87, 2003.

Dröscher, V.: *Geniestreiche der Schöpfung: Die Überlebenskunst der Tiere*, Ullstein Verlag, Frankfurt am Main/Berlin 1986.

Gong, J., Harris, R.: »The status of bears in china«, in: *Japan Bear Network*, 50–56, 2006.

Kappeler, M.: *Kragenbär: Selenarctos thibetanus*, Groth AG (WWF Conservation Stamp Collection), Unterägeri 1989.

McLaughlin, K.: »Freeing China's Caged Bile Bears«, *San Francisco Chronicle* vom 25.4.2005.

Sathyakumar, S.: »Status and management of Asiatic black bear and Himalayan brown bear in India«, in: *Ursus* (12), 21–30, 2001.

Stirling, I.: *Bären: Alle Arten vom Regenwald bis zum Polareis*, Orbis Verlag, München 2002.

Wagenknecht, E.: *Die Neue Brehm-Bücherei (129): Der Rothirsch*, Westarp Verlag, Hohenwarsleben 1996.

Mimikrykrake/Gespensterkrabbe

Marel, R. (Redaktion): *Wunderbare Welt: Phantomas der Meere*, ZDF, 2002.

Norman, M., Finn, J., Tregenza, T.: »Dynamic mimicry in an Indo-Malayan octopus«, in: *Proceedings of the Royal Society of London B* 268(1478), 1755–1758, 2001.

Norman, M., Hochberg, F.: »The ›mimic octopus‹, a new octopus from the tropical Indo-West Pacific«, in: *Molluscan Research* 25(2), 57–70, 2005.

Roach, J.: »Newfound Octopus Impersonates Fish, Snakes«, *National Geographic News* (news.nationalgeographic.com) vom 21.9.2001.

3. Tödliche Verlockung

Wüstentodesotter/Blauzungenskink

»Death Adder: Five Bites and Pulling Through«, *Sydney Morning Herald* vom 13.10.2006.

Chiszar, D., Boyer, D., Lee, R., u. a.: »Caudal luring in the southern death adder, *Acanthophis antarcticus*«, in: *Journal of Herpetology* 24(3), 253–260, 1990.

Cogger, H.: *Reptiles and Amphibians of Australia*, New Holland Publishers, Sydney 2000.

Mirtschin, P., Davis, R.: *Dangerous Snakes of Australia*, New Holland Publishers, Sydney 1992.

Teufelsangler/Scheinwerferfisch

Herring, P.: *Biology of the Deep Ocean*, Oxford University Press, Oxford 2001.

Hoyt, E.: *Creatures of the Deep: In Search of the Sea's ›Monsters‹ and the World They Live in*, Firefly Books, Buffalo 2001.

Hutchins, M., Thoney, D., Loiselle, P., u. a.: *Grzimek's Animal Life Encyclopedia* (4–5), Gale Group, Farmington Hills 2003.

Regan, C.: »Dwarfed males parasitic on the females in oceanic angler-fishes«, in: *Proceedings of the Royal Society of London B* 97(684), 386–400, 1925.

Rice, T.: *Deep Ocean*, Natural History Museum London, London 2000.

Prachtreiher/Koi

Bachmann, H.: *Faszinierende Koi*, ACS Verlag, Rodgau 2000.

Becker, P.-R.: *Werkzeuggebrauch im Tierreich: wie Tiere hämmern, bohren, streichen*, S. Hirzel Verlag, Stuttgart 1993.

Fletcher, N.: *The Ultimate Koi*, Ringpress Books, Dorking 1999.

Hancock, J.: *Herons and Egrets of the World*, Academic Press, London 1999.

Hilble, R.: Koi: *König der Gartenteiche*, Tetra Verlag, Bissendorf 1998.

Twigg, D.: *How to Keep Koi*, Howell Book House, New York 2001.

4. Tödliche Begierde

Glühwürmchenweibchen/Glühwürmchenmännchen

Eisner, T.: »Firefly seductresses steal chemical defenses«, in: *Science* 277(5332), 1611, 1997.

Eisner, T., Goetz, M., Hill, D., u. a.: »Firefly ›femmes fatales‹ acquire defensive steroids from their firefly prey«, in: *Proceedings of the National Academy of Sciences* (94), 9723–9728, 1997.

Gorman, J.: »Your Branch or Mine?«, in: *Smithsonian Magazine* (www.smithsonian-mag.com) 6/2005.

Lewis, S., Lloyd, J.: »Summer flings: firefly courtship, sex, and death«, in: *Natural History* (4), 44–49, 2003.

Lloyd, J.: »Aggressive mimicry in *Photuris*: firefly femmes fatales«, in: *Science* 149(3684), 653–654, 1965.

Lloyd, J.: »Male *Photuris* fireflies mimic sexual signals of their females' prey«, in: *Science* 210(4470), 669–671, 1980.

Lloyd, J.: »Firefly mate-rivals mimic their predators and vice versa«, in: *Nature* 290(5806), 498–500, 1981.

MSN Encarta (de.encarta.msn.com): »Leuchtkäfer«, 2007.

Bolaspinne/Eulenfalter

Gemeno, C., Yeargan, K., Haynes, K.: »Aggressive chemical mimicry by the bolas spider *Mastophora hutchinsoni*: identification and quantification of a major prey's sex pheromone components in the spider's volatile emissions«, in: *Journal of Chemical Ecology* 26(5), 1235–1243, 2000.
Yeargan, K.: »Biology of bolas spiders«, in: *Annual Review of Entomology* (39), 81–99, 1994.
Stowe, M., Tumlinson, J., Heath, R.: »Chemical mimicry: bolas spiders emit components of moth prey species sex pheromones«, in: *Science* 236(4804), 964–967, 1987.
Thornhill, R., Alcock, J.: *The Evolution of Insect Mating Systems*, Harvard University Press, Cambridge 1983.

Ameisenmännchen/Ameisenmännchen

Anderson, C., Cremer, S., Heinze, J.: »Live and let die: why fighter males of the ant *Cardiocondyla* kill each other but tolerate their winged rivals«, in: *Behavioral Ecology* 14(1), 54–62, 2003.
Cremer, S., Sledge, M., Heinze, J.: »Male ants disguised by the queen's bouquet«, in: *Nature* 419(6910), 897, 2002.
Cremer, S., Heinze, J.: »Zwischen Hochzeitsflug und Brudermord: Reproduktive Taktiken bei Ameisenmännchen«, in: *Blick in die Wissenschaft* 15(12), 32–36, 2003.
Heinze, J., Hölldobler, B., Yamauchi, K.: »Male competition in *Cardiocondyla* ants«, in: *Behavioral Ecology and Sociobiology* (42), 239–246, 1998.
Kinomura, K., Yamauchi, K.: »Fighting and mating behaviours of dimorphic males in the ant *Cardiocondyla wroughtonii*«, in: *Journal of Ethology* (5), 75–81, 1987.
Yamauchi, K., Kawase, N.: »Pheromonal manipulation of workers by a fighting male to kill his rival males in the ant *Cardiocondyla wroughtonii*«, in: *Naturwissenschaften* 79(6), 274–276, 1992.

5. Mörderbanden

Buckelwal/Hering

Cawardine, M.: *Wegweiser Delphine & Wale: verstehen, erkennen, beobachten*, Gondrom Verlag, Bindlach 2005.
Clapham, P.: *Humpback Whales*, Voyageur Press, Stillwater 1996.
Munroe, T., Collette, B., Klein-MacPhee, G.: *Herrings: Family Clupeidae*, Smithsonian Institution Press, Washington 2002.
Reeves, R.: *Sea Mammals of the World*, A&C Black, London 2002.
Reynolds, C.: »Flocks, herds and schools: a distributed behavioral model«, in: *Computer Graphics* 21(4), 25–34, 1987.
Roach, J.: »Whale-Worn Camera Sees Precision in Humpback Feeding Frenzy«, *National Geographic News* (news.nationalgeographic.com) vom 16.1.2004.
Roman, J., Palumbi, S.: »Whales before whaling in the North Atlantic«, in: *Science* 301(5632), 508–510, 2003.

Bower, B.: »Chimp the Hunter«, *Science News Online* (www.sciencenews.org) vom 20.5.1995.

Ebersberger, I., Metzler, D., Schwarz, C., u. a.: »Genomewide comparison of DNA sequences between humans and chimpanzees«, in: *The American Journal of Human Genetics* (70), 1490–1497, 2002.

Fouts, R., Mills, S.: *Unsere nächsten Verwandten*, Limes Verlag, München 1998.

Gilby, I., Eberly, L., Pintea, L., u. a.: »Ecological and social influences on the hunting behaviour of wild chimpanzees, *Pan troglodytes schweinfurthii*«, in: *Animal Behaviour* 72, 169–180, 2006.

Geissmann, T.: *Vergleichende Primatologie*, Springer Verlag, Heidelberg 2003.

Goodall, J.: *Wilde Schimpansen*, Rowohlt Verlag, Reinbek 1991.

Hecht, J.: »Chimps are human, gene study implies«, *New Scientist* (www.newscientist.com) vom 19.5.2003.

Jane Goodall Institut Deutschland (www.janegoodall.de): »Schimpansen: Die Jäger«, 2007.

Pruetz, J., Bertolani, P.: »Savanna chimpanzees, *Pan troglodytus verus*, hunt with tools«, in: *Current Biology* 17(5), 412–417, 2007.

Stanford, C.: *Chimpanzee and Red Colobus: The Ecology of Predator and Prey*, Harvard University Press, Cambridge 1998.

Stanford, C.: *The Hunting Apes: Meat-Eating and the Origins of Human Behavior*, Princeton University Press, Princeton 1999.

Wanderameise/Skorpion

Cerutti, H.: »Dschingis Khan der Ameisen«, in: *NZZ Folio* (www.nzzfolio.ch) 12/2003.

Ebersole, R.: »Embedded Troops«, in: *National Wildlife Magazine* (www.nwf.org) 43(1), 2005.

Gotwald, W: *Army Ants: The Biology of Social Predation*, Cornell University Press, Ithaca 1995.

Hölldobler, B., Wilson, E.: *Ameisen: Die Entdeckung einer faszinierenden Welt*, Piper Verlag, München 2001.

Milius, S.: »Ant Traffic Flow: Raiding Swarms with Few Rules Avoid Gridlock«, in: *Science News* 162(25), 388, 2002.

Moffett, M.: »Army Ants: Inside the Ranks«, in: *National Geographic Magazine* (8), 136–149, 2006.

Kirchner, W.: *Die Ameisen*, C. H. Beck Verlag, München 2001.

6. Serienmörder

Neuntöter/Eidechse

BUND Hessen (www.naturerleben.bund-hessen.de): »Alles andere als ein Serienkiller: Der Neuntöter«, 2006.

Dröscher, V.: *Ein Krokodil zum Frühstück: Verblüffende Geschichten vom Verhalten der Tiere*, Econ Verlag, Düsseldorf 1980.

NABU (www.nabu.de): »Der Neuntöter: Vogel des Jahres 1985«, 2007.

Münster, W.:, *Die Neue Brehm-Bücherei (218): Der Neuntöter oder Rotrücken-würger*, Westarp Verlag, Hohenwarsleben 2003.
Bauer, K., von Blotzheim, U.: *Handbuch der Vögel Mitteleuropas* (13), Aula Verlag, Wiesbaden 1993.

Raubwanze/Termite

BBC: *Alien Empire: Das Reich der Insekten*, 2001.
Ambrose, D.: *Assassin Bugs*, Science Publishers, Enfield 1999.
Becker, P.-R.: *Werkzeuggebrauch im Tierreich: wie Tiere hämmern, bohren, streichen*, S. Hirzel Verlag, Stuttgart 1993.
McMahan, E.: »Bait-and-capture strategy of a termite-eating assassin bug«, in: *Insectes Sociaux* 29(2), 346–351, 1982.

Sternmull/Erdmilbe

Becker, M.: »Schneller fressen dank Zottelnase«, *Spiegel Online* (www.spiegel.de) vom 3.2.2005.
Catania, K.: »Olfaction: underwater ›sniffing‹ by semi-aquatic mammals«, in: *Nature* 444(7122), 1024–1025, 2006.
Catania, K., Remple, F.: »Asymptotic prey profitability drives star-nosed moles to the foraging speed limit«, in: *Nature* 433(7025), 519–522, 2005.
Petersen, K., Yates, T.: »*Condylura cristata*«, in: *Mammalian Species* (129), 1–4, 1980.

7. Psychokiller

Sepie/Schwimmkrabbe

Hanlon, R., Messenger, J.: *Cephalopod Behaviour*, Cambridge University Press, Cambridge 1996.
Kaufmann, G., Orlt, C.: *Kings of Camouflage*, PBS Nova, 2005.
Linden, E.: *Das Schwein, das gern zur Arbeit ging*, Droemer Knaur Verlag, München 2003.
Mather, J., Anderson, R.: »What behavior can we expect of octopuses?«, *The Cephalopod Page* (www.thecephalopodpage.org), 1998.
»Octopus Twists for Shrimps«, *BBC News* (news.bbc.co.uk) vom 25.2.2003.
Stewart, D.: »Armed but not Dangerous: Is the Octopus really the Invertebrate Intellect of the Sea?«, in: *National Wildlife Magazine* (www.nwf.org) 35(2), 1997.

Hermelin/Kaninchen

Burton, M., Burton, R.: *The International Wildlife Encyclopedia* (2), Marshall Cavendish, New York 1969.
Driver, P., Humphries, N.: *Protean Behavior: The Biology of Unpredictability*, Oxford University Press, Oxford 1988.
Dröscher, V.: *Wie menschlich sind Tiere?*, Ullstein Verlag, Frankfurt am Main/Berlin 1987.

King, C.: »*Mustela erminea*«, in: *Mammalian Species* (195), 1–8, 1983.
King, C., Powell, R.: *The Natural History of Weasels and Stoats: Ecology, Behavior and Management*, Oxford University Press, Oxford 2006.

Kleiner Leberegel/Ameise

Duchacek, L., Lamka, J.: »Dicrocoeliosis – the present state of knowledge with respect to wildlife species«, in: *Acta Veterinaria Brno* (72), 613–626, 2003.
Ducommun, D., Pfister, K.: »Prevalence and distribution of *Dicrocoelium dendriticum* and *Fasciola hepatica* infections in cattle in Switzerland«, in: *Parasitology Research* 77(4), 364–366, 1991.
Mehlhorn, H., Piekarski, G.: *Grundriss der Parasitenkunde*, Spektrum Verlag, Heidelberg 2002.
Spindler, E., Zahler, M., Loos-Frank, B.: »Behavioural aspects of ants as second intermediate hosts of *Dicrocoelium dendriticum*«, in: *Zeitschrift für Parasitenkunde* 72(5), 689–692, 1986.

8. Scharfschützen

Chamäleon/Gottesanbeterin

Bartlett, R.: *Jackson's and Veiled Chameleons: Facts & Advice on Care and Breeding*, Barron's Educational Series, Hauppauge 2001.
Dost, U.: *Chamäleons*, Eugen Ulmer Verlag, Stuttgart 2001.
Land, M.: »Fast-focus telephoto eye«, in: *Nature* 373(6516), 658–659, 1995.
Ott, M.: »Chameleons have independent eye movements but synchronise both eyes during saccadic prey tracking«, in: *Experimental Brain Research* 139(2), 173–179, 2001.

Schützenfisch/Mangrovengrille

Elshoud, G., Koomen, P.: »A biomechanical analysis of spitting in archer fishes«, in: *Zoomorphology* 105(4), 240–252, 1985.
Luling, K.: »The Archer Fish«, in: *Scientific American* (209), 100–106, 1963.
Nelson, J.: *Fishes of the World*, Wiley & Sons, New York 2006.
Ng, P., Sivasothi, N.: *A Guide to the Mangroves of Singapore* (1), Singapore Science Centre, Singapur 1999.
Rossel, S., Corlija, J., Schuster, S.: »Predicting three-dimensional target motion: how archer fish determine where to catch their dislodged prey«, in: *Journal of Experimental Biology* (205), 3321–3326, 2002.

Pistolenkrebs/Weißshrimp

Karplus, I.: »The association between gobiid fishes and burrowing alpheid shrimps«, in: *Oceanography and Marine Biology Annual Review* (25), 507–562, 1987.
Lohse, D., Schmitz, B., Versluis, M.: »Snapping shrimp make flashing bubbles«, in: *Nature* 413(6855), 477–478, 2001.
Roach, J.: »Snapping Shrimp Stun Prey with Flashy Bang«, *National Geographic News* (news.nationalgeographic.com) vom 3.9.2001.

Scharf, R.: »Der Trick des Pistolenkrebses«, *Frankfurter Allgemeine Zeitung* vom 11.10.2000.

Schmitz, B., Herberholz, J.: »Flow visualisation and high speed video analysis of water jets in the snapping shrimp«, in: *Journal of Comparative Physiology* 185(1), 41–49, 1999.

Versluis, M., Schmitz, B., Lohse, D., u. a.: »How snapping shrimp snap: through cavitating bubbles«, in: *Science* 289(5487), 2114–2117, 2000.

9. Hightechwaffen

Delfin/Hering

Altmann, J.: »Acoustic weapons: a prospective assessment«, in: *Science & Global Security* (9), 165–234, 2001.

Benoit-Bird, K., Au, W., Kastelein, R.: »Testing the odontocete acoustic prey debilitation hypothesis: no stunning results«, in: *Journal of the Acoustical Society of America* 120(2), 1118–1123, 2006.

Cahill, T.: *Delfine*, Steiger Verlag, München 2001.

Geilser, J., Uhlen, M.: »Morphological support for a close relationship between hippos and whales«, in: *Journal of Vertebrate Paleontology* 23(4), 991–996, 2003.

Janik, V., Sayigh, L., Wells, R.: »Signature whistle shape conveys identity information to bottlenose dolphins«, in: *Proceedings of the National Academy of Sciences* 103(21), 8293–8297, 2006.

Lovett, R.: »Dolphin with Four Fins May Prove Terrestrial Origins«, *National Geographic News* (news.nationalgeographic.com) vom 8.11.2006.

Marten, K., Herzing, D., Poole, M., u. a.: »The acoustic predation hypothesis: linking underwater observations and recordings during odontocete predation and observing the effects of loud impulsive sounds on fish«, in: *Aquatic Mammals* 27(1), 56–66, 2001.

Kemp, T.: *The Origin and Evolution of Mammals*, Oxford University Press, Oxford 2005.

Krützen, M., Mann, J., Heithaus, M., u. a.: »Cultural transmission of tool use in bottlenose dolphins«, in: *Proceedings of the National Academy of Sciences* 102(25), 8939–8943, 2005.

Owen, J.: »Dolphin Moms Teach Daughters to Use Tools«, *National Geographic News* (news.nationalgeographic.com) vom 7.6.2005.

Owen, J.: »Dolphins Name Themselves with Whistles«, *National Geographic News* (news.nationalgeographic.com) vom 8.5.2006.

Reynolds, J., Wells, R., Eide, S.: *The Bottlenose Dolphin: Biology and Conservation*, University Press of Florida, Gainesville 2000.

Samuel, E.: »Killer Clicks«, *NewScientist* (www.newscientist.com) vom 31.1.2001.

Whitlow, A.: *The Sonar of Dolphins*, Springer Verlag, New York 1993.

Zitteraal/Wildpferd

Bauer, R.: »Electric organ discharge (EOD) and prey capture behaviour in the electric eel, *Electrophorus electricus*«, in: *Behavioral Ecology and Sociobiology* 4(4), 311–319, 1979.

Von Humboldt, A.: *Die Reise in die Äquinoktialgegenden des Neuen Kontinents*, Insel Verlag, Frankfurt am Main 1991.

NBC (www.nbc.com): *Fear Factor: Tales of Fear/Electric Eel Tank*, aufgerufen am 23.9.2007.

Nelson, J.: *Fishes of the World*, Wiley & Sons, New York 2006.

Moller, P.: *Electric Fishes: History and Behavior*, Chapman & Hall, London 1995.

Val, A., Almeida, M.: *Fishes of the Amazon and their Environment: Physiological and Biochemical Aspect*, Springer Verlag, New York 1995.

Schleiereule/Feldmaus

Epple, W.: *Schleiereulen*, Braun Verlag, Karlsruhe 1993.

Schneider, W.: *Die Neue Brehm-Bücherei (340): Schleiereulen*, Westarp Verlag, Hohenwarsleben 2004.

Konishi, M.: »Die Schallortung der Schleiereule«, in: *Spektrum der Wissenschaft* (6), 58–71, 1993.

10. Mordwerkzeuge

Seeotter/Seeohr

Becker, P.-R.: *Werkzeuggebrauch im Tierreich: wie Tiere hämmern, bohren, streichen*, S. Hirzel Verlag, Stuttgart 1993.

Cohn, J.: »Understanding sea otters«, in: *BioScience* 48(3), 151–155, 1998.

Estes, J.: »*Enhydra lutris*«, in: *Mammalian Species* (133), 1–8, 1980.

Estes, J., Underwood, K., Karmann, M.: »Activity-time budgets of sea otters in California«, in: *Journal of Wildlife Management* 50(4), 626–636, 1986.

Limbaugh, C.: »Observations on the California sea otter«, in: *Journal of Mammalogy* (42), 271–273, 1961.

Lin, A., Meyers, M.: »Growth and structure in abalone shell«, in: *Materials Science and Engineering A* 390(1–2), 27–41, 2005.

Nowak, R.: *Walker's Mammals of the World*, Johns Hopkins University Press, Baltimore/London 1999.

Schimpanse/Wanderameise

Becker, P.-R.: *Werkzeuggebrauch im Tierreich: wie Tiere hämmern, bohren, streichen*, S. Hirzel Verlag, Stuttgart 1993.

Goodall, J.: »Tool-using and aimed throwing in a community of free-living chimpanzees«, in: *Nature* (201), 1264–1266, 1964.

Nishida, T., Uehara, S.: »Chimpanzees, tools, and termites: another example from Tanzania«, in: *Current Anthropology* 21(5), 671–672, 1980.

»Schimpansen spießen Buschbabys auf«, *Spiegel Online* (www.spiegel.de) vom 23.2.2007.

Sugiyama, Y.: »The brush-stick of chimpanzees found in South-west Cameroon and their cultural characteristics«, in: *Primates* (26), 361–374, 1985.

Sugiyama, Y., Koman, J.: »Tool-using and -making in wild chimpanzees at Bossou, Guinea«, in: *Primates* (20), 513–524, 1979.

Teleki, G.: »Chimpanzee subsistence technology: materials and skills«, in: *Journal of Human Evolution* (3), 575–594, 1974.

Schwarzmilan/Buschtiere

Becker, P.-R.: *Werkzeuggebrauch im Tierreich: wie Tiere hämmern, bohren, streichen*, S. Hirzel Verlag, Stuttgart 1993.
Carstensen, R.: *Griechische Sagen*, Deutscher Taschenbuch Verlag, München 1982.
Ferguson, J., Christie, D.: *Raptors of the World*, Houghton Mifflin, Boston 2001.
Lockwood, D.: *I, the Aboriginal*, Rigby Publishing, Adelaide 1980.
Ortlieb, R.: *Die Neue Brehm-Bücherei (100): Der Schwarzmilan*, Westarp Verlag, Hohenwarsleben 1998.
Walz, J.: *Rot- und Schwarzmilan: Flexible Jäger mit Hang zur Geselligkeit*, Aula Verlag, Wiesbaden 2005.

11. Mission: Impossible

Killerwal/Seelöwe

Hoyt, E.: *Orca: The Whale Called Killer*, Firefly Books, Toronto 1990.
Knudtson, P.: *Orca: Visions of the Killer Whale*, Greystone Books, Vancouver 2004.
Nowak, R.: *Walker's Mammals of the World*, Johns Hopkins University Press, Baltimore/London 1999.
Schöbi, K.: »Wie die Wale lernten, Möwen zu fressen«, *Wissenschaft.de* (www.wissenschaft.de) vom 25.8.2005.

Serval/Wachtel

Estes, R.: *The Safari Companion: A Guide to Watching African Mammals*, Chelsea Green Publishing Company, White River Junction 1999.
Geertsema, A.: »Aspects of the ecology of the serval *Leptailurus serval* in the Ngorongoro Crater, Tanzania«, in: *Netherlands Journal of Zoology* (35), 527–610, 1986.
Leyhausen, P.: *Katzen: Eine Verhaltenskunde*, Pareyx Verlag, Berlin 1979.
Raethel, H.-S.: *Wachteln, Rebhühner, Steinhühner, Frankoline und Verwandte*, Verlag Oertel & Spörer, Reutlingen 1996.
Smithers, R.: »The Serval, *Felis serval Schreber*«, in: *South African Journal of Wildlife Research* (8), 29–37, 1978.

Basstölpel/Hering

Nelson, J.: *The Atlantic Gannet*, Fenix Books, Norfolk 2002.
Nelson, J.: Pelicans, *Cormorants and their Relatives*, Oxford University Press, Oxford 2005.
Reinsch, H.: *Die Neue Brehm-Bücherei (412): Der Basstölpel*, Ziemsen Verlag, Wittenberg 1969.

12. Heimliche Mörder

Eichhörnchen/Amsel

Eichhörnchenschutz-Aktionsgemeinschaft (www.eichhoernchen-schutz.de): »Was jeder tun kann«, aufgerufen am 19.5.2007.

Gewalt, W.: *Die Neue Brehm-Bücherei (183): Das Eichhörnchen*, Westarp Verlag, Hohenwarsleben 2002.

Klette, K.: »Showdown der Nager«, *Stern.de* (www.stern.de) vom 25.6.2006.

Peinemann, G., Lieske, R.: »Herr Peinemann, wie mörderisch sind Eichhörnchen?«, *Hamburger Abendblatt* vom 4.11.2003.

»... und sie räubern doch Nester aus«, *Hamburger Abendblatt* vom 24.11.2003.

Seestern/Miesmuschel

Dröscher, V.: *Geniestreiche der Schöpfung: Die Überlebenskunst der Tiere*, Ullstein Verlag, Frankfurt am Main/Berlin 1986.

PBS: *The Shape of Life (6): Ultimate Animal*, Sea Studios Foundation, 2002.

Walter, I.: *Wie fressen Seesterne Miesmuscheln?*, Filmbeitrag zur Sendung *Kopfball*, WDR, 2007.

Hunter-Russel, W.: *A Life of Invertebrates*, Macmillan Publishing, New York 1979.

Nichols, D.: *Oxford Book of Invertebrates*, Oxford University Press, Oxford 1979.

Marienkäfer/Blattlaus

Arnett, R., Downie, N., Jaques, H.: *How to Know the Beetles*, Brown Publishers, Dubuque 1980.

Blackman, R., Eastop, V.: *Aphids on the World's Crops: An Identification and Information Guide*, Wiley & Sons, New York 1984.

Freude, H., Harde, K., Lohse, G.: *Käfer Mitteleuropas*, Spektrum Verlag, Heidelberg 1979.

Harde, S.: *Der Kosmos Käferführer: Die mitteleuropäischen Käfer*, Kosmos Verlag, Stuttgart 2000.

Katz Biotech AG: »Anwendungshinweise für den 7-Punkt-Marienkäfer *Coccinella septempunctata* gegen Blattläuse«, Informationsblatt 2007.

Klausnitzer, B., Klausnitzer, H.: *Die Neue Brehm-Bücherei (451): Marienkäfer*, Westarp Verlag, Hohenwarsleben 1997.

Kunert, G., Otto, S., Röse, U., u. a.: »Alarm pheromone mediates production of winged dispersal moths in aphids«, in: *Ecology Letters* 8(6), 596–603, 2005.

Schallenberg, C.: »Munterer Partnertausch beim Marienkäfer«, *Wissenschaft.de* (www.wissenschaft.de) vom 25.10.2005.

13. Missverstandene Mörder

Hammerhai/Stachelrochen

Clark, C.: »Stingray's leap into boat kills tourist in Keys«, *MiamiHerald.com* (www.miamiherald.com) vom 20.3.2008.

Dijkraaf, S., Kalmijn, A.: »Untersuchungen über die Funktion der Lorenzinischen Ampullen an Haifischen«, in: *Zeitschrift für vergleichende Physiologie* (47), 438–456, 1963.

Dröscher, V.: *Was ist Was (95): Haie und Rochen*, Tessloff Verlag, Nürnberg 1993.

»Florida Stingray Victim Holding His Own«, *CBSNews.com* (www.cbsnews.com) vom 20.10.2006.

Kajiura, M., Holland, K.: »Electroreception in juvenile scalloped hammerhead and sandbar sharks«, in: *Journal of Experimental Biology* (205), 3609–3621, 2002.

Lund, R.: »Die Lorenzinischen Ampullen«, in: *SharkInfo.ch* (www.sharkinfo.ch), aufgerufen am 26.5.2007.

Martin, A.: »If I Had a Hammer«, in: *Rodale's Scuba Diving Magazine* (8), 91–92, 1993.

Meyer, P. K.: »Stingray Injuries«, in: *Wilderness and Environmental Medicine Journal* 8(1), 24–28, 1997.

Morrissey, J.: »Hammerhaie: Weshalb der Hammerkopf?«, in: *SharkInfo.ch* (www.sharkinfo.ch), aufgerufen am 24.5.2007.

Nakaya, K.: »Hydrodynamic function of the head in hammerhead sharks«, in: *Copeia* 1995(2), 330–336, 1995.

Strong, W., Snelson, F., Gruber, S.: »Hammerhead shark predation on stingrays: an observation of prey handling by *Sphyrna mokarran*«, in: *Copeia* 1990(3), 836–40, 1990.

»Tierfilmer Steve Irwin von Stachelrochen getötet«, *FAZ.net* (www.faz.net) vom 4.9.2006.

Tigernatter/Erdkröte

Chippaux, J.: »Snake-bites: appraisal of the global situation«, in: *WHO Bulletin* 76(5), 515–524, 1998.

Fry, B. G.: »From genome to ›venome‹: molecular origin and evolution of the snake venom proteome inferred from phylogenetic analysis of toxin sequences and related body proteins«, in: *Genome Research* (15), 403–420, 2005.

Huhndorf, S.: »Wie die Schlangen giftig wurden«, *Wissenschaft.de* (www.wissenschaft.de) vom 1.3.2005.

Hutchinson, D., Mori, A., Savitzky, A., u. a.: »Dietary sequestration of defensive steroids in nuchal glands of the Asian snake *Rhabdophis tigrinus*«, in: *Proceedings of the National Academy of Science* 104(7), 2265–2267, 2007.

»Schlange benutzt das Gift ihrer Opfer«, *Sueddeutsche.de* (www.sueddeutsche.de) vom 21.2.2007.

Fledermaus/Zugvögel

Arlettaz, R., Ibáñez, C., Popa-Lisseanu, A., u. a.: »Bats' conquest of a formidable foraging niche: the myriads of nocturnally migrating songbirds«, *PloS ONE* (www.plosone.org) vom 14.2.2007.

Greenhall, A., Schmidt, U.: *Natural History of Vampire Bats*, CRC Press, Boca Raton 1988.

Klaus, G.: »Fledermaus frisst Zugvögel: Stabile Isotope überführen Riesenabendsegler«, *Neue Zürcher Zeitung* vom 14.2.2007.

Neuweiler, G.: *Biologie der Fledermäuse*, Thieme Verlag, Stuttgart 1993.

Richarz, K.: *Fledermäuse*, Kosmos Verlag, Stuttgart 2004.
Wilkinson, G.: »Reciprocal food sharing in the vampire bat«, in: *Nature* (308), 181–184, 1984.

14. Mordkomplizen

Meeresleuchttierchen/Garnele

Alfred-Wegener-Institut für Polar- und Meeresforschung (www.awi.de): »Leben im Watt: Meeresleuchttierchen«, aufgerufen am 12.6.2007.
Spector, D.: *Dinoflagellates*, Academic Press, New York 1984.
Kiørboe, T., Titelman, J.: »Feeding, prey selection and prey encounter mechanisms in the heterotrophic dinoflagellate *Noctiluca scintillans*«, in: *Journal of Plankton Research* 20(8), 1615–1636, 1998.
ZDF: *Die Wahl der Waffen: Der Trick von Noctiluca*, Sendung in der Reihe *Wunderbare Welt* vom 27.7.2005.

Eisbär/Ringelrobbe

DeMaster, D., Stirling, I.: »*Ursus maritimus*«, in: Mammalian Species (145), 1–7, 1981.
Dröscher, V.: *Geniestreiche der Schöpfung: Die Überlebenskunst der Tiere*, Ullstein Verlag, Frankfurt am Main/Berlin 1986.
Stirling, I., McEwan, E.: »The caloric value of whole ringed seals in relation to polar bear ecology and hunting behavior«, in: *Canadian Journal of Zoology* (53), 1021–1027, 1975.
Stirling, I.: »Midsummer observations on the behavior of wild polar bears«, in: *Canadian Journal of Zoology* (52), 1191–1198, 1974.
Uspenski, S.: *Die Neue Brehm-Bücherei (201): Der Eisbär*, Westarp Verlag, Hohenwarsleben 1995.

Honiganzeiger/Bienenlarven

Attenborough, D.: *Das geheime Leben der Vögel*, Scherz Verlag, Bern 1999.
Becker, P.-R.: *Werkzeuggebrauch im Tierreich: wie Tiere hämmern, bohren, streichen*, S. Hirzel Verlag, Stuttgart 1993.
Dean, W., MacDonald, I.: »A review of African birds feeding in association with mammals«, in: *Ostrich* 52(1), 135–155, 1981.
Dean, W., Siegfried, R., MacDonald, I.: »The fallacy, fact, and fate of guiding behavior in the greater honeyguide«, in: *Conservation Biology* 4(1), 99–101, 1990.
Del Hoyo, J., Elliott, A., Sargatal, J.: *Handbook of the Birds of the World* (7), Lynx Edicions, Barcelona 2002.
Isack, H., Reyer, H.: »Honeyguides and honey gatherers: interspecific communication in a symbiotic relationship«, in: *Science* 243(4896), 1343–1346, 1989.
Perrins, C.: *Die BLV-Enzyklopädie Vögel der Welt*, BLV Verlag, München 2004.